浙江省"十一五"重点建设教材

印刷工艺原理

余节约　田培娟 编著

ZHEJIANG UNIVERSITY PRESS
浙江大学出版社

前　　言

《印刷工艺原理》是印刷工程专业本科教育的专业主干课程。该课程突出特点是应用性强，同时随着技术进步而发展变化很快，它与印刷工业生产实践联系紧密，而且理论涉及到大量的物理、化学、数学等基础知识，以及印刷色彩学、印刷材料学等方面的专业知识。目前该课程有多个版本的教材在使用，有的教材侧重于全面介绍印刷工艺的整个过程，涉及面过广，和其他课程的教材在内容上相互重叠；有的教材则以构建印刷基本理论为重点，突出理论的推导和实验研究方法，但应用性不够强。

本教材的编写过程中充分考虑学校定位与特色，即要求印刷工程专业夯实学生基础理论，强调学生的创新能力和实践能力的培养，在压缩专业理论课时的同时，增加实践环节的学时数，同时考虑到印刷工程专业的课程体系和课程之间内容上相互衔接需要。要求教材内容方面注重理论与实践的充分融合，突出理论的应用价值和工艺技术方法的理论基础；跟踪学科前沿，增补现代印刷新技术；精炼教学内容，深浅适宜；服务于教学计划规定的课程教学任务。

平版胶印是目前最主要的印刷方式，而其他印刷方式通常有专门的选修课可供学生选择学习。本书以平版胶印工艺及其原理为核心，在介绍平版印刷原理时兼顾其他印刷工艺方法的理论基础，将全书分为八章，其中第一章和第八章由田培娟编写，其余章节由余节约编写。比较详细地介绍了以平版胶印为主的印刷工艺技术及其理论，着重讨论印刷过程的压力、油墨传递过程、水墨平衡、套印精度的控制，除纸张、油墨以外的相关印刷材料的适性控制，以及介绍现代印刷质量的检测、评价和控制。

在本书编写过程中，胡更生教授、管力明教授、陈梅副教授提出了修改意见，给予了大力支持与帮助；本书在参考国内原有教材，以及近年引进的国外教材及专著的基础上，引用了国内外专家、学者介绍的现代印刷技术的最新应用技术和研究成果。在此，谨向他们致以诚挚的谢意。

由于印刷工艺方法繁多，科技发展日新月异，编者见识和水平有限，书中难免有不足和错误，请读者批评指正。

编　者

2010 年夏于杭州电子科技大学

目 录

第一章　绪　　论

印刷是指使用印版或其他方式将原稿上的图文信息转移到承印物上的工艺技术。它是一个信息的加工系统，指的是一种印刷品生产的全过程。随着技术的进步，印刷所采用的工艺方法越来越多，可分为有版的传统印刷和无版的 NIP(无压印刷)两种技术。

传统的有版印刷指利用印版，通过在印版上涂敷油墨，再在压力的作用下，转移到承印物表面的过程，平版印刷、凹版印刷、凸版印刷和孔版印刷是四大类传统的印刷方式。为了保证在印刷品中能再现连续色调值，除了凹版印刷技术是改变网穴深度之外，有版印刷技术都是将油墨传递给印版图文部分，并且全部印版图文部分具有基本相同的油墨厚度，只有承印物表面印刷元素的面积和排列会发生变化，因此，才能够再现不同的阶调和颜色变化。本章主要讲述传统印刷的颜色再现原理和各种印刷的基本工艺方法及特征。

第一节　颜色复制原理

一、网点对图像层次的传递原理

根据调子的不同，图像可以分为三种：线划稿图像、半色调图像和连续调图像。线划稿图像是指在图像中只有两种变化，有密度和没有密度，而且所有的密度大小都是相同的，无中间密度的存在，如文字、线条、色块等。连续调图像是指以密度大小的连续变化来表现画面浓淡层次变化的图像，如照片、绘画作品等。一张单色的连续调原稿，用制版照相机拍摄成连续调阴图底片，再拷贝成阳图，晒制成 PS 版，经过印刷，得到的印刷品将会成为线划稿图像，图像上只有两种状态，原稿上的明暗层次变化全部丢失了。如图 1-1 所示。

为什么会这样呢？因为印版和印刷机只能表现两种状态：着墨与非着墨。画家可以通过控制涂在纸面上的颜料的厚薄来表现颜色的深浅，照相通过经曝光显影后留在底片或相纸上的卤化银的厚薄来表现颜色的深浅。但是胶印所采用的印版的感光原理与银盐感光原理有着极大的差别，它晒出的印版只有着墨和非着墨两种状态，印刷出来的结果自然也只有有密度和无密度两种状态，不能像银盐感光材料那样能通过银粒密度变化来实现明暗层次的变化。即使能研制出连续调的印版，胶印机也无法通过精确地控制墨层厚度来控制图像的密度，从而完成连续调图像的复制。

为了把连续调原稿图像的明暗层次再现出来，必须制作出加网的阴图或阳图底片，将图像分割成许多不连续的点子，但相邻的两点子对人眼形成的视角小于人眼能够区分的阈限，如图 1-2 所示。每个点子只有一种状态——着墨。单位面积内点子覆盖的总面积大，反射光线少，吸收光线多，使人感到阴暗；单位面积内点子覆盖的总面积小，反射光线多，吸收光

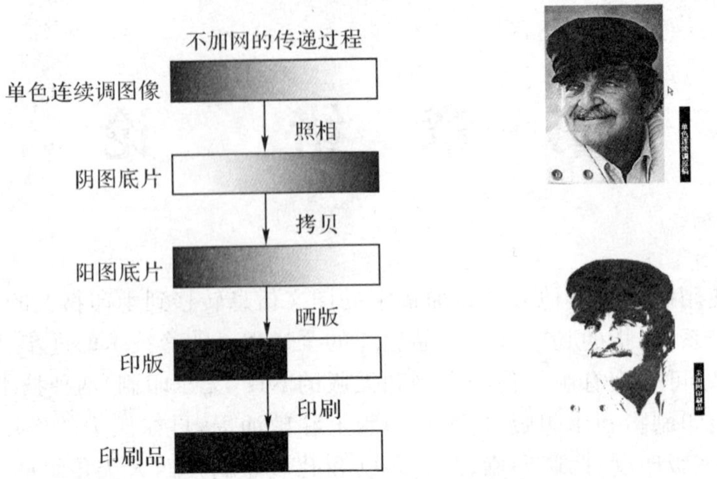

图 1-1　不加网的图像层次传递过程

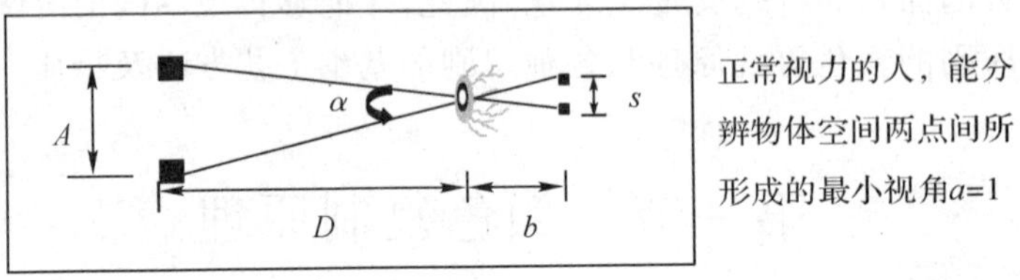

图 1-2　视角

线少，给人以明亮的感觉。这样连续调原稿上的浓淡层次就可以由只能表现两种状态（着墨与非着墨）的印版和印刷机在印刷品上得到再现，如图 1-3 所示。

图 1-3(a)代表原稿，是通过色料堆积的厚薄来表现深浅变化的；图 1-3(b)代表印刷品，是通过单位面积内，着墨的网点的面积的大小来再现深浅变化。在放大镜下，加网部分如图 1-3(b)的左边所示，我们可以看见一个个黑点和白点相间，但如果这些点子都足够小，小于人眼区分的阈限，则我们只能感受到深浅变化，而看不见点子了，如图 1-3(b)右边所示。

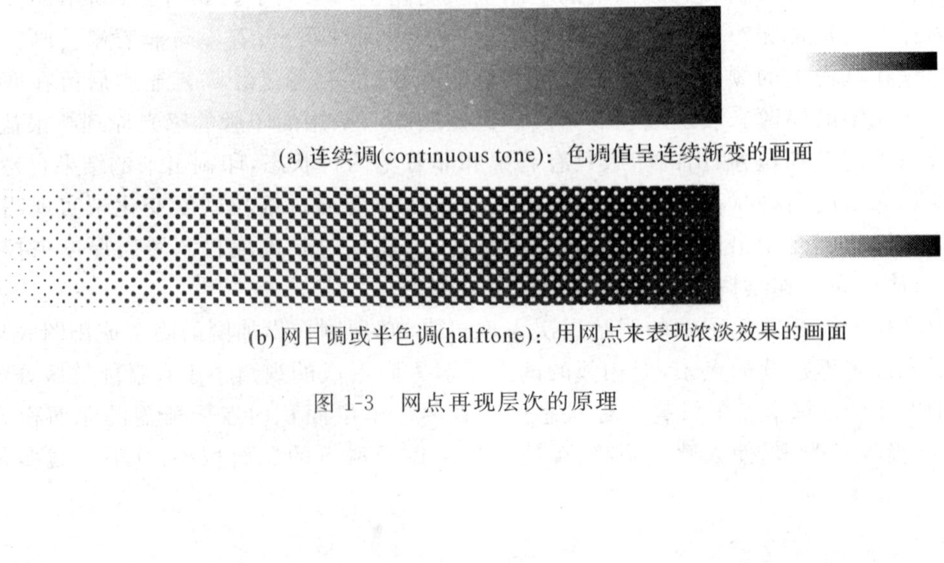

(a) 连续调(continuous tone)：色调值呈连续渐变的画面

(b) 网目调或半色调(halftone)：用网点来表现浓淡效果的画面

图 1-3　网点再现层次的原理

从连续的图像转变为不连续的加网图像，在这个过程中必定会存在图像信息丢失的问题，加网线数越密，再现的层次越丰富，图像也越精细，质量就越好，这就是精细产品使用细网线的原因。但加网线数越细，印刷难度越大，因此，应该合理地掌握加网的线数，既要保证满足印刷的要求，又要尽量保证有足够的图像信息和良好的视觉效果。

图 1-4 表示通过加网，胶印是如何再现图像的深浅层次变化的。

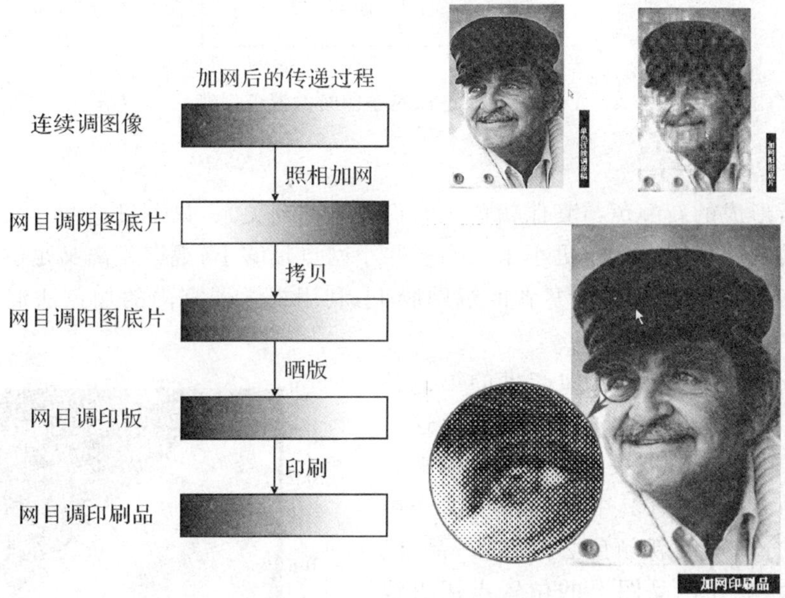

图 1-4　加网后的层次传递过程

二、网点对图像色彩的复制原理

前面我们讨论的单色连续调图像的复制方法，这种图像的特点是只有一种色相，但具有不同的明度和饱和度，可以由一种油墨（黑色或其他颜色）经过加网复制得到。那么对于丰富多彩的彩色印刷品，又该如何复制千变万化的色彩呢？绘画可以通过调配许许多多的颜色来再现彩色，但印刷出于成本和工艺的考虑，要求用尽可能少的颜色的油墨来再现原稿，应该用几种颜色呢？理论上用三原色油墨加网复制便可得到，不过实际生产中大部分产品用四种颜色油墨复制。

（一）网点的减色混合

将三原色网点印刷在一个区域内，由于三色印版的网点覆盖率和网点的位置不同，三色印版套印后，三种颜色的网点的相对位置有两种可能：一种可能是并列排列，另一种可能是部分或全部叠合。于是该区域便存在黄、品红、青、红、绿、蓝和黑七色，如图 1-5 所示。此外，还有的位置是三色网点都没有覆盖的，露出纸张的本色（白色）。因此该区域内总共会存在八种颜色：白、黄、品红、青、红、绿、蓝、黑。这八种颜色称为纽介堡基色，它们在色品图上的位置如图 1-6 所示，由于色品图只规定色度特征，不反映亮度的变化，八色中的黑、白两色的饱和度为零，居于色品图的中间。

原色：　　黄、品红、青

二次色：
- 黄+品红=红
- 黄+ 青 =绿
- 青+品红=蓝紫

三次色：　黄+品红+青=黑

图 1-5　三原色油墨叠印时的混色规律

（二）网点的加色混合

叠印后所形成的新颜色与其他颜色之间仍然是并列关系，只不过这些二次色、三次色的网点比叠印前的原色网点变得更小了。当这些小网点足够小，观察距离又足够远时，从它们各自发出的色光同时投射到观察者的视网膜上，利用视觉器官内的加色法混合，产生新的颜色。

在色品图上，两种色光相加产生的第三种色光总是位于连接两种色光的直线上，而这一新颜色在直线上的位置取决于两种颜色的混合比例。现在由八种颜色（其中黑白两色居于中央）按比例混合而成的新颜色必然在黄、品红、青、红、绿、蓝六色在色品图上的位置点用直线围成的六边形内，这个六边形就是用这三原色墨印刷所能再现的色域范围，如图 1-6 所示。

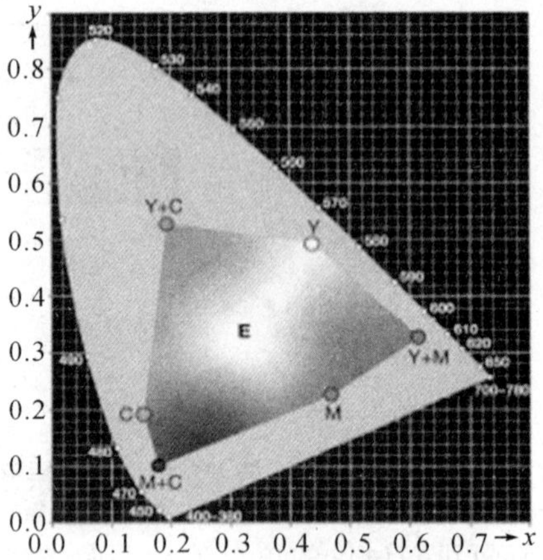

图 1-6　三原色印刷的色域范围

改变三原色网点面积率，可以改变单位面积内八种颜色所占的面积比例，控制八种颜色的量，便可以混合出六边形色域范围内各种各样的颜色。六边形以外的颜色是用这三原色墨所不能复制的颜色，因此我们应该清楚一点：由于油墨纸张的呈色性能的限制，印刷所能复制的颜色范围是有限的，并非原稿上的所有颜色都能复制，原稿上处于六边形色域以外的颜色只能以某种换算方法映射到色域内的近似颜色来代替，这时失真将是不可避免的。

（三）黑版的作用

根据印刷品的呈色原理，只用黄（Y）、品红（M）、青（C）三种颜色的油墨就能复制在它们的色域范围内的一切彩色。但在实际工业生产中，一般采用黄（Y）、品红（M）、青（C）三原色加黑色（K）共四色进行印刷，黑版的作用主要体现在以下几方面：

（1）加强图像的反差、增加中至暗调层次

按照目前常规印刷条件，Y、M、C 三色油墨叠印后的密度在 1.6～1.7，而视觉分辨力一般能达 1.8～1.9。因此，选用适当阶调的黑色补偿三原色叠印密度的不足，从而加强图像的反差，能再现更加丰富的层次，尤其是暗调的层次细节。

(2)稳定图像的颜色

理论上黄、品红、青油墨按相应的网点比例能够复制出包括灰色在内的各种颜色。网点面积的比例是在制版时决定的，从输出底片到晒版印刷，网点的每一次传递都是非线性的，各种相关的生产条件很难保持完全稳定，如纸张和油墨性能的差异、机器精度的影响、印刷工艺的人为调节等，很难达到全色调的中性灰平衡，大多数产品的中至暗调会偏茶色，颜色不稳定。采用适当的黑版叠印可以稳定颜色，克服暗调偏色。

(3)提高印刷适性，降低生产成本

采用了黑版以后，可以用一部分黑油墨代替部分由彩色油墨形成的灰色，这样可以减少印刷到纸上的总油墨量，一方面有利于印刷工艺控制，另一方面节约了价格较高的原色油墨的用量。

采用黄、品红、青三原色，再加上黑色进行印刷，按照上面的分析方法可以得知，四种油墨在纸张上形成16种纽介堡基色，除上文讨论的八种纽介堡基色外，另八种分别是黑、黑＋青、黑＋黄、黑＋品红、黑＋品红＋黄、黑＋品红＋青、黑＋黄＋青、黄＋品红＋青＋黑，如图1-7。但由于黑墨与其他颜色叠合在一起形成的还是黑色，而且黑色只对颜色的明暗和饱和度产生影响，尤其是对图像的暗调影响较大，对颜色的形成没有很大的影响。

原色：	黄、品红、青、黑
二次色：	黄+品红=红
	黄+青 =绿
	青+品红=蓝紫
	黑+青=黑
	黑+黄=黑
	黑+品红=黑
三次色：	黄+品红+青=黑
	黑+品红+黄=黑
	黑+品红+青=黑
	黑+黄+青=黑
四次色：	黄+品红+青+黑=黑

图1-7　四色油墨叠印时的混色规律

(四)影响颜色再现的主要因素

胶印过程是将在印前阶段被分解为黄、品红、青、黑四色的网点，通过套印在承印物上合成的过程。某一区域合成的颜色取决于构成该区域颜色的纽介堡基色，以及各纽介堡基色的量。各纽介堡基色的颜色又取决于白纸的颜色，黄、品红、青、黑四色油墨在承印物上的颜色，以及它们叠印后所呈现的颜色。

用不同的纸张和油墨，呈现的纽介堡基色是不同的，它们所能再现的色域范围也不同。

对于纸张、油墨两种印刷材料已确定的前提下，胶印工艺对纽介堡基色的影响就取决于黄、品红、青、黑四色墨在承印物上的密度值以及它们之间叠印时的叠印率。当三原色的实地密度不够时，黄、品红、青三原色油墨对它们各自补色的吸收不充分，三原色实地色块的饱和度不高，由它们叠印得到红、绿、蓝紫色的饱和度也不高，整个六边形的色域向内收缩，印刷所能再现的颜色范围缩小了，同时由这些饱和度偏低的纽介堡基色经加色法混合得到的各种颜色也都偏浅，整个画面色彩不够鲜艳，如图1-8所示。当三原色实地密度恰当，但印刷叠印率不高时，后印色没有足够的墨层厚度，叠印色不仅色偏并且饱和度不够。这时黄、品红、青三原色在色品图上的位置是正确的，但红、绿、蓝紫色在色品图上的位置在色相上有偏移，在饱和度上向内收缩，所能再现的色域范围也缩小了，并且合成的颜色会色偏，如图1-9所示。

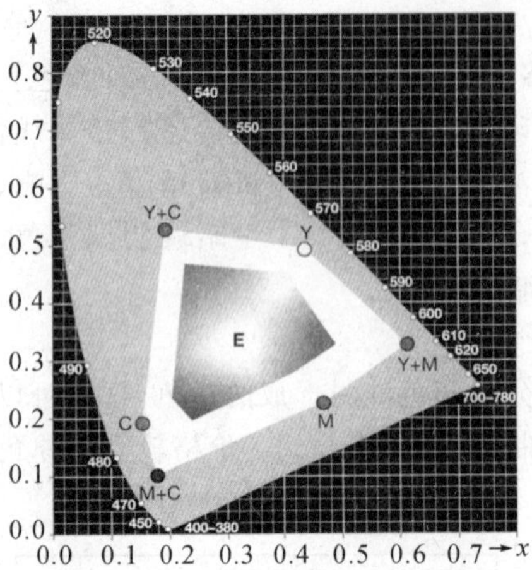

图 1-8　实地密度不够的色域

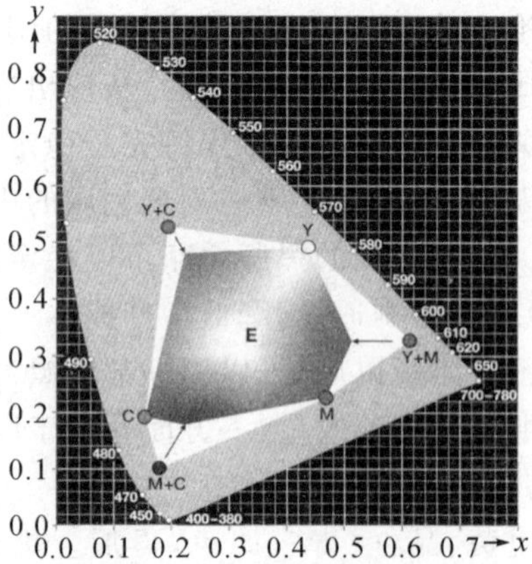

图 1-9　叠印率偏低时的色域

至于各纽介堡基色的量，则取决于黄、品红、青、黑四色的网点面积。四色的网点面积是在印前分色时经过计算得到的，在晒版和印刷过程中，主要是控制网点面积在图像传递过程中的变化，对胶印这一工序而言主要是控制网点面积扩大。

因此，对印刷这一工序来说，在纸、墨以及四色印版已确定的情况下，对颜色复制影响最大的因素是印刷时的实地密度、叠印率和网点增大率，在印刷生产的整个流程中，前端的工作必须和后端的工作相互配合进行。将数字图像从 RGB 模式转换为 CMYK 模式进行分色时，通过换算才能在印刷时正确地再现原稿的颜色，需要考虑印刷时的纽介堡基色及网点增大率，因此在设置分色参数时，有两项很重要的选项，分别是油墨颜色和网点增大值。油墨颜色选项，要求输入印刷时 16 种纽介堡基色中重要的九种颜色的 Yxy 值或 $L^*a^*b^*$ 值；网点增大选项要求确定印刷时各色网点的扩大情况，系统将根据纽介堡基色和网点增大率的不同，在分色时确定 CMYK 各色的量，如图 1-10、1-11 所示。

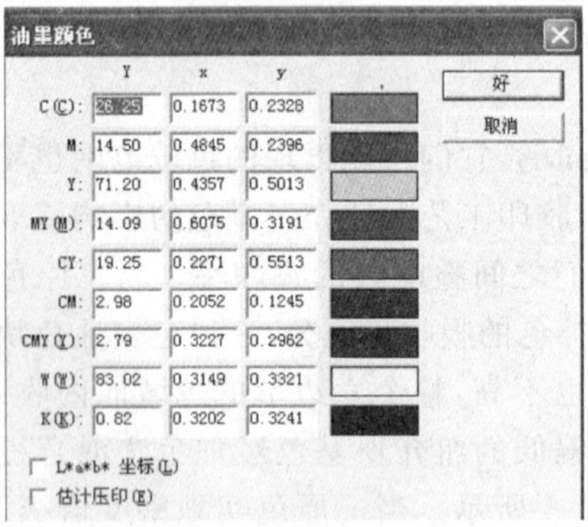

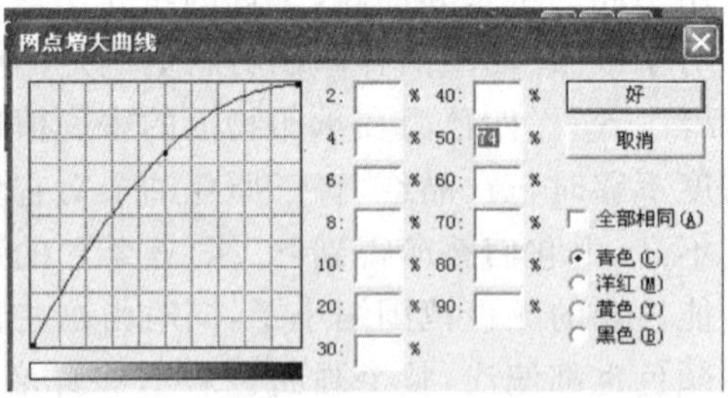

图 1-10　分色参数设置的油墨选项

图 1-11　分色参数设置的网点增大选项

先进的四色印刷工艺已经能满足较高的质量要求，但由于四色油墨本身的局限性，四色油墨的光谱特性达不到理想的状态，饱和度不能达到很高，四色油墨 CMYK 所能复制的色域范围小于扫描仪的 RGB 色域范围，当复制某些类别的原稿或当质量要求极高时，原稿经扫描后在RGB颜色空间中的一些颜色在CMYK中无法表示出来而影响了颜色的复制。为了扩大印刷复制的色域范围，可以通过在CMYK四色的基础上加印一些特殊色，这些特殊色如纯净、明亮的红、绿、蓝紫色等，饱和度高，处在CMYK四色印刷的色域范围以外，由CMYK四色加上这些特殊色，可以复制出原稿上更加饱和、更加鲜艳的颜色，这种印刷方法称为高保真印刷。譬如，印刷带有草莓的画面时，可以增加红色版和绿色版，使草莓果实的大红色和绿叶的绿色显得更加纯净、逼真，整个画面显得更生动、鲜艳。图1-12表示从CMYK四色印刷的六边形色域范围，在加印了红、绿、蓝三种特殊色后，扩大到十二边形的色域范围。

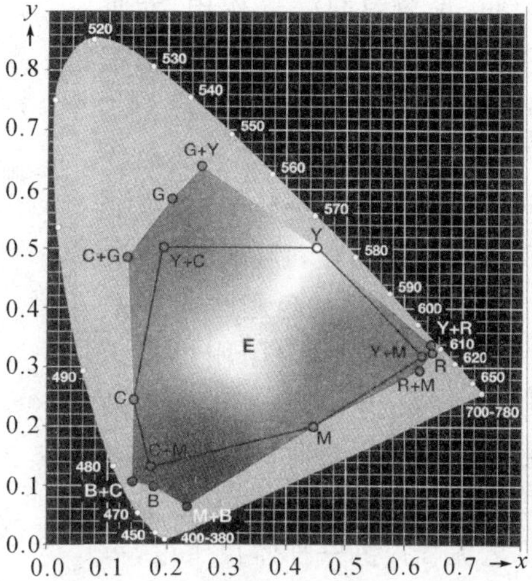

图1-12　高保真印刷的色域范围

（五）印刷质量控制的原理和方法

在图像复制过程中，由于受仪器设备和印刷材料的性能，以及工艺条件的控制等诸多因素影响，因此在一系列工艺过程中，色彩和层次的传递必然发生变化。原则上，制版阶段是颜色分解与阶调定型过程，允许对图像进行层次和色调的调整；晒版阶段属于中间转换过程，只能在允许的范围内有所变化；印刷是色调再现过程，不允许局部调节，必须规范实施。为了最终在印刷阶段使原稿的图像在承印物上得到最逼真的再现，必须要保持晒版、印刷工序尽可能稳定的基础上，通过制版阶段进行层次和色彩的预先补偿，以期获得最佳的复制品。这种补偿方法有电分机的坐标象限循环推导法和色彩管理的方法。

1. 电分机的层次和色彩控制方法

从理论上讲，根据油墨的减色法原理，黄、品红、青三原色油墨等量叠加就能形成中性灰色。但是，实际生产中由于印刷油墨色相上的缺陷，以及制版、印刷过程中网点面积和密度的非线性变化等原因，要用三原色油墨叠印出中性灰来，各色墨量必须是不同的。灰平衡指黄、品红、青三色版按不同网点覆盖率和色密度作三色加网印刷，所获得的不同亮度灰色的程度。当各网点比例都能达到灰平衡时就得到了一组三原色油墨的灰平衡曲线，如图1-13所示。实现中性灰平衡的三原色比例与油墨纸张特性和整个印刷工艺过程中的印刷条件有关。一旦这些因素固定下来，三色油墨的中性灰平衡曲线也就确定下来了。

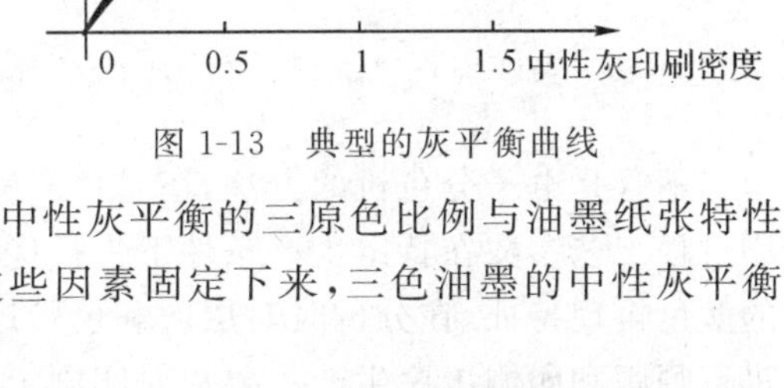

图1-13　典型的灰平衡曲线

在已知灰平衡曲线的前提下，由希望得到的从原稿到印刷品的层次再现曲线，逆工艺流程可以推算出分色机中应该设置的分色曲线，如图1-14所示，图中Ⅰ象限画出了原稿与最终印刷品之间所希望得出的层次再现曲线。Ⅱ象限画出在特定印刷条件下已知的中性灰平衡曲线，Ⅳ象限起转换作用，在Ⅲ象限就可以求出分色曲线。根据该分色曲线对彩色图像进行分色，再严格保持产生上述灰平衡曲线相同的印刷条件下进行生产，就能得到所希望的色彩和层次的再现。

2. 色彩管理的色彩控制方法

为了保证在整个印刷过程中色彩传递的一致性，色彩管理正被越来越多的印刷企业认可和接受。色彩管理的实际意义是为整个印刷工艺流程提供一种监控手段，可以在印刷分色、图像处理和制作过程中对色彩传递进行监控和管理。

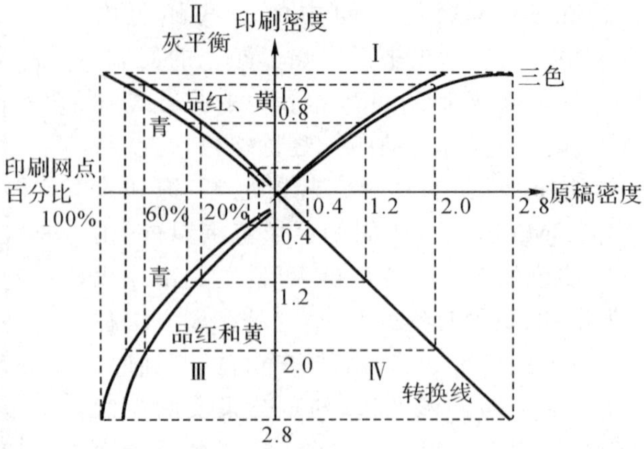

图 1-14　彩色印刷的色彩与层次再现过程

各种设备都有自己的颜色空间，设备的颜色空间是与设备、材料和工艺条件相关的。在工作中各种设备之间要交换数据，因此颜色要在各个设备的颜色空间之间转换。颜色转换的一个基本原则是，不同设备上的颜色要一致，并且尽可能地和原稿的颜色一致。为达到此目的，就要选择一个与设备无关的颜色空间（1976$L^*a^*b^*$色空间）作为不同设备颜色转换的标准和依据，如果不同的与设备相关颜色都能对应到L^*a^*b颜色空间的同一点，那么，它们之间的转换就一定是准确的。

色彩管理有三大步骤，即校准、特征化和转换。校准是按照设备的工作参数对设备进行调整，如晒版的曝光量、印刷油墨及纸张、印刷压力、水墨平衡的控制等调整到正常生产状态。特征化是在校准后，通过色彩管理软件，对各种输入设备进行颜色特征化描述，建立对应的特征参数文件（Profile），特征参数文件使与设备有关的颜色空间和L^*a^*b颜色空间之间建立了对应关系。在进行颜色转换时，颜色数据通过输入设备特征参数文件先转换成L^*a^*b颜色，再根据输出设备的特征参数文件转换成输出设备的颜色，如图 1-15 所示。

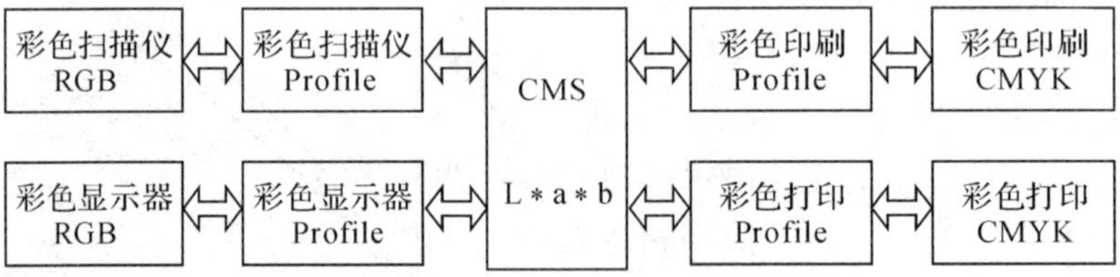

图 1-15　色彩管理基本原理图

不管是电子分色机的方法，还是色彩管理的方法，都要求在分色前，对后工序的晒版、印刷过程工艺参数在特定生产条件下进行优先设置，然后根据已确定的生产条件和工艺参数的颜色再现特征，在分色时对层次和色彩进行预先补偿，再在保持稳定的工艺参数的情况下进行晒版和印刷工序生产。要想对印刷工艺参数进行优化并保持稳定，就需要通过对工艺流程采用规范化和数据化管理。

第二节　印刷的分类和特点

原稿经印前图像处理、制版并打样认可后，即可利用印刷机进行印刷。传统（即模拟）印刷就是借助印刷压力将涂敷在印版表面上的油墨转移并牢固地附着纸张或其他承印物上。根据各种印刷工艺的原理不同，制作了不同的印版，传统印刷主要分为平版印刷、凸版印刷、凹版印刷和孔版印刷，其中胶印、柔性版印刷、凹版印刷和丝网印刷是目前工业生产中得到广泛应用的印刷方式。

一、柔性版印刷

柔性版印刷是凸版印刷的一种，柔性版通常采用橡皮凸版、感光树脂版，其印版的图文部分明显高于空白部分，其印刷原理如图 1-16 所示。印刷过程中，低粘度、高流动性的油墨填充到网纹辊细小的着墨孔中，多余的油墨被刮刀刮除，将留在网纹辊的着墨孔中的油墨涂布于印版的图文部分，然后通过压力作用，使印版图文部分直接与承印物接触，图文部分的油墨便转印到承印物表面。

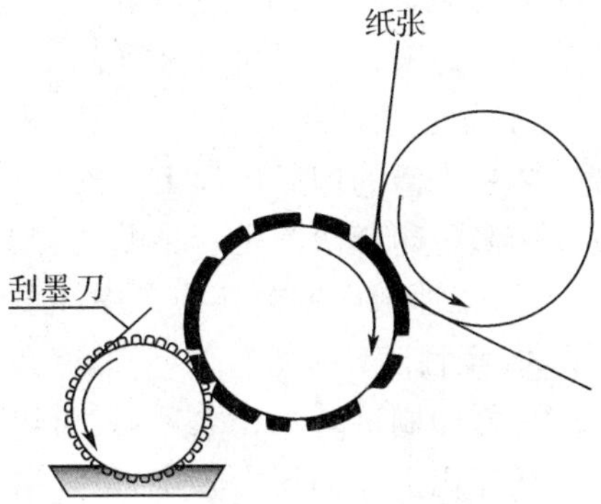

图 1-16　柔性版印刷原理示意图

1. 柔性版印刷的特点

（1）一般情况下，凹印的印刷压力大于 4.0MPa，平版胶印为 0.49～0.59MPa，而柔性版印刷只需很小的压力就可以非常可靠地将油墨从印版转移到承印物上，但是要求这个压力必须尽可能均匀地施加在接触区域所有印刷部位上，并在整个印刷长度上都保持稳定。压力过大就会使文字、线条出现边缘效应，即在显微镜下，文字、线条边缘和中间部分有一个明显的分界，使印迹看起来不均匀。

（2）由于柔性版使用了弹性印版和低粘度油墨，柔性印刷的承印材料非常广泛，对承印物的适应性强，既可印表面粗糙、明显凸凹不平的瓦楞纸、纸板、纺织品，还可印表面光滑、没有吸收力的塑料薄膜、铝箔等材料。

（3）由于柔性版弹性好，易变形，网点变形比较难控制，使得彩色图像层次还原受影响，尤其是在高调区域，因为高调部分的网点又小又细，易造成图文部分变形。因此与胶印相比，柔性版的印刷质量比较粗糙，加网线数一般较低。

（4）柔性版印刷普遍采用以一种醇类为主要溶剂的低粘度挥发干燥油墨，干燥速度快，污染少，对环境保护极为有利，也满足食品卫生标准的要求。

（5）柔性版的特点是弹性大、版材厚，当它被安装到圆柱形滚筒上之后，印版沿滚筒周向的表面产生了弯曲变形，这种变形涉及印版表面的图像和文字，使得印刷出来的图像、文字达不到原稿设计的要求。对于质量要求较高的印刷品，必须采取措施补偿印刷尺寸的变化。

2. 柔性版印刷前的准备

(1)网纹辊的选择。在柔性版印刷工艺中,为了保证油墨稳定传递,网纹辊的选择是十分重要的。若原稿以大面积色块和较粗的字体为主,则网纹辊线数要低;而对于细小文字和网点图像等精细原稿,网纹辊线数应较高些。若承印物表面粗糙,吸墨性好,应选择线数少的网纹辊,反之,则线数要高。一般柔性版的加网线数与网纹辊的网纹线数之比为 1∶4,网穴角度宜选 60°以利于油墨转移。

(2)油墨的准备。柔性版印刷多用水性油墨和 UV 油墨。水性油墨采用水基连结料,不污染环境。UV 油墨依靠紫外光照射固化,其主要成分是颜料、预聚物、活性单体、光引发剂和助剂,无溶剂挥发。柔印用墨具有黏度低、干燥快的特点。

(3)刮墨刀的正确安装。正向刮墨刀式输墨系统的刮墨刀与刮墨刀和网纹辊接触点切线的夹角为 45°～70°的锐角,反向刮墨刀式输墨系统的刮墨刀与刮墨刀和网纹辊接触点切线的夹角为 140°～150°的钝角。刮墨刀的压力不宜调得过大,以可将网纹辊表面多余油墨全部刮掉为限,避免损伤网纹辊。

(4)柔性版印版的安装。通常采用专用的贴版机将清洁过的印版用符合要求的双面胶带安装在光洁的印版滚筒上。安装时要注意调整贴版机的基准,考虑印版的尺寸、安装位置以及印版与印版滚筒是否粘贴紧密等。

(5)柔性版印刷前还应考虑印刷色序,准备承印材料等。

3. 柔性版印刷

做好印刷准备工作之后,就可以上卷料,安装网纹辊和印版滚筒,然后开机试印刷,由于柔性版印刷需要的压力较小,试印时,可通过调节压力旋钮,来调整网纹辊、印版滚筒和压印滚筒之间的压力,使它们保持轻微接触,将压力减到最小,只要能印出清晰图文即可。同时,在试印过程中,要及时调整纵向套准、横向套准、墨量、油墨黏度、网纹辊线数等,待试印出合格产品后开始正式印刷。

印刷过程中,要注意随时检查印版、纸路、墨路及印机的工作状态,检查印品套准、颜色以及油墨干燥情况,调节料卷张力等,一旦有问题须及时调整。

二、平版胶印

平版胶印普遍使用 PS 版和 CTP 版材,平版印刷的印版,图文部分和空白部分无明显的高低之分,差不多在同一平面上,但表面性能不同,空白部分是氧化铝,具有良好的亲水性能,而图文是高分子材料,不能附着水分。印刷时,先由水辊向印版供给润湿液(主要成分是水),使空白的部分吸附水分,形成抗拒油墨浸润的水膜,然后由墨辊向印版供给油墨,利用油水相斥的原理,使图文部分粘附油墨,但空白部分不吸附油墨,再施加压力,将图文部分的油墨经橡皮滚筒转移到承印物表面。

1. 胶印的特点

(1)生产效率高。胶印印刷设计完成后,出片与晒版的速度与其他印刷方式相比明显要快,一般在一小时内就可完成。而且胶印印刷目前的主力机型是多色的高速印刷机,一般的平张多色机转速是 10000r/h 以上,而轮转机更可达 20000r/h 以上。此外,相当部分的多色胶印机具有红外线干燥与上光装置,大大提高了生产效率。

(2)印刷质量高。胶印印刷的质量随着胶印机制造技术的发展,印刷数字处理工艺的成熟，达到了相当高的水准，网目调印刷品的观赏效果不亚于连续调的彩色照片、绘画，在各种印刷方式中具有明显优势。

(3)纸张的定量范围大。胶印用纸的种类几乎可以包括各种印刷用纸，纸类承印物的定量可以从低定量的 $50g/m^2$ 以下的纸张到 $400g/m^2$ 以上的高定量的纸板。

(4)生产批量灵活、成本低。胶印制版速度快，生产批量比较灵活，与其他印刷方式相比成本低。

(5)承印物种类受限。胶印对纸类以外的承印物如塑料类承印物、复合材料的承印物无法发挥优势；而对硬性的承印物，胶印则完全无法进行。

2. 胶印印刷前的准备

胶印印刷工艺复杂，印刷前要做好充分的准备工作。

纸张在投入印刷前，(尤其是用于多色胶印机的纸张)需要进行调湿处理。其目的是降低纸张对水分的敏感程度，提高纸张尺寸的稳定性。调湿处理一般有两种方法：一是将纸张吊晾在印刷车间，使纸张的含水量与印刷车间的温、湿度相平衡。二是把纸张先放在高温、高湿的环境中加湿，然后再放入印刷车间或印刷车间温、湿度相同的场所使纸张的含水量均匀。

油墨厂生产的油墨，一般是原色墨(Y、M、C 三色)，印刷厂在使用时，需要根据印刷品的类别、印刷机的型号、印刷色序等要求，对油墨的色相、粘度、粘着性、干燥性进行调整。

从存版车间领到上机的印版时，要对印版的色别进行复核，以免发生版色和印刷单元油墨色相不符的印刷故障。

平版的浓淡层次，是用网点百分比来表现的，网点百分比过大，印版深，否则，印版浅。过深、过浅的印版需要修正或重新晒版。

此外，还要检查印版的规矩线、切口线、版口尺寸等。

平版印刷必须使用润湿液。一般是在水中，加入磷酸盐、磷酸、柠檬酸、乙醇、阿拉伯胶以及表面活性剂等化学组分，根据印刷机、印版、承印材料等的不同要求，配制成性能略有差异的润湿液。印刷时，润湿液在印版的空白部分形成均匀的水膜，防止脏版。当空白部分的亲水层被磨损时，可以形成新的亲水层，维护空白部分的亲水性，同时，能降低印版的温度，减小网点扩大值。PS 版使用的润湿液为弱酸性，pH 值约为 5～6 之间，报纸印刷因使用略显酸性的纸张，可以使用弱碱性的润湿液。

胶印机橡皮滚筒的表面，包覆着由橡皮布和衬垫材料组成的包衬。包衬视硬度不同分为硬性、中性、软性等三种。硬性包衬一般用于多色、高速胶印机；软性包衬常被用于精度低的胶印机。中性包衬的性能介于硬性和软性之间，应用的范围较广。

印刷色序是个很复杂的问题，一般是透明度差的油墨先印；网点覆盖率低的颜色先印；明度低的油墨先印，以暖色调为主的人物画面，后印品红、黄色；以冷色调为主的风景画面，后印青色、黄色；用墨量大的专色油墨后印；报纸印刷，黑墨后印。单张纸四色印刷机大多采用黑、青、品红、黄的色序；单色机、双色机的色序比较灵活。

3. 胶印实施过程

(1)安装印版。将印版连同印版下的衬垫材料，按照印版的定位要求，安装并固定在印版滚筒上。

(2)试印刷。印版安装好以后，就可以进行试印刷，主要操作有：检查胶印机输纸、传纸、收纸的情况，并做适当的调整以保证纸张传输顺畅、定位准确。以印版上的规矩线为标准，调整印版位置，达到套印精度的要求。校正压力，调节油墨、润湿液的供给量，使墨色符合样张。印出开印样张，审查合格，即可正式印刷。

(3)正式印刷

在印刷过程中要经常抽出印样检查产品质量，其中包括套印是否准确，墨色深浅是否符合样张，图文的清晰度是否能满足要求，网点是否发虚，空白部分是否洁净等，同时，要注意机器在运转中，有无异常，发生故障即时排除。

(4)印后处理

主要内容有：墨辊、墨槽的清洗，印版表面涂胶或去除版面上的油墨，印张的整理，印刷机的保养以及作业环境的清扫等。

三、凹版印刷

凹版所用的印版图文部分低于印版平面，印刷过程中，首先使整个印版着墨，再用刮墨刀将版面空白部分的油墨刮除，只保留低于印版平面的网格中的油墨，印版版面直接与承印物接触，通过压力作用，使图文部分油墨转印到承印物表面。

1. 凹版印刷的特点

(1)印版耐印率好。凹版印刷的印版是雕刻在滚筒上的，其耐印率远远高于胶印的PS版，对于生产批量大的印件具有优势。

(2)印刷质量好。凹版印刷品墨层厚实，产品的视觉效果是彩色图像层次丰富，颜色饱满，特别适宜于证券、烟卷包装等精美印刷品的印刷。

(3)自动化程度高。由于凹版印刷轮转机后可配置上蜡装置、分切装置、复合装置、收卷联动装置等辅助配套装置，大大提高了自动化程度与生产效率。

(4)承印物范围广。凹版印刷机除纸类外，还可在各种塑料薄膜、玻璃纸、复合材料上印刷。其产品除书刊画册外，还有各种彩色包装纸、糖果纸、卷烟纸、冰棍纸等。

(5)时间长、工序多、成本高。凹版印刷不适宜短版印刷，如果印短版印件，这些缺点会暴露无遗。

2. 凹版印刷前的准备

(1)承印物的准备。塑料薄膜是凹版印刷主要的承印物。常用的塑料薄膜有聚乙烯、聚丙烯、聚氯乙烯等。因为塑料薄膜表面光滑、粘附油墨的性能差，所以，在印刷前要对薄膜表面进行处理。一般采用电晕处理，该方法是将塑料薄膜在两个电极中穿过，利用高频振荡脉冲迫使空气电离产生放电现象形成电晕，游离的氧原子与氧分子结合生成臭氧，使薄膜表面形成一些强性集团和肉眼看不见的“毛刺”，这样便提高了薄膜的表面张力和粗糙度，有利于油墨和粘合剂的附着。

(2)印刷油墨的准备。凹版印刷油墨是溶剂型油墨，它具有粘度低、流动性好、附着性强、稳定性好、表面张力低等特点。但其溶剂挥发快，易使油墨粘度发生变化。因此印刷前，一般在原墨中加入稀释溶剂来调整油墨粘度。

(3)印版的准备。印版是印刷的基础，直接关系到印刷质量，上版前需对印版进行复核。检查网点是否整齐、完整，镀铬后的印版是否有脱铬的现象，文字印版要求线条完整无缺，不能断笔少道。印版经详细检查后，方可安装在印刷机上。

(4)刮墨刀的调节。凹版印刷机最主要的特点是使用刮墨刀,刮除印版空白部分的油墨。凹版印刷品的印刷质量,在很大程度上取决于刮墨刀是否磨得正确和是否装得适当。如果把刮墨刀磨成30°或30°以上,刀刃比较坚固,但弹性差,刀刃刮除印版滚筒表面油墨的效果不良,使印刷品的亮调部分出现深浅不匀的现象。如果刀刃磨得过薄,磨成18°以下,刀刃虽然能够很好地把油墨从滚筒表面上刮除,但却容易被从油墨或纸张上落到刮墨刀上的"硬质颗粒"损坏,有时也会被印版滚筒磨损,刀刃上出现小月牙状的伤痕。这种带月牙的刮墨刀,会在印刷品上留下很细的道子,即出现与纸张进线成某一角度的直线。因此,刮墨刀刃视印刷产品、油墨、承印材料和印刷机转速等因素而定,研磨的角度在30°～18°之间变化。安装刮墨刀时,还要注意刮墨刀与滚筒母线的切线在接触上所构成的角度。这个角度愈大,刮墨刀刮除印版空白部分油墨的效果愈好,但刮墨刀刃损坏快,出现塌陷和凹痕,致使印刷品的阶调色彩发生变化。凹版印刷机的这一角度一般在45°至90°之间变化。

3. 凹版印刷

(1)上版。上版操作中,要特别注意保护好版面不被碰伤,要把叼口处的规矩及推拉规矩对准,还要把印版滚筒紧固在印刷机上,防止正式印刷时印版滚筒的松动。

(2)调整规矩。印刷前的准备工作完成之后,再仔细校准印版,检查给纸、输纸、收纸、推拉规矩的情况,并作适当调整,校正压力,调整好油墨供给量,调整好刮墨刀。刮墨刀的调整,主要是调整刮墨刀对印版的距离以及刮墨刀的角度,使刮墨刀在版面上的压力均匀又不损伤印版。

(3)正式印刷。在正式印刷的过程中,要经常抽样检查,网点是否完整,套印是否准确,墨色是否鲜艳,油墨的粘度及干燥是否和印刷速度相匹配,是否因为刮墨刀刮不均匀,印张上出现道子、刀线、破刀口等。

凹版印刷的工作场地,要有良好的通风设备,以排除有害气体,对溶剂应采用回收设备。印刷机上的电器要有防爆装置,经常检查维修,以免着火。

四、丝网印刷

丝网印刷的原理是丝网印版上图文部分能够透漏油墨的网孔,空白部分被感光胶盖住,印刷时,在丝网印刷一端注入油墨,油墨在刮墨刀的压力作用下,通过网版的网孔而转移到承印物上,从而实现图像的复制。

1. 丝网印刷的特点

(1)墨层厚。一般条件下,凸印的墨厚为1.0μm,凹印为8.0μm,柔性版印刷为3.0～5.0μm,而丝印的墨厚可达到20μm,特殊的可达100μm。墨厚的优点是立体感强,墨色实,色彩突出。

(2)承印材料范围广。丝网印刷在各种材质上均能印刷,如塑料、金属、玻璃、木材、织物、纸等;并且能在各种形状、大小的承印物上印刷,如平面、曲面、球面,大幅面承印物及小幅面承印物。

(3)对油墨的适应性强。丝印由于采用漏印方式,相对其他印刷方式来说对油墨的要求不是特别严格,液状油墨、粉状油墨、水性油墨、油性油墨均可采用。

(4)印刷压力小。丝网印刷版柔软并富有弹性,印刷压力较小,可以在易损坏的物体上印刷。

2. 丝网印刷前的准备

(1)承印物的准备。丝网印刷的承印物范围广泛,不同的承印物在印刷前要进行适印处理,使其具有一定的印刷适性。如纸张要进行调湿处理,防止尺寸变形;塑料薄膜要进行电晕处理,增强对油墨的亲和性;PVC、有机玻璃等有翘曲的硬塑料片,要进行热定型,使其平整;对丝绸等柔软易变形的承印物,需做定型处理等。印刷前,还需根据承印物尺寸对承印台进行调整。

(2)印版的检查与安装。检查丝网版内容是否正确、版面是否清洁、印版是否完好无损、非图文部分是否会有漏墨现象等。丝网版检查完毕后,即可进行印版安装。将网框对照承印台的适中位置进行初定位,根据承印物的特点设置好网距,然后放下网框,调节坐标机构,进行对版,使版上的图文笔画或十字线与原稿基准吻合。网距的大小与丝网版尺寸、网纱的特性、绷网张力、油墨黏度、承印物种类与形状、印品质量等有关。网距过小,易黏版、糊版;网距过大,丝网拉伸变形较大,使印刷图像尺寸变大,并可能损坏丝网版。

(3)油墨的准备。丝网印刷承印物不同,其油墨的性能选择也各不相同。纸张常选用挥发干燥型油墨和氧化聚合干燥型油墨;塑料选用挥发干燥型油墨;金属和玻璃多选用氧化结膜干燥型油墨中的二液反应型油墨;纺织品多用水性墨或水性涂料印浆等。使用时,要根据原稿特点、丝网目数、印刷速度、车间环境、承印物种类等采用助剂对油墨黏度进行调整。由于丝网印刷大量采用专色油墨,所以专色油墨的调配和色相检查也十分重要。

(4)刮墨板的调整。刮墨板的常用材料是天然橡胶、氯丁橡胶、聚氨酯橡胶、硅橡胶和氟橡胶等。天然橡胶耐磨性差、颜色较深,多用于手工丝网印刷或极性溶剂的油墨印刷;聚氨酯橡胶耐磨性好,常用于高档刮墨板。刮墨板在使用时应保持适当的压力和刮印角。压力过小,丝网版接触不到承印的表面,无法进行印刷;压力过大,刮墨板弯曲变形,使刮墨板与丝网版和承印物成为面接触,既影响印品质量,又易造成刮墨板和丝网版的磨损。刮印角是指印刷面与刮墨板进行刮印时的夹角,一般情况下,平面网印的刮印角取20°～70°,曲面印刷的刮印角取30°～65°。

3. 丝网印刷

丝网印刷的印刷工艺过程包括:给料→匀墨→接触→刮印→剥离→收料。

在正式印刷前要进行试印,并根据试印样张调整网距、刮印角、压力及油墨黏度等。试印样张符合要求后,即可签付印样进行正式印刷。印刷时要检查抽样样张的色彩、阶调层次及清晰度变化,若有问题,应及时进行调整。

复习思考题

1. 在印刷复制中为什么要用网目调印刷?
2. 用黄、品红、青三种原色墨就能复制在它们的色域范围内的一切彩色,但实际印刷生产中为什么要加黑版呢?
3. 影响印刷颜色再现的主要因素有哪些?
4. 简述印刷质量控制的基本原理和方法。
5. 平版印刷有何特点? 简述其工艺流程。
6. 凹版印刷有何特点? 简述其工艺流程。
7. 柔性版印刷有何特点? 简述其工艺流程。
8. 丝网印刷有何特点? 简述其工艺流程。

第二章　润湿与水墨平衡控制

水墨平衡的控制取决于界面上相互作用的物理和化学性质。在胶印工艺中，由于几乎不用均质体（如纯水），更多地采用化合物（如润湿液）和混合物（如印刷油墨，一种固体和液体的分散体），使得界面上的各种物质的相互作用变得相当复杂；而且，由于水墨平衡的控制优劣对印刷质量影响很大，因此，水墨平衡的控制是胶印工艺的重点和难点。

第一节　印刷过程的润湿

表面上的一种流体被另一种流体取代的过程称为润湿。在一般的生产实践中，润湿是指固体表面上的气体被液体取代，固体的表面被液体润湿后，就像一滴水滴在固体表面，便形成了“气—液”、“气—固”、“液—固”三个界面，通常把有气相组成的界面叫做表面，即把“气—液”界面叫做液体表面，“气—固”界面叫做固体表面。印刷过程中，油墨、润湿液的传递过程实质就是润湿过程。

一、表面张力与界面张力

（一）表面张力与比表面自由能

液体表面或固体表面的分子与其内部分子的受力情形是不同的。以液体为例，如图 2-1 所示，处于液体内部的分子，四周被同类分子所吸引，受周围分子的引力是对称的，因而相互抵消，合力为零。处于液体表面的分子，由于液体的分子密度远大于气相的分子密度，致使合力不再为零，而是具有一定的量值并指向液体的内侧，表面分子所受到的不平衡的合力，促使液体尽量收缩其表面。由于在体积一定的几何形体中球体的表面积最小，液体都具有自动收缩其表面成为球形的趋势。

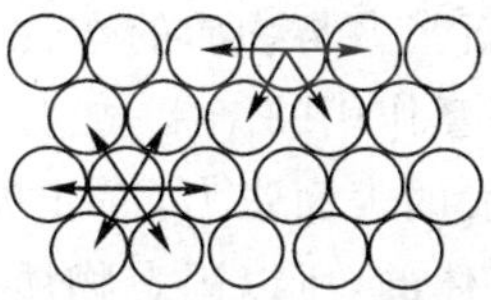

图 2-1　液体表面分子受力

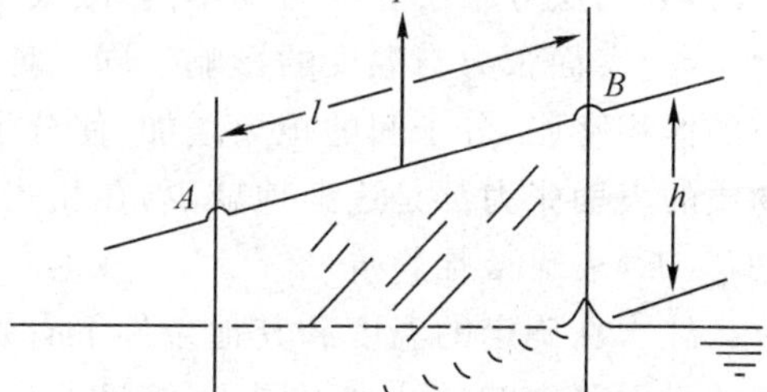

图 2-2　表面张力实验

表面张力可以通过实验来证实，如图 2-2 所示，Ⅱ形框架的 AB 边是可以上下滑动的，长度为 l。将框架直立于液体中，AB 边也被浸没。缓慢地提起 AB 边，使液体在金属框上形成液膜，为保持液膜表面平衡不收缩，必须有一力 F 作用在 AB 边，实验证明所需的力 F 的

大小与 AB 边的长度成正比，可表示为：

$$F=2\cdot\gamma\cdot l \tag{2-1}$$

比例系数 γ 定义为表面张力系数，表示垂直通过液体表面任一单位长度、与液面相切地收缩表面的力，常简称为表面张力，单位是 N/m（牛顿/米）。

由于表面分子处于不平衡的合力作用下，所以相对于内部分子处于较高的能量态势。把单位表面积上的分子比相同数量的内部分子过剩的自由能叫做表面过剩自由能，简称比表面能，单位是 J/m^2（焦耳/平方米）。因为 1J＝1N・m，所以，一种物质的比表面能与表面张力数值上完全一样，量纲也一样，但物理意义有所不同，所用的单位也不同。

固体表面的分子和液体表面分子一样，也受到不平衡的合力，比内部分子有过剩的自由能，称为固体的比表面能或表面张力。只是固体不能流动，也就无法收缩其表面。

（二）高能表面与低能表面

按照不同物体表面比表面能大小的不同，界面化学把比表面能大于 $0.1J/m^2$ 的表面称为高能表面，把比表面能小于 $0.1J/m^2$ 的表面称为低能表面。PS 版的空白部分氧化铝膜比表面能约为 $0.7J/m^2$，属于高能表面；PS 版的图文部分重氮感光树脂层，比表面能约在 0.03～$0.04J/m^2$，属于低能表面。

（三）界面张力

在固体-液体相接触的界面处或两种不同液体的相接触的界面上，界面上的分子受到界面两侧不平衡的力的作用，把单位面积相界面上的两相物质的分子，各自比相同数量的本相内部分子过剩自由能的加和值称为界面比表面能。当界面比表面能取 N/m 为单位时，通常称为界面张力。

（四）影响表面张力的因素

某纯液态物质的表面张力，通常是指该液态物质与含该物质饱和蒸气的空气相接触而言。凡能影响液体性质的因素，对表面张力皆有影响。

(1)表面张力与物质的本性有关。不同的物质，分子之间的作用力不同，而表面张力是分子之间相互作用的结果，故分子之间作用力愈大，表面张力也愈大，一般来说极性液体，例如水，有较大的表面张力，而非极性液体的表面张力则较小。构成固体的物质粒子间的作用力远大于液体的，所以固态物质一般要比液态物质具有更大的表面张力。

(2)表面张力与接触相的性质有关。在一定条件下，同一物质与不同性质的其他物质接触时，表面层分子所处的力场不同，故表面张力（确切地说是界面张力）出现明显的差异。

(3)表面张力与温度的影响。同一种物质的表面张力因温度不同而异，当温度升高时物质的体积膨胀，分子间的距离增加，使分子之间的相互作用减弱，所以当温度升高时，大多数物质的表面张力都是逐渐地减少，在相当大的温度范围内，两者近似呈线性关系。

（五）表面活性物质

纯水在确定的温度和其他条件下有确定的表面张力，但当某溶质溶于水中之后，此时溶液的表面张力就与纯水不同了，溶液的表面张力常随浓度的不同而变化，变化规律大致有三种，如图 2-3 所示。

曲线 A：随着溶液浓度的上升，表面张力 γ 几乎没能变化或略有上升。无机盐、无机酸、碱（如 $NaCl$、NH_4Cl、KNO_3）的水溶液属于这类情况。

曲线 B：随着溶液浓度的上升，表面张力 γ 缓缓地下降。短碳链的醇类（如乙醇、异丙醇)和短碳链的羧酸类的水溶液属于这类情况。

曲线 C:随着溶液浓度的上升,表面张力 γ 先是骤然下降,降至某值后,下降的速度明显变缓,最终趋于某个平稳值。8 个碳以上的直链有机酸碱金属盐,如肥皂(脂肪酸钠盐)

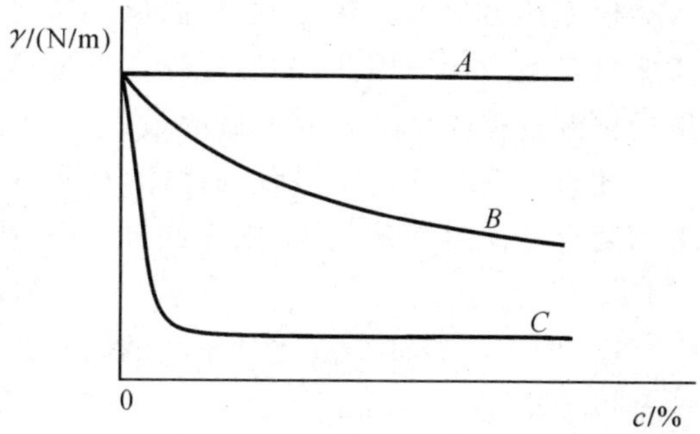

图 2-3 三类物质水溶液的表面张力和浓度的关系

胶体化学中,把能降低水的表面张力的物质,称为表面活性物质,如图 2-3 中曲线 B 和 C 所对应的溶质;把那种只要在水中掺入少量,就能极大地降低水的表面张力的物质称为表面活性剂,如图 2-3 中曲线 C 所对应的物质。把能使水的表面张力升高或略有降低的物质称为非表面活性物质,如图 2-3 中曲线 A 所对应的物质。

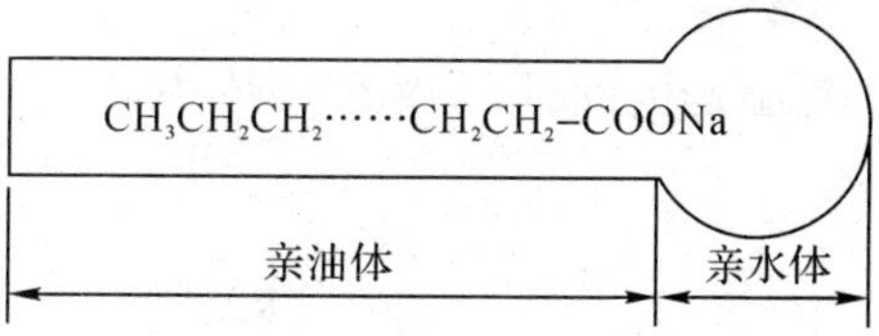

图 2-4 表面活性物质分子模型图

表面活性物质的分子都是两亲分子,分子一端有极性基,如—OH、—COOH、SO_3H 等,是亲水的,分子的另一端是非极性的碳氢链,是憎水的,如图 2-4 所示。因此,表面活性物质既有溶于水的趋势,又有自水中“逃逸”的趋势。憎水的碳氢链受到水的排斥而被挤向水面,在水面上浓集起来,从而削弱了表层水分子所受的向内的拉力,降低了表面张力。表面活性物质分子的碳氢链愈长,它们在水面的浓度愈高,物质的表面活性也愈大,表面活性剂分子的碳氢链上的碳原子一般都在 8 个以上,因而它们的表面活性很大。

二、润湿的分类

液体在固体表面的润湿分为沾湿、浸湿、铺展三类。

(一)沾湿

沾湿是指液体与固体接触,将“气—液”界面与“气—固”界面转变为“液—固”界面的过程,如图 2-5 所示。

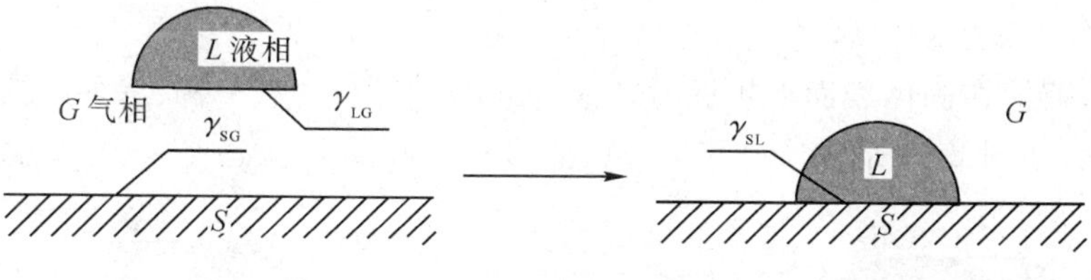

图 2-5 沾湿过程

在沾湿过程中,原有的液体表面和固体表面分别减少了自由能 γ_{LG} 和 γ_{SG},新形成的“液—固”界面增加了自由能 γ_{SL},所以在此过程中,体系自由能的变化值是:

$$\Delta G=\gamma_{SL}-\gamma_{LG}-\gamma_{SG} \tag{2-2}$$

体系对外界所做的功:

$$W_a=-\Delta G=\gamma_{LG}+\gamma_{SG}-\gamma_{SL} \tag{2-3}$$

根据热力学第二定律，在恒温恒压条件下，当体系能量的变化 $\Delta G_{T.P}\leqslant 0$ 时，这样的过程才能自发地进行。因此，沾湿过程自发进行的条件是：$\Delta G\leqslant 0$ 或 $W_a\geqslant 0$。W_a 称为粘湿功，是指粘湿过程体系对外界所做的最大功，W_a 越大，界面结合越牢固。

如果将图 2-5 所示过程的固体，换成具有相同面积的液柱，将两段液柱粘连在一起，原来的两个液体表面消失了，则在此过程中，体系对外做的功 W_c 可表达为：

$$W_c=-\Delta G=\gamma_{LG}+\gamma_{LG}-0 \tag{2-4}$$

W_c 的大小表征了液体分子间的相互作用力，叫作内聚功。显然，W_c 愈大，液体本身的结合也愈牢固。

在平版印刷中，润湿液能不能附着在印版的亲油表面，阻碍油墨的传递；油墨会不会附着在印版的亲水层表面，造成印刷品空白部分的粘脏，则和粘附功 W_a 及内聚功 W_c 有关。

（二）浸湿

浸湿是指固体浸没在液体中，“气—固”界面转变为“液—固”界面的过程，如图 2-6 所示。

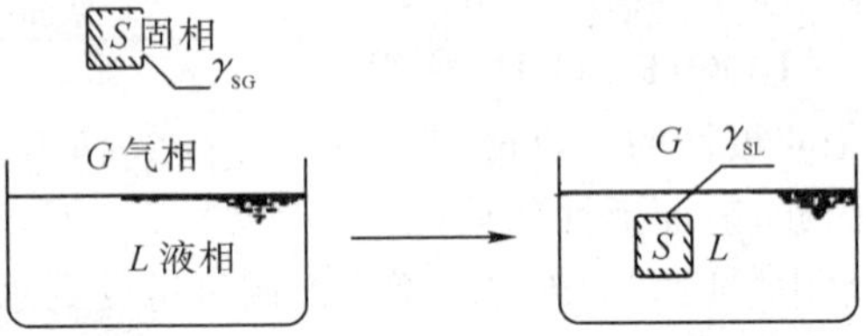

图 2-6　浸湿过程

在浸湿过程中，液体表面没有变化，所以，在恒温恒压条件下，体系自由能的变化是：

$$\Delta G=\gamma_{SL}-\gamma_{SG} \tag{2-5}$$

体系对外界所做的功是：

$$W_i=-\Delta G=\gamma_{SG}-\gamma_{SL} \tag{2-6}$$

W_i 叫浸湿功，W_i 的大小表征了液体在固体表面取代气体的能力。在凹版印刷中，印版滚筒的一部分浸渍在油墨槽中；在柔性版印刷中，网纹辊的一部分浸渍在墨槽中，油墨是否能浸满凹版和网纹辊的着墨孔，则和浸湿功 W_i 有关。

（三）铺展

铺展是指液体在固体表面上扩展时，“液—固”界面取代“气—固”界面的同时，液体表面也扩展的过程，如图 2-7 所示。

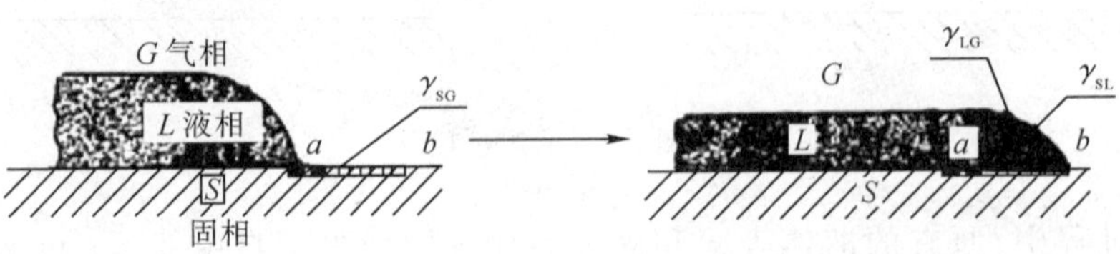

图 2-7　铺展过程

在恒温恒压下，在铺展过程发生过程中，体系自由能的变化是：

$$\Delta G=\gamma_{SL}-\gamma_{LG}-\gamma_{SG} \tag{2-7}$$

体系对外所作的功是：

$$S=-\Delta G=\gamma_{SG}-\gamma_{SL}-\gamma_{LG} \tag{2-8}$$

S 叫铺展系数，S 的大小表征了液体在固体表面上铺展的能力。在平版印刷中，润湿液要在非图文部分铺展形成一层水膜，防止油墨沾污印版的空白部分，在此润湿过程中，润湿液的铺展系数 S 愈大，润湿效果愈好。

综上所述，在恒温恒压下，沾湿、浸湿、铺展三类润湿过程发生的热力学条件分别是：

沾湿 $W_a=\gamma_{SG}-\gamma_{SL}+\gamma_{LG}$

浸湿 $W_i=\gamma_{SG}-\gamma_{SL}$

铺展 $S=\gamma_{SG}-\gamma_{SL}-\gamma_{LG}$

对比上述三式可以看出：对于指定的系统，沾湿过程对外做功最大，最易于进行，而铺展过程最难于进行，若能发生铺展润湿，必能进行浸湿，更易于粘湿。还可以看出：γ_{SG} 越大，γ_{SL} 越小，越有利于润湿；而 γ_{LG} 对粘湿有利，对铺展不利，对浸湿无关。从理论上说，根据有关界面能的数据，即可判断润湿能否进行，再通过改变相应的界面能的办法达到所需要的润湿效果。但实际上并非如此简单，在三种界面能当中，只有液体的表面张力可以通过实验直接测定，因此上述的判据只有理论上的意义。

三、接触角和杨氏润湿方程

把液体滴在平滑的固体表面，在该表面上形成一液滴，如图 2-8 所示，当液滴处于平衡状态时，在固、液、气三相的环形分界线上，取任意一点 E，过 E 点作液滴的切线，就得到液固界面张力 γ_{SL} 和液体表面张力 γ_{LG} 之间的夹角 θ，叫接触角。

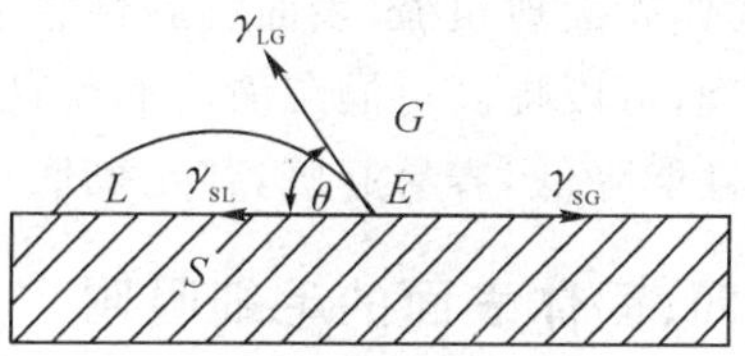

图 2-8　液、固、气三相的界面张力与接触角

接触角 θ 的大小取决于液固的界面张力 γ_{SL}、固体的表面张力 γ_{SG} 和液体的表面张力 γ_{LG} 之间的关系，根据力的平衡原则，在 E 点有：

$$\gamma_{SG}=\gamma_{SL}+\gamma_{LG}\cdot\cos\theta \tag{2-9}$$

$$\cos\theta=\frac{\gamma_{SG}-\gamma_{SL}}{\gamma_{LG}} \tag{2-10}$$

这个方程称为润湿方程。通常把 $\theta=90°$，定于润湿与否的分界线。如果接触角 θ 大于 90°，称为不润湿，例如要求 PS 版的图文部分不被润湿液所润湿，也就是说其接触角必须大于 90°。如果接触角 θ 小于 90°，称为润湿，而且接触角越小，润湿性越好，接触角 θ 等于 0，称为铺展，例如要求 PS 版的空白部分能被润湿液良好地润湿，其接触角 θ 就须小于 90°，越接近 0°，润湿性能越好。称 $\theta<90°$ 的固体为某种液体的亲液固体，$\theta>90°$ 的固体为某种液体的憎液固体。通过接触角的测定，可以获知某种固体表面对某种液体的润湿性能。

通过对润湿方程的分析，可以得到下面结论：

(1)减少 γ_{LG}，θ 减小，润湿性能提高，如图 2-9 所示。在润湿液中放入表面活性物质，可以降低润湿液的表面张力，提高润湿液对 PS 版空白部分的润湿性。但润湿液的表面张力降低的同时，润湿液和油墨之间的界面张力也会下降，乳化将会加重，因此，降低润湿液的表面张力只能适可而止。

(2)增大 γ_{SG}，θ 减小，润湿性提高；反之，减少 γ_{SG} 则润湿性能变差。如 PS 版空白部分的

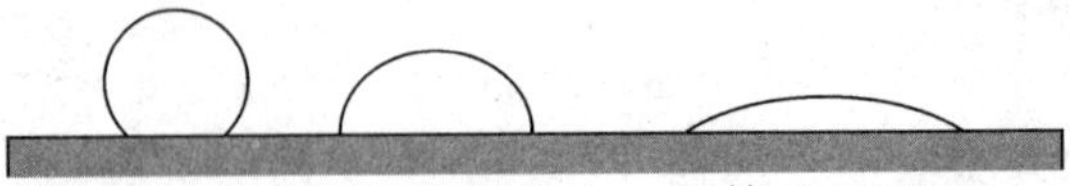

图 2-9　水银、水、酒精在一物体表面的润湿状况

表面吸附了杂质以后，γ_{SG}减少，就不能很好地为润湿液所润湿。

假设固体表面是真实的、粗化的表面，它与理想的平滑表面积之比是R'，R'叫做粗糙系数。显然R'愈大，表面愈不平，因为真实面积的增加即增加了固—气和固—液接触面积，而液体表面积不变，所以粗糙表面的润湿方程应修改为

$$R'(\gamma_{SG}-\gamma_{SL})=\gamma_{LG}\cdot\cos\theta' \tag{2-11}$$

变换上式得

$$\cos\theta'=R'\frac{\gamma_{SG}-\gamma_{SL}}{\gamma_{LG}}=R'\cos\theta \tag{2-12}$$

分析粗糙表面的润湿方程可得，当 $\theta<90°$时，固体表面愈粗糙，润湿性愈好；当 $\theta>90°$时，固体表面愈粗糙，表面润湿性愈差。PS 版的空白部分是润湿液的亲液固体，通过表面粗化处理，可以提高对润湿液的润湿性能。而当印版的空白部分砂目在印刷过程中磨损后则润湿性能降低，容易起脏，甚至彻底报废。

四、固体表面的毛细吸附

把一支半径一定的毛细管垂直地插入某液体中，该液体若能润湿管壁，管中的液面将呈凹形，即接触角 $\theta<90°$，如图 2-10 所示。此时液体的表面张力对凹形弯曲面产生向上的提升力是 $2\pi r\gamma\cos\theta$（r 指毛细管半径，γ 指液体的表面张力），向上的提升力使液体沿毛细管上升，直至上升的液柱所产生的压强 ρgh 与由于表面张力所产生的压强在数值上相等，才可达到平衡状态，即：

$$\frac{2\pi r\gamma\cos\theta}{\pi r^2}=\rho gh \tag{2-13}$$

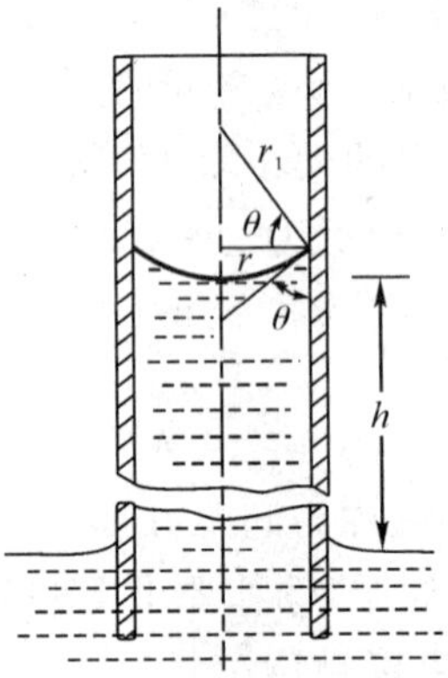

图 2-10　毛细管现象

式中 h 为液柱的高度，ρ 为液体的密度，g 为重力加速度。

$$h=\frac{2\gamma\cos\theta}{r\rho g} \tag{2-14}$$

从式 2-14 可以看出，毛细管越细，液体密度愈小，液体对管壁润湿得愈好，液体在毛细管中上升得愈高。

当液体不能润湿管壁时，即接触角 $\theta>90°$，$\cos\theta<0$，则管内液面呈凸形，在凸形液面的表面张力作用下，则出现液面下降现象，h 为负值，表示管内液体下降的深度。例如毛细管

插入汞中，则毛细管内水银面呈现下降现象。

毛细吸附现象是指含有细微缝隙的物体和液体接触时，在润湿情况下液体会沿缝隙上升或渗入的现象(简称为"毛细现象")。通过对一些固体表面进行粗化，可以使固体因毛细现象而吸附液体。如版材空白部分表面粗化而获得的砂目，可以更好地吸附润湿液；橡皮布表面、胶辊表面也需要粗化，使之更好地吸附油墨；大多数纸类承印物的表面毛细结构，对印迹墨层的适度吸附渗透等是印刷适性的必然要求。

五、胶印印版的结构和润湿性

胶印常用的PS版有阴图型和阳图型，使用中的不同之处主要是晒版使用的底片不同，晒版完成后，最终印版上的图文信息都是相同的。制好的印版的空白部分是氧化铝砂目，图文部分是光敏涂层。国内主要使用阳图型PS版，下面以阳图型PS版为例，分析PS版的润湿性。

(一)阳图PS版的结构和润湿性

1. 非图文部分

PS版的非图文部分是氧化铝砂目，比表面能高，(约为水的10倍)，化学结构和水具有相似性，根据热力学第二定律：在恒温恒压条件下，当体系能量变化$\Delta G<0$，即自由能减少，这样的过程才能自发进行；根据极性理论的相似相溶，相似相亲和的原则，以水为主要成分的润湿液能很好地润湿非图文部分。因为润湿液润湿就是用比表面能低的润湿液表面取代高能氧化铝表面，使体系自由能下降，是一个自发过程。而油墨的比表面能比水更低，尽管化学结构和非图文部分氧化铝不相似，但还是能在空白部分润湿，因为润湿也能使自由能下降。所以PS版的非图文部分对油墨和水的润湿没有选择性。

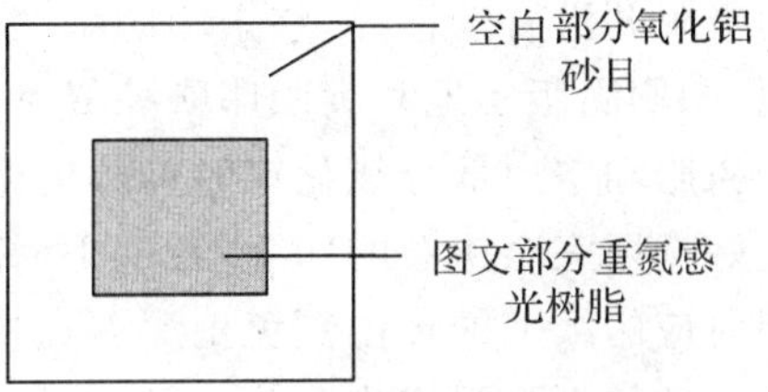

图2-11　PS版表面结构

2. 图文部分

阳图PS版的图文部分是重氮感光树脂，是带有微弱极性的非离子型结构的物质，比表面能较低(和油墨相似)，油墨能够润湿图文部分，因为油墨和图文部分基础具有结构上相似相亲，并且使体系自由能略有降低。但水不能润湿，因为水的比表面能比重氮感光树脂大，结构不相似。所以，图文部分对油墨和水的润湿是有选择性的，只能润湿油墨。

(二)印版的选择性吸附原理

从本质上讲，胶印的印刷过程就是通过印版对油墨的选择性吸附并将油墨转移到承印物上的过程。胶印版和凸版、凹版不同，它的图文部分和空白部分高差只有几微米，可以认为是在同一平面上。从前文分析我们知道，图文部分能吸附油墨，空白部分也能吸附油墨，并无选择性。所以必须利用润湿液作为媒介，根据印版的空白部分吸附润湿液而图文部分排斥润湿液的原理，先给印版供水，让印版的空白部分的高能表面为润湿液的低能表面所代替，形成水膜覆盖层，而图文部分表面依旧保持不变。然后再向印版供墨，印版的图文部分基础没有被润湿液所润湿，能吸附油墨，而空白已被润湿液所覆盖，虽然润湿液的表面张力仍高于油墨的表面张力，但油墨如果在水膜表面铺展的话，水膜的表面为油墨的表面所代替的同时，还产生油墨和水的界面，而润湿液的表面张力是低于油墨的表面张力和油墨与润湿液之间界面张力之和的，所以油墨不会在润湿液表面吸附和铺展。同时油墨和润湿液是不相溶的，油墨也不会溶解于水膜之中，所以油墨只能选择性地吸附在印版的图文基础上，即可以完成转移图像的需要，如图 2-12 所示。

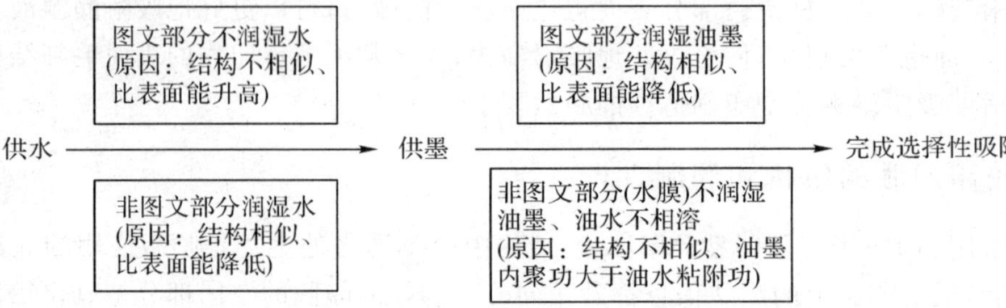

图 2-12　印版表面的选择性吸附

根据印版的选择性吸附原理，一旦停止向印版供水，印版的图文部分和空白部分对油墨的吸附并没有选择性，整个印版都会着墨。因此，只向印版供墨而不供水，即可印出满版实地，印刷满版实地和满版印刷亮光油并不需要制作专门的印版。但是 PS 版的图文部分感光树脂和空白部分氧化铝对油墨的亲和能力还是稍有差别的，印刷人眼敏感的颜色如深蓝，最好选用完全空白的印版，否则 PS 版上有感光层的部位相对应的纸上部位会比空白部分相对应的纸上的部位颜色稍深一点。对于不敏感的颜色，如印刷黄色、印刷亮光油等，这种微小的差别人眼很难区分，可以使用上一次印刷后留下的印版。

六、PS 版润湿性的保护

(一)固体表面的吸附

固体表面也存在着过剩的表面自由能，具有自动吸附那些能降低其表面自由能的液体、气体或其他物质的趋势。吸附质分子在固体(吸附剂)表面吸附时，按其作用力的性质可分两类，即物理吸附和化学吸附。

1. 物理吸附

物理吸附是分子间作用力作用的结果、对吸附质分子没有选择性但不同吸附质吸附量可能相差极大，这种吸附是可逆的，不稳定。

2. 化学吸附

化学吸附可以看成是表面化学反应，主要在固体表面形成化合物，并涉及吸附质分子和吸附剂分子之间的电子交换或共用等，类似化学键的力相互吸引，这种吸附多数是不可逆的单分子层，且不易脱附。

3. 印版表面的吸附

(1)图文部分基础的吸附。印版的图文部分在版基上吸附重氮感光树脂，这种吸附是化学吸附和物理吸附的结合，为了保持一定的耐印力，这种吸附必须是牢固的。

(2)空白部分的吸附。在正常印刷过程中，印版的空白部分氧化铝砂目以物理吸附的形式与吸附胶体，构成亲水的膜层。

PS 版的空白部分氧化铝砂目比表面能高，在没有印刷时，如果长期地放置在空气中，空气中的气体分子(N_2、O_2、CO_2 等)、油污、灰尘等容易吸附于空白表面。空白部分表面吸

附了油污、气体、灰尘等非极性分子，比表面能会下降，并且从物质结构上趋于非极性，造成亲水性下降而亲油性上升，印刷时就不能很好地为润湿液所优先润湿，而会粘附油墨而起脏，所以必须擦胶保护。

（二）印版润湿性能的保护

平版印版容易出现的两个主要问题是：空白部分起脏和图文不受墨。

1. 空白部分起脏

为了防止印版空白部分吸附非极性物质，影响其亲水性能，印版的空白部分要采取严密的保护，不能和空气有较长时间的接触。保护印版空白部分润湿性的方法是在印版表面涂布润湿液或阿拉伯树胶液。

在印版的保存期间或印刷过程中途停机时，将阿拉伯胶液擦涂在平版表面（主要是非图文部分，图文部分无所谓），亲水的非图文部分吸附胶液并铺展成薄膜，待水分蒸发后，胶体就固着在非图文部分的表面，变印版空白部分金属氧化物或无机盐层的高能表面为高分子化合物的低能表面，这样便阻止了气体分子、有机油污在平版非图文部分表面吸附，起到了保护其润湿性的作用。印刷开始，用水溶解就能很容易地洗掉附着在版面上的胶层，又恢复了非图文部分表面的润湿性。印刷过程则靠印刷机的润湿系统供应印版润湿液覆盖在空白部分，来保护印版的润湿性。

当印版因为吸附非极性物质而开始起脏时，应该立即采取措施。如果油墨牢固地附着在印版的非图文部分，就很难逆转这一过程，来使这些区域再次具有亲水性。

2. 图文部分不受墨

如果印版的图文部分出现不着墨或着墨不良现象，一种可能是因为图文部分区域的感光层被磨损、腐蚀掉。印刷过程中，印版表面和橡皮布表面存在一定的压力，并且在滚压过程中表面会不可避免地存在滑动现象，对印版表面空白部分的氧化铝砂目和图文部分的感光层产生磨损，所以印刷一定数量，印版会因为磨损而报废。当印刷压力过大，或者当印版、橡皮布表面堆积了纸张、纸粉、防蹭脏喷粉的粉粒时，会加剧印刷过程中印版的磨损。

图文部分不着墨的另一个可能是感光层吸附了树胶等亲水物质，而影响了其亲油性能而造成的。如果印刷时上墨量不足，树胶就容易突破墨膜而附着在其下面的感光层；如果油墨中水分太多，油墨乳化比例大，树胶也可能取代油墨而附着在感光层上；如果润湿液中树胶含量太多，或者润湿液酸性太强，使树胶生成更多的阿拉伯酸，也使树胶更容易粘附在感光层而脱墨。

第二节　油墨的乳化

一种液体以细小的液珠的形式分散在与它不互溶的液体之中，形成的体系叫“乳状液”，这个过程叫乳化。水和油墨分别属于极性物质和非极性物质，它们之间不相溶、不相亲和，但是在印刷过程中，油墨和水在机械力的碾压下，两者可相互混合成乳状液，这种乳状液的生成过程，称为油墨乳化。

一、乳状液稳定的条件

我们都有这样的经验，将两种纯的不相互溶液体(如油和水)放在一起振荡后，能得到乳状液，但静置后很快就分为两层，即得到的是不稳定的乳状液。这是因为当液体分散成许多小液滴后，体系内两液体之间的界面变大，界面的比表面能增高，体系的自由能增高，必然自发地趋于自由能的降低，即小液滴经相碰聚结为大液滴，降低界面面积，最后分成两层。要想得到稳定的乳状液，一般情况下都需要加入能促使乳状液相对稳定的乳化剂，乳状液能够相对稳定通常有以下几点因素：

(1)降低界面张力。当用表面活性物质作为乳化剂时，乳化剂分子是两亲分子，它会聚积在油水相界上，使亲水基伸向水中，亲油基伸向油中，所以降低了油水界面的界面张力，致使体系自由能有所降低，从而变得较为稳定。润湿液添加2080等表面活性剂，一方面降低了润湿液的表面张力，有利于润湿，另一方面也降低了油水的界面张力，促进油墨的乳化。

(2)界面上保护膜的形成。当用表面活性物质、亲水性大分子化合物、不溶性固体粉末作为乳化剂时，乳化剂聚积在油水相界面上，形成了包围分散相液珠的、具有一定机械强度的坚韧保护膜，将各个分散相液珠隔开，当液珠相碰撞时能阻止其聚结变大。润湿液中的阿拉伯树胶等天然胶液，虽然表面活性很少，降低溶液的表面张力有限，但能形成坚固的吸附膜层，也可使乳状液保持稳定，所以也能促进油墨乳化。

(3)形成扩散双电层。电解质表面活性剂在水中电离，一般来说正离子在水中的溶解度大于负离子，因此水带正电荷、油带负电荷。正负电荷定向地吸附在油—水界面层中，形成扩散双电层，当分散相液滴相接近时，因同性电荷相互排斥，就阻止了乳状液的聚析，有利于乳化。

二、油墨在印刷中的乳化机理

在胶印过程中，水是如何以细小的液滴分散到油墨中进行乳化的？这要从印刷过程中水辊、墨辊，以及印版图文和空白两个区域所处的状态进行分析。下面以普通润湿装置和达格仑润湿装置，说明水墨传递过程中乳化的产生机理。

(一)普通润湿装置

在普通润湿装置中，如图2-13所示，着墨系统和着水系统相互分开，正常印刷过程中，印版滚筒每旋转一周，它要和着水辊、着墨辊各接触一次，也就是印版的图文部分、空白部分和着水辊、着墨辊各接触一次，根据印版先着水后着墨的旋转方向，着水辊和着墨辊与印版空白部分和图文部分产生以下四种辊隙状况：

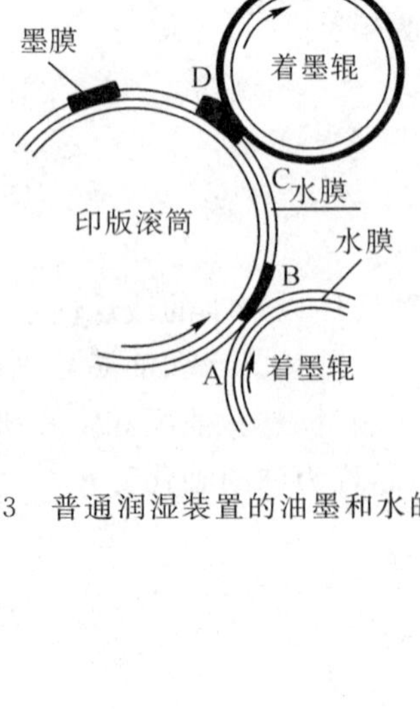

图2-13　普通润湿装置的油墨和水的传递

(1)着水辊与印版空白部分接触：印版空白部分由润湿液润湿，水辊与印版之间的缝隙中只有单一的水膜，在缝膜出口处，水层分裂，印版和着水辊上都留下一层水膜。如图2-14(a)所示。

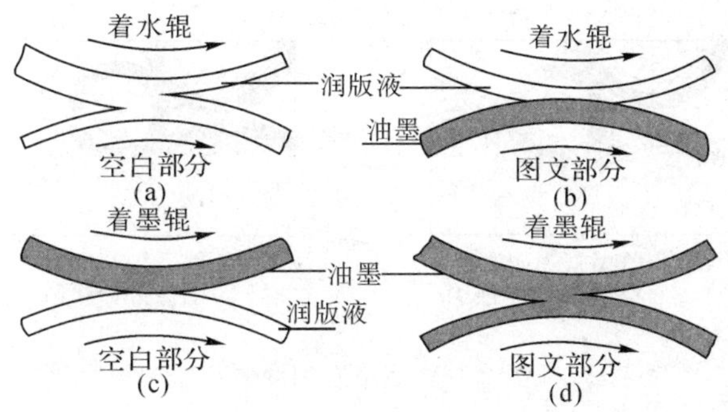

图 2-14　着水辊、着墨辊与印版的辊隙

(2)着水辊与印版图文部分接触：含有残留剩余墨层的印版图文部分，经着水辊滚过后，水辊与印版之间就有了水和油墨两种互不相溶的液体，一部分在压力作用下渗入到墨层内，与印版上的油墨产生乳化，还有一部分遗留在墨层表面，呈水珠状态，如图 2-14(b)所示。

(3)润湿过的印版空白部分与着墨辊接触：经过润湿的印版空白部分通过着墨辊滚压，又有少量润湿液被挤入油墨产生乳化，并在着墨辊墨膜表面也留下一些细小液滴，如图 2-14(c)所示。这些小液滴在压力作用下，通过其他辊隙与油墨乳化。

(4)润湿过的印版图文部分与着墨辊接触：表面含有微细水滴的印版图文部分和着墨辊，经过滚压，在压力作用下水滴又渗入到墨内，再次使印版和着墨辊上的油墨产生乳化，如图 2-14(d)所示。

通过上述水墨传递过程分析可以得知，在胶印的一次供水、供墨过程的四种辊隙状态中，有三种辊隙状态要发生水墨乳化，因此，油墨的乳化是不可避免的。

(二)达格仑润湿装置

如图 2-15 所示，在达格仑润湿装置中，输墨系统和输水系统不是相互独立的，该装置没有着水辊，水的传递依靠着墨辊完成。这种装置的水墨传递过程如下：

(1)传水辊与着墨辊接触：水辊与墨辊的缝隙中含有水和油墨两种互不相溶的液体，其中一部分水在压力作用下渗入到油墨内，使墨辊上的油墨产生乳化，大部分水则在墨辊表面形成水层。如图 2-16 所示。

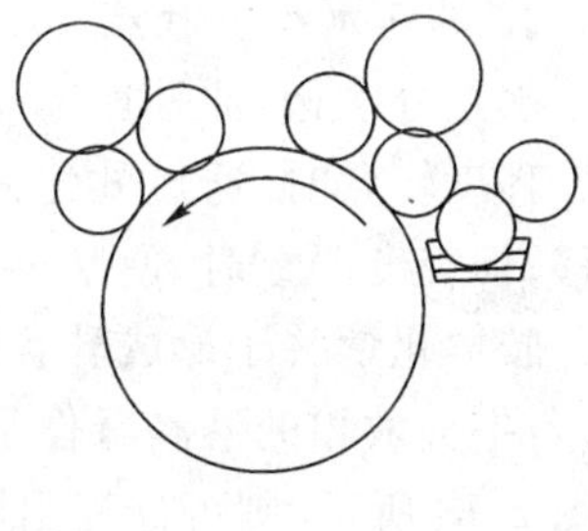

图 2-15　达格仑润湿装置

(2)被润湿的着墨辊与印版空白部分接触：墨辊与印版的缝隙中含有水和油墨两部分互不相溶的液体，一部分水在压力作用下渗入到墨层内，使墨辊上的油墨产生乳化。在墨辊与印版缝隙的出口处，水层一分为二，如图 2-16(a)所示。

(3)被润湿的着墨辊与印版图像部分接触：在着墨辊与印版图文部分之间覆盖着水和油墨的混合膜层，在压力作用下，水和油墨产生乳化，如图 2-16(b)所示。

达格仑润湿装置依靠着墨辊传水，乳化油墨是肯定的，由于这种润湿装置墨辊表面的水层相当薄，并且采用酒精润湿液，具有较高的挥发性，所以油墨的乳化程度仍然可以控制在允许的范围内。

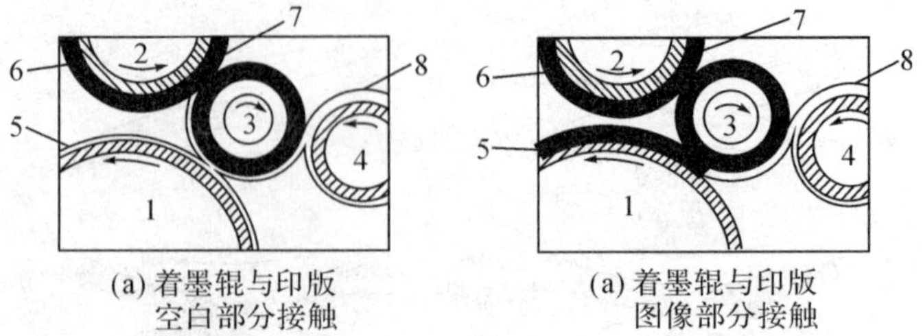

图 2-16　达格仑润湿原理

三、乳状液的类型

油和水形成的乳状液可能有两种状态：

1. 水包油型乳状液

油是分散相，水是连续介质，称为水包油型乳状液，用符号 O/W 表示，如图 2-17(a)所示。O/W 型乳状液对于平版印刷的正常进行和印刷品的质量危害极大，它会使印刷过程发生所谓"水冲现象"，造成墨辊脱墨，油墨无法传递。

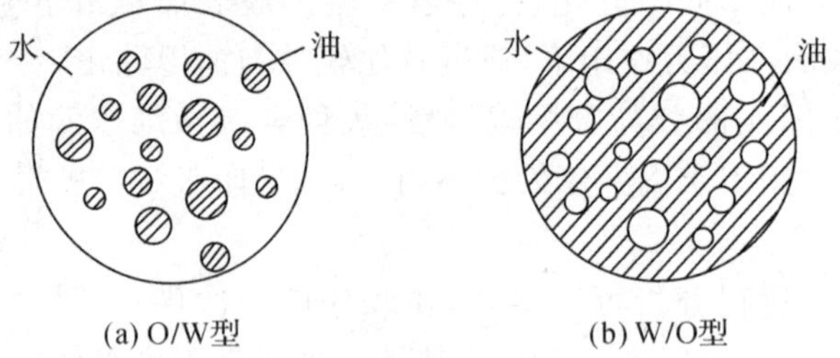

图 2-17　乳状液的类型

2. 油包水型乳状液

水是分散相，油是连续介质，称为油包水型乳状液，用符号 W/O 表示，如图 2-17(b)所示。程度轻微时，通过乳化将墨膜表面的水珠吸掉，使油墨的流动性略微增加，有利于油墨转移；但程度严重时，使墨色变浅，色彩变得不鲜艳。

胶体化学关于形成乳状液的相体积理论指出，若把分散相的液滴看作是大小相等的圆球，如图 2-18 所示，则可计算出圆球以最密集的方式堆积时，液滴的体积占乳状液总体积的 74.02%，其余的 25.98%应为分散介质。若分散相体积占总体积的比例大于74.02%，乳状液便会发生变型或破坏。因此有：

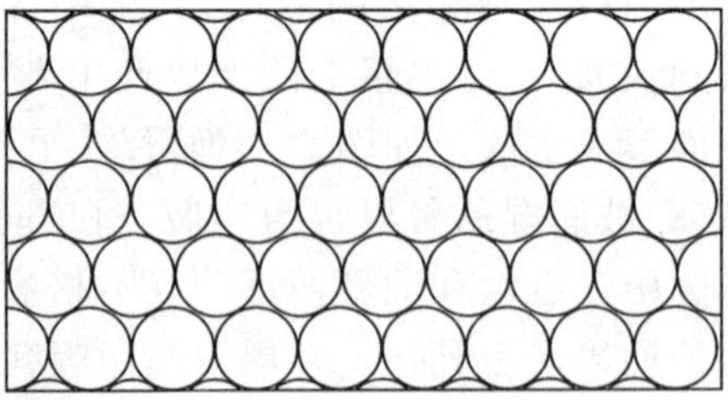

图 2-18　均匀球形液体所形成的紧密堆积乳状液

(1)若水相体积占总体积的比例小于 26%，形成的乳状液只能是 W/O 型的；

(2)若水相体积占总体积的比例大于 74%，形成的乳状液只能是 O/W 型的；

(3)若水相体积占总体积的比例在 26%～74%之间，形成的乳状液可能是 O/W 型的，也可能是 W/O 型的。

因此，我们要想得到适用于印刷的 W/O 型乳化油墨，必须控制润湿液的体积占总体积的比例小于 26%。

四、影响油墨乳化的因素

在印刷过程中，油墨在机械力作用下发生乳化，油墨的乳化程度和下列因素有关：

1. 润湿液供应量

供水量增加，就有更多的水在机械力的作用下挤入油墨中，使乳化现象更严重。

2. 润湿液的性质

润湿液中各组份的含量及 pH 值，对油墨乳化的影响较大，在生产操作中必须严格控制。

(1)表面活性物质的含量。表面活性物质能使润湿液表面张力降低，同时也使油水之间的界面张力降低，并在油水界面上形成保护膜，使油墨乳化值增加。因此，润湿液中添加表面活性物质必须十分小心，它促进乳化。

(2)亲水胶体的含量。润湿液中加入一定量的胶液是十分合理和必要的。但胶液是一种乳化剂，能在油水界面形成保护膜。例如，当润湿液中 14°Be 的阿拉伯树胶含量超过 0.5%时，铁质串墨辊就可能因严重乳化而脱墨；CMC 在润湿液中含量超过 0.25%时，也是如此。

(3)溶液的 pH 值。当 pH 值大于 6 时，油水界面张力下降显著，严重促进乳化。

3. 油墨的性质

油墨的酸值、油墨的粘度和颜料的性质对乳化有重要影响。

(1)酸值。油墨的酸值反映连结料中游离脂肪酸的含量。酸值越大，油墨越容易乳化。

(2)粘度。油墨粘度越低，其内聚力越小，越易乳化。在油墨中添加 6 号调墨油，增加油墨的流动性，会加重油墨的乳化。

(3)颜料的性质。不同的颜料具有亲水或憎水的特性，用亲水性好的颜料制成的油墨易乳化。如炭黑是憎水性粉末，所以黑墨的乳化值较小；以立索尔大红制备的深红墨，其乳化值较小，但各种普通色淀颜料制备的油墨，由于它们的填充料是亲水性粉末，如氢氧化铝、铝钡白等有一定的亲水性，当这些油墨与润湿液接触时，颜料颗粒就会起乳化剂作用，因此，孔雀蓝、浅红、青莲等油墨，比黑墨、红墨容易乳化。

(4)冲淡剂的影响。印刷中常用冲淡剂有白墨、白油、维利油、撤淡剂等。其中维利油的主要成分是氢氧化铝 $Al(OH)_3$，它是一种乳化剂。白油则由碳酸镁、硬脂酸、调墨油和水混合而制成的乳状液。这种由乳化剂所制备的冲淡剂，很容易产生乳化。如原装深红墨印刷时乳化值较小，但加入上述的冲淡剂而配制成同色相的浅红墨，印刷时乳化现象就较严重。

(5)干燥剂的影响。油墨干燥剂，一般为锰、钴、铅、铬及铁等的氧化物、盐类以及它们的皂类，是一种典型的强力乳化剂。加入适量的干燥剂，能加速油墨的干燥，但过量则极易引起乳化，反而降低油墨的干燥速度。

4. 纸张的性质

纸张中的胶料属于表面活性物质，若与纸张结合不牢固，在印刷过程中被橡皮布粘取，然后传递到印版和水斗内，会促进乳化。以干酪素为胶料的涂料纸比以淀粉为胶料的涂料纸，更容易促使油墨乳化。

5. 其他因素

(1)温度升高促进油墨乳化。其原因是：

①水的表面张力随温度升高而降低，随温度的下降而增高；

②油墨的酸值随温度的升高而增加，表明生成了更多的游离脂肪酸，促进油墨乳化；

③油墨的粘度，随温度的上升而变小，表明油墨的内聚力变小，水分更容易混入水中，更易乳化；

(2)图文占整个版面面积的百分率越小，印刷过程中墨路中的油墨更新越慢，墨路中的油墨所受的油水辊压混合的次数就越多，更易乳化。

(3)对于多色、高速胶印机来说，采用短墨路输墨，减少油墨在墨路中的辊压次数，有利于减少油墨的乳化。

五、油墨乳化对印刷质量和印刷工艺的影响

(一)油墨乳化是胶印所必需

平印油墨在印刷过程中的乳化是不可避免的，油墨和水按正常的比例出现乳化现象也是油墨转移所需要的，很不易混水的油墨形成的乳状液极不稳定，并不适用于平版印刷。否则印刷过程中由于辊压被挤入油墨中的润湿液微珠会很快又从油墨中离析出来，附着在油墨表面，这就妨碍了油墨向橡皮布转移，使印品“发花”。但是，不能使微细墨珠在水中分散，这样才能预防空白部分起浮脏。

(二)油墨乳化危害

轻微的乳化是胶印顺利进行所不可避免的，也是必需的，但乳化过重对印刷质量影响很大，在印版表面不起脏的前提下，必须尽量减少油墨的乳化程度。

1. 影响彩色复制质量

(1)乳化造成油墨的透明度下降，对彩色印刷来说，会影响三原色网点的减色混合而使色彩不能正确还原。

(2)乳化使油墨的饱和度下降。

(3)乳化后的油墨中含有的水分，延缓了油墨的氧化结膜干燥速度，有更多的连结料将会渗入纸张的纤维中，导致墨膜表面平滑程度下降，使印品的光泽度下降。

(4)油墨乳化后粘度下降，流动性增加；同时由于乳化墨的着色力、饱和度下降，墨色变浅，为了与样张颜色接近，必须增加墨层厚度，这些都会带来网点扩大增加，影响层次再现。

以上几点的视觉综合效果表现为彩色产品的色彩鲜艳程度下降，色泽浑浊而没有光泽，层次和色彩难以得到正确的还原。

2. 可能带来印刷故障

(1)油墨的氧化结膜干燥速度变慢，还容易导致背面蹭脏；

(2)油墨乳化严重时，润湿液中的电解质或亲水性的胶体，随同润湿液以细小的微珠分散在油墨中被金属串墨辊吸附，在串墨辊上生成亲水性薄膜，亲油能力下降，油墨难以附着在墨辊表面，常常出现脱墨现象；

(3)乳化使得油墨的内聚力变小，致使飘浮在空白部分水膜上的细小墨点无法被着墨辊收清而造成印张上空白部分有不固定的点状脏点，即出现浮脏故障。

通过前面的分析，我们可以小结如下：

(1)没有水的介入，不能让印版有选择性地吸附油墨；

(2)有了水的介入，必然导致乳化，也必须乳化，否则不能正常传递油墨；

(3)因为乳化，印刷质量下降。

因此，普通胶印一方面离不开水，另一方面为了得到高质量的印刷产品，必须严格控制油墨的乳化程度。

第三节 胶印润湿液

一、润湿液的作用

润湿液的基本功能是在印版的空白部分形成均匀的水膜，防止油墨在空白部分附着，并抵制图文上的油墨向空白部分的浸润，防止脏版。一般油墨的粘度，随温度的微小变化，发生急骤的变化。实验表明，温度若从 25℃上升到 35℃，油墨的粘度便从 50Pa·s 下降到 25Pa·s，油墨的流动度增加了一倍，这必将造成油墨的严重铺展。有人曾在 25℃的印刷车间，不供给印版润湿液，连续使平版印刷机运转 30min，测得墨辊的温度为 40℃。润湿液的涂布可以起到冷却印版、墨辊和橡皮布的作用，保证油墨的印刷适性。由于橡皮滚筒、着水辊、着墨辊与印版之间互相摩擦，造成印刷版的磨损，且纸张上的脱落的纸粉、纸毛又加剧了这一进程，所以，随着印刷数量的增加，版面上的亲水层便遭到了破坏。这就需要利用润湿液中的电解质与因磨损而裸露出来的版基金属铝发生化学反应，以形成新的亲水层，维护印版空白部分的亲水性。此外，润湿液和油墨乳化后，会降低油墨的粘性，减少纸张表面拉毛现象；润湿液还具有清洗印版和橡皮布表面上粘附的灰尘和纸毛等，减轻这些脏污在印版和橡皮布表面的堆积。

二、润湿液的种类

通常印刷材料供应商向印刷厂提供的润版液都是浓缩的粉剂或原液，需要加入适量的水调配到合适的浓度后才能使用。目前，润湿液大致分为普通润湿液、酒精润湿液和非离子表面活性剂润湿液三大类，印刷机的润湿系统结构、印版、纸张、油墨等生产条件都是选用润湿液类型时需要考虑的因素。

(一)普通润湿液

普通型润湿液是由清水和无机酸、无机酸盐电解质、亲水胶体等物质组成。无机酸主要以磷酸和柠檬酸为主；无机酸盐类有磷酸二氢铵或磷酸氢二铝、重铬酸铵、硝酸铵等电解质；胶体主要是阿拉伯树胶或 CMC。

1. 酸

绝大多数润湿液都呈酸性，柠檬酸和磷酸通常是配制润湿液时所添加的酸性物质。印版空白部分的氧化铝砂目，在印刷过程中逐渐会被磨损掉，降低表面的粗糙度而降低其对润湿液的润湿性能。加入润湿液中的酸可以和印版空白部分亲水层氧化铝磨损后裸露出来的金属铝发生化学反应，生成磷酸铝替代氧化铝砂目，维持印版空白部分的亲水性作用，化学反应如下：

$$2Al+2H_3PO_4 \rightleftharpoons 2AlPO_4+3H_2\uparrow$$

磷酸可以和阿拉伯树胶中的阿拉伯酸的钙、镁、钾盐起反应分解出更多的阿拉伯酸，在印版空白部分表面形成亲水胶层。此外，磷酸和柠檬酸对金属具有清洗作用，可以腐蚀去印版空白部分油污，酸性不足，版面容易起脏。

2. 缓冲剂

印刷过程中润湿液的浓度可能会发生变化，而稳定的润湿液 pH 值对胶印的正常进行极为重要。为了控制润湿液的 pH 值在一定的范围内，一般的做法是通过在润湿液中加入缓冲溶液来实现的。缓冲溶液一般由弱酸和弱酸盐、或者弱碱与弱碱盐组成。胶印润湿液中缓冲溶液组分最典型的是 $H_3PO_4+NH_4H_2PO_4$。在印刷过程中，当润湿液中的氢离子被消耗时，$NH_4H_2PO_4$ 向着生成 H^+ 和 PO_4^{3-} 的方向电离，从而增加溶液中的 H^+；当溶液中 H^+ 的含量减少时，H^+ 和 PO_4^{3-} 会向着生成 $NH_4H_2PO_4$ 的方向复合，以达到减少溶液中 H^+ 的目的。只要加入了缓冲剂，即便加入了过多的酸性药剂，溶液的 pH 值还会保持在允许的范围内，没有发生过多的变化。磷酸二氢铵在润湿液中，电离平衡反应式如下：

$$NH_4H_2PO_4 \rightleftharpoons NH_4^+ + H_2PO_4^-$$

$$H_2PO_4 \rightleftharpoons H^+ + HPO_4^-$$

$$HPO_4 \rightleftharpoons H^+ + PO_4^-$$

3. 防泡剂

当磷酸和金属版材铝发生化学反应时，有氢气生成；微小的氢气泡被版面空白部分吸附，逐渐汇聚成较大的气泡，如果不及时清除，便会影响润湿液对印版的润湿。重铬酸铵和硝酸盐是强氧化剂，当磷酸和锌或铝发生反应释放出来的氢原子还没有结合成氢气时，就被氧化成水，因而消除了印版上的氢气泡。尽管重铬酸盐效果良好，但由于强毒性，并略带颜色，会使纸张染上淡黄色，所以尽量以硝酸铵代替重铬酸铵使用。

4. 亲水胶体

阿拉伯树胶或合成树胶是润湿液中的必要成分。阿拉伯树胶（俗称桃胶）是热带金合欢树的分泌物，脱水后是无定形的固体颗粒。阿拉伯树胶是有机高分子碳水化合物，属多糖类，是由阿拉伯酸和阿拉伯酸的钾、镁、钙等盐类的混合物。阿拉伯树胶在润湿液中主要有以下两方面的作用：

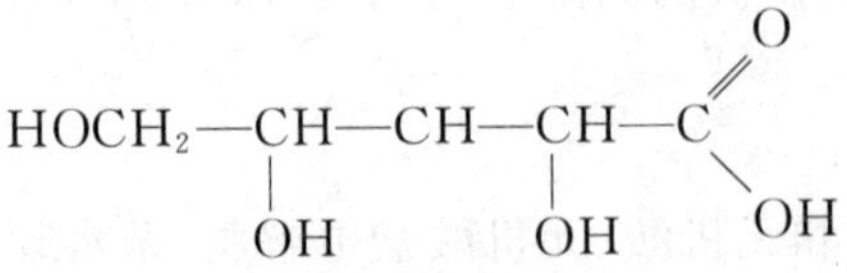

图 2-19　阿拉伯酸的分子结构

（1）阿拉伯树胶溶液中的阿拉伯酸的分子式是 $(C_6H_{10}O_5)_nCOOH$，其分子结构如图2-19所示，其中的羧基团能牢固地吸附在印版的亲水盐层表面，形成亲水膜，其余碳链上有好几个极性羧基团能很好地接受水分，改善润湿液对印版的润湿性能。而胶液中的阿拉伯酸的钾、镁、钙等盐加入到具有酸性的润湿液后，酸与阿拉伯酸盐起反应，使溶液中游离出更多的阿拉伯酸，牢固地吸附在印版表面。

（2）当印刷过程中出现短暂的停机时，空白部分的水分很快会风干，露出的高能表面容易吸附杂质而起脏，润湿液中含有少量树胶能在水分风干后吸附在印版表面起保护印版作用。当使用已经磨损较严重的印版进行印刷时，很容易因印刷过程中的短暂停机而版面起脏，可适当增加阿拉伯树胶的含量。

但是，阿拉伯树胶也是乳化剂，会在油水二相的界面上形成保护膜，促进油墨的乳化，因此不可添加过量。CMC 是亲水性合成胶体羧甲基纤维素的缩写，性质和阿拉伯树胶相似，不感脂性比阿拉伯树胶强，不会腐败变质，作为印版的亲水性保护胶体，可以代替阿拉伯树胶。

5. 抑菌剂

抑菌剂用于抵制润湿液中真菌和细菌类微生物的滋生，因为真菌和细菌类微生物在水斗、循环水箱和水管这类潮湿的环境中很容易大量滋生，它们形成的块状物很容易堵塞水管和阀件。

普通润湿液的主要组分是水、亲水胶体和电解质，除了亲水胶体以外，其余电解质都是非表面活性物质，会使润湿液的表面张力略有上升，约为 0.070～0.074N/m，由于表面张力较大，它的润湿性能较差，为了让润湿液能充分润湿空白部分，必须加大水量，容易导致乳化严重，影响产品质量。普通润湿液不能用在不包水辊绒的润湿系统中，随着印刷工艺的不断改进，普通型润湿液不再适应高质量的印刷要求，趋于被淘汰。

（二）酒精润湿液

为了提高产品质量，人们研究出了用含有乙醇（酒精，CH_3CH_2OH）或异丙醇［IPA，$CH_3CH(OH)CH_3$］的水溶液作为润湿液，称为酒精润湿液。酒精润湿液中，酒精或异丙醇的含量一般在 8%～25%，其他成分和普通润湿液基本相同。酒精润湿液一般采用无绒水辊（表面不包水绒套，耐醇、硬度较低的特制橡胶辊）来润湿印版。

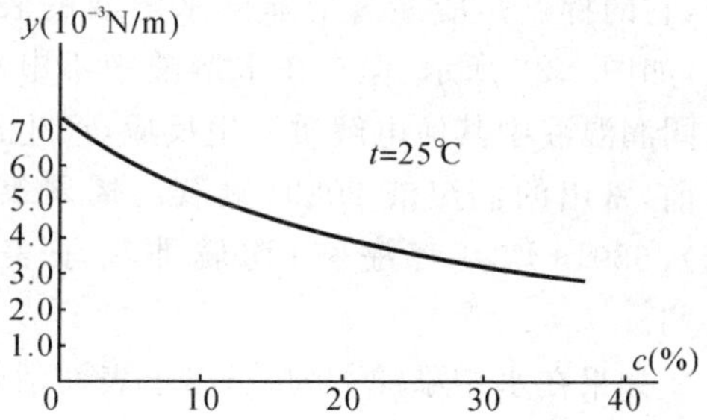

图 2-20　水溶液表面张力与酒精浓度的关系

酒精润湿液的优点主要体现在：添加酒精能降低润湿液的表面张力，如图 2-20 所示。欲使润湿液的表面张力达到比较适合印刷的 0.04—0.05N/m 左右，酒精的浓度约在 21%～12%的范围，表面张力的降低改善了润湿液在印版表面上的铺展性能，减少润湿液用量，由此可以减少油墨乳化和纸张吸水伸长，如图 2-21 所示；添加酒精可以增加润湿液的流动粘滞性，有利于润湿液的传输；在印刷过程中，油墨不可避免地出现正常乳化。酒精型润湿液以细小的液滴分散在油墨中形成不稳定乳状液，由于酒精易挥发，大大地降低了油墨的乳化值。酒精挥发时带走大量的热，降低版面油墨的温度，相比普通润湿液更有利于控制版面油墨温度，减少油墨乳化和网点扩大；酒精润湿液通常在采用无绒水辊的胶印机上使用，这样可以减少润版惰性，有利于快速完成水墨平衡的调节；并且避免了因水绒辊掉毛、水绒辊清洗、更换带来的缺点。因此采用酒精润湿液可以显著提高印刷质量和生产效率。

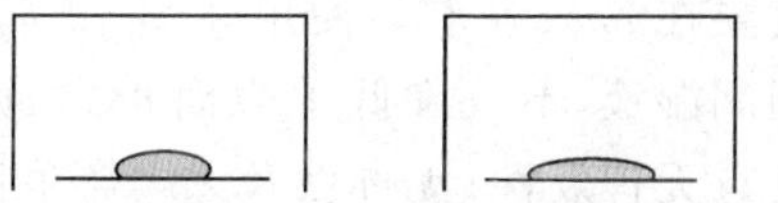

(a) 普通润湿液在印版上的润湿　　(b) 酒精润湿液在印版上的润湿

图 2-21　润湿液表面张力降低对润湿的影响

但是,由于酒精或异丙醇成本高,且易挥发造成表面张力的不稳定,因此需要有恒温及自动补加低级醇类功能的循环润湿设备匹配,使得生产成本增加;在工作环境中挥发的低级醇,对工作人员健康与安全不利,甚至在室内浓度达到某一限度后有易燃易爆的危险。因此,减少酒精的用量已引起越来越多的印刷者重视,为减少酒精的用量所采取的措施有:

(1)传统的酒精润湿液中,酒精添加量往往达到15%以上,才能让润湿液的表面张力达到比较合理的水平。新型酒精润湿液中已含有表面活性剂,故可以大幅度降低酒精用量。

(2)减少酒精的用量,常会发生油墨污染润湿系统的问题,通过改进水辊的化学成分,增加其亲水性可以减少酒精的用量。

(3)就印刷效果而言,采用酒精来配制润湿液,效果更理想。但由于配制润湿液需要的酒精量较多,酒精又易挥发,生产成本较高,也污染了环境。使用异丙醇来配制润湿液,在印刷效果上接近于用酒精配制的润湿液,但异丙醇的挥发量比酒精少,价格比酒精便宜。现在又提倡通过使用合适的替代品(如乙二醇)而减少酒精含量。

(三)非离子表面活性剂润湿液

非离子表面活性剂润湿剂,是把非离子表面活性剂加入含有其他电解质的润湿液中配制而成的润湿液。

非离子表面活性剂是表面活性剂的一种类型,它的特点是能显著地降低水溶液的表面张力,如图2-22所示,但它在水溶液中不电离,不会同润湿液中其他电解质发生反应,产生沉淀。目前,常用的润湿液2080(聚氧乙烯聚氧丙烯醚)、6501(烷基醇酰胺)均属非离子表面活性剂。

如果在水中添加2080非离子表面活性剂,欲使溶液表面张力降至0.04N/m时,溶液浓度只需0.1%就可以达到,但若用酒精润湿液,浓度要在25%左右。使用2080非离子表面活性剂润湿液,不仅降低了表面张力、减少成本,还具有无挥发性、无毒性及无爆燃危险等优点。

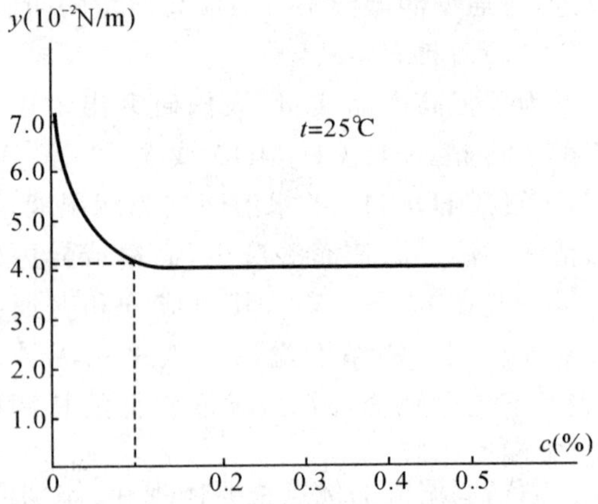

图2-22 2080的浓度和溶液表面张力的关系

但是,非离子表面活性剂在降低润湿液表面张力的同时,也降低了油水界面的界面张力,致使油墨的乳化能力比其他两种润湿液都高。因此,使用非离子表面活性剂润湿液时,要严格控制非离子表面活性剂的浓度,减少润湿液供给量,严格控制油墨的乳化。

三、润湿液的印刷适性

(一)水的硬度

1. 水硬度的概念及表示单位

硬度指水中二价及多价金属离子含量的总和,这些离子包括Ca^{2+}、Mg^{2+}、Mn^{2+}、Fe^{2+}、Fe^{3+}、Al^{3+}等。构成天然水硬度的主要离子是Ca^{2+}、Mg^{2+},其他离子在一般天然水中含量都很少,在构成硬度上可以忽略。因此,一般都以Ca^{2+}、Mg^{2+}离子的含量来计算硬度。表示水硬度的单位有多种,目前使用较多的有以下三种:

(1)毫摩/升(mmol/L):以1升水中含有的形成硬度的离子的物质的量之和来表示。

(2)毫克/升($CaCO_3$)(mg/L):以1升水中所含有的形成硬度的离子的量相当的$CaCO_3$的质量表示。

(3)德国度($H_G°$):此单位是将水中的Ca^{2+}离子和Mg^{2+}离子的含量换算为相当的CaO量后,以1升水中含10mgCaO为1德国度($H_G°$)。

它们之间的换算关系为:1mmol/L=2.804$H_G°$=50.05mg/L($CaCO_3$)

润湿液中钙镁离子主要来源于水,除此以外,纸张的涂布层和某些油墨的成分中也会带入这些金属离子。蒸馏水、纯净水硬度接近于0,经过处理的软化水硬度≤8°(德国度)。自来水的硬度一般在8°～16°,我国幅员辽阔,各地自来水水质相差很大,有些地区会更高。水的硬度过高,对印刷作业将产生不良影响。

2. 水硬度太高对印刷的影响

(1)高浓度的钙镁离子经过沉淀反应会在润湿系统和传墨系统的传水辊与传墨辊上覆盖一层白色雾状沉淀,降低传水、传墨辊的传递水墨的能力,增加了脱墨、墨杠事故发生的可能性,降低了墨杠的使用寿命;

(2)含钙化合物附着在印版的空白版基部分,使印版的非图文部分粘上少许油墨,造成印品浮脏,而当这种化合物沉淀在印版的图文部分时,又会妨碍印版图文部分顺利上墨;

(3)矿物质会和油墨中的脂肪酸反应,生成物会填充半色调网点,加重油墨的乳化。

此外,从理论上说,水硬度增大,会对润湿液的pH值、电导率、表面张力等都会产生影响。

3. 配置润湿液对水硬度的要求

硬度超过15°的水用于调配润湿液是不合适的,硬度超过18°的水必须进行软化处理后再使用。

水质的硬度直接测量比较复杂,一般采用"络合滴定"的办法来判定溶液中钙镁离子的浓度,对于印刷厂来说,可以向自来水厂查询自来水的硬度数据。

解决水的硬度偏高的最直接办法是改善供水的水质,除了直接使用昂贵的蒸馏水作为水源之外,通常可以通过离子交换分析和反渗透等办法把硬水转化成为软水。

(二)润湿液的pH值

pH值合适的润湿液是印版空白处生成亲水无机盐层并保持其清洁的必要条件,酸性过高过低都会给印刷带来许多弊病。印刷过程中许多因素都会使润湿液的pH值发生改变,因此,应该定时测量润湿液的pH值,并控制其在印刷工艺所要求的范围内。

1. 润湿液pH值过低对印刷的影响

PS版所用的铝版在弱酸性介质中,会被轻度腐蚀,生成亲水盐层取代磨损的氧化铝砂目;但如果pH值过低,印版的空白部分就会受到深度腐蚀,出现砂眼,不能形成坚固的亲水盐层。随着腐蚀逐渐加剧,还会造成网点的损伤甚至完全脱落。适当的酸性有利于阿拉伯树胶产生阿拉伯酸,吸附在印版空白部分形成亲水胶膜,但如果酸性过强,阿拉伯酸也能吸附在墨辊上,导致墨辊脱墨。酸性过强还可能腐蚀印版上的图文区域,导致印版图文部分失去亲墨性。

油墨中含有一定数量的催干剂(燥油),印刷时根据具体情况可能还要再添加一些催干剂,催干剂对干性植物油连结料有加速干燥的作用。当润湿液的pH值过低时,润湿液会和催干剂发生化学反应，使催干剂失效。实践证明，普通润湿液的 pH 值从 5.6 下降到 2.5 时，油墨的干燥时间从原来的 6h 延长到 24h；非离子表面活性剂润湿液的 pH 值从 6.5 下降到 4.0 时，油墨的干燥时间从原来的 3h 延长到 40h。油墨干燥时间的延缓，会影响油墨叠印效果，严重时还会引起印刷品的背面蹭脏。

2. 润湿液 pH 值过高对印刷的影响

常用的光分解型阳图 PS 版的制版原理是：印版空白部分的重氮化合物见光后分解，被弱碱性的显影液除去，未见光的重氮化合物留在版面上，形成亲油的图文部分。如果润湿液的 pH 值过高，印版图文部分的重氮化合物，会在印刷过程中被润湿液所溶解，使图文部分残缺不全，影响印刷品的质量。

油墨中含有脂肪酸 RCOOH，RCOOH 的碳链长，电离常数很小，分子的亲水能力显示不出来，所以脂肪酸在界面处的取向能力很差，在墨层中常处于游离状态。然而，当润湿液的 pH 值较高时，润湿液中的$[OH^-]$增加，混入油墨中的润湿液将中和 RCOOH，生成 $RCOO^-$，$RCOO^-$ 是典型的阴离子表面活性剂，会在水墨界面上定向排列，使界面张力下降，加重油墨乳化。润湿液的 pH 值愈高，RCOOH 被中和后生成的 $RCOO^-$ 愈多，界面上被吸附的量愈大，界面张力也下降得愈厉害，乳化越严重。图 2-23 是水和脂肪酸的界面张力与水的 pH 值的关系曲线，可以看到，pH 值小于 6 时，界面张力很稳定，pH 值超过 6 之后，界面张力急速下降。

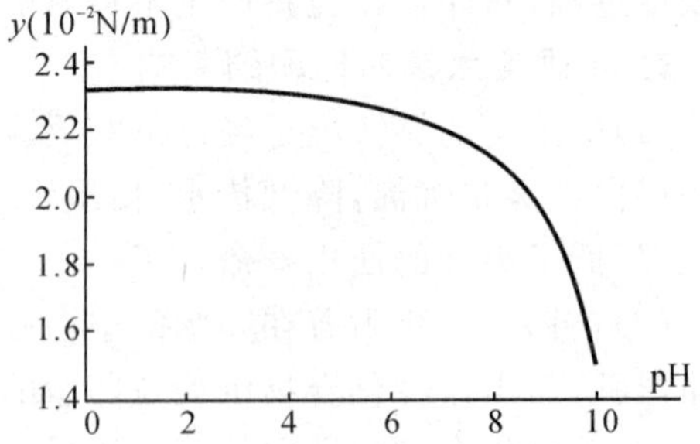

图 2-23　界面张力与 pH 值的关系

润湿液中的酸具有洁版、去污和使印版不感脂的能力，酸性不足削弱润湿液的阿拉伯树胶生成阿拉伯酸，形成亲水胶膜的能力。如果润湿液的 pH 值太高，在印刷过程中，容易引起糊版和空白部分起脏，为了保持印版空白部分清洁，必然要加大润湿液的供给量。此外，过高的 pH 值也会对铝版基产生腐蚀作用。

3. 测量 pH 值的方法

测定溶液 pH 值的方法很多，下面介绍几种常用的测定方法。

(1)用 pH 试纸测定。pH 试纸是用几种变色范围不同的指示剂的混合液浸成的。它在不同 pH 值的溶液中会有不同的颜色表示，把显示的颜色与已知的样板比较，可得出所测溶液的 pH 值。试纸分为广泛和精密两种，此种方法简单、快速，但不精确。

(2)用指示剂测定。由于各种指示剂在不同的 H^+ 浓度的溶液中，会呈现出不同的颜色，根据指示剂变色的范围，确定溶液的 pH 值。用此种方法测定 pH 值，测定速度快，但误差大，一般精确度达 0.1，有时甚至更低，此测定仪器简单价廉。

(3)酸度计测定。酸度计又称 pH 计，是利用电位法测定溶液 pH 值的仪器，是一种精密的电子管伏特计。用酸度计测定溶液的 pH 值，速度快，读数准确，且不受溶液原有色泽的影响，是较理想、精确的方法。

4. 润湿液 pH 值的控制

PS 版润湿液的 pH 值一般要求在 4.8～5.5 左右，但在印刷过程中，要结合实际印刷条件，调整润湿液的 pH 值，pH 值的调节一般是通过增减润湿液原液的加放量来实现，增加原液投放量则会降低润湿液的 pH 值。生产中，一般都采用"事先估计"和"事后调整"的办法来掌握。

(1)掌握 pH 值的原则

由于酸性对版面油污有清洗作用，降低 pH 值，润湿液的酸性增加，有利于控制版面起脏、糊版和网点扩大，当前印刷条件有导致版面起脏的趋势或印刷过程中已出现这样趋势时，应调低 pH 值；当网点缩小或丢失而花版时，应调高 pH 值，降低润湿液的酸性。不过，需要注意的是，引起"糊版"和"花版"的原因有很多，不能以增减酸性作为控制和解决"花版"、"糊版"的唯一办法，要找出"花版"、"糊版"的具体原因，给出相应措施，再结合润湿液 pH 值的调整进行控制。

(2)调整 pH 值需考虑的因素

①油墨的性质。不同的油墨因颜料、含油量、油性、粘度、流动性、耐酸性等性质的差异，对润湿液 pH 值有不同的要求。一般的规律是：红色＜黑＜蓝＜黄，深色＜浅色。

②油墨的粘度和流动性。油墨粘度大，则流动性小，在版面不易铺展，因此，可适当调高 pH 值。反之，油墨粘度小，则流动性大，内聚力就小，在版面铺展的可能性就大，更容易糊版，故润湿液的 pH 值应调低些。

③图文墨层厚度。墨层越厚，更容易在压力作用下，向空白部分铺展。故润湿液的 pH 值要调低些，维持空白部分疏油亲水的性能。

④催干剂用量。增加油墨中干燥剂用量，油墨粘性上升，对印版空白部分粘附性增大，易糊版，需增加原液用量，降低 pH 值。但要避免因 pH 值降低，油墨干燥变慢，又增加催干剂用量，相互形成恶性循环。

⑤版面图文结构和分布情况。印刷满版的实地、线条和文字、网点，润湿液 pH 值依次递增，但大部分产品可能兼有实地、网点、线条，原液的用量应多方面兼顾，使之有利于空白和图文部分的稳定。

⑥印刷过程中纸张的掉毛掉粉，会有少量进入润湿液，改变润湿液的性质。纸张的 pH 值越高，相应地应调低润湿液的 pH 值，国外的印刷适性实验资料表明，纸张的 pH 值＋润湿液的 pH 值＝13，比较恰当。

⑦环境温度。温度升高，油墨的流动性增大，同时能分解出更多的游离脂肪酸，易使版面上脏糊版。所以，温度升高，要调低 pH 值。

(三)表面张力

由于纯水的表面张力较高，为了改善润湿液在印版空白部分表面的润湿性能，采用在润湿液中添加酒精或非离子表面活性剂等降低润湿液的表面张力，便有可能以较少量的润湿液达到版面的水墨平衡。润湿液表面张力的大小不仅决定着印版润湿性能的好坏，对油墨的乳化程度也有很大影响。表面张力越低，界面张力也越低，因此，润湿液表面张力并非越少越好，酒精润湿液和非离子表面活性剂润湿液中酒精或表面活性剂添加过量都会促进油墨乳化。

理论上认为，在静态状态下，印版上润湿液和油墨的分界线上，在受到水的表面张力、油的表面张力、印版和水的界面张力、印版和油的界面张力后达到力的平衡状态，于是印版上水墨便互不侵犯。为满足水、墨静态平衡的要求，润湿液和油墨应当取同样大小的表面张力值，油墨的表面张力约在0.030～0.036N/m的范围内，润湿液的表面张力也应在这个范围内。在实际的生产中，平版印刷中的水墨平衡是在动态条件下实现的。经验表明，润湿液的表面张力略大于油墨的表面张力，一般认为润湿液的表面张力值约为0.04～0.05N/m时，有利于实现水墨平衡。

表面张力的测定在实验室一般使用界面张力仪(精度1mN/m)。

(四)电导率

电导率是量度一个物体导电能力的物理量，电导的大小等于电阻值的倒数。纯水的导电性非常差，当物质溶解在水中电离出离子后，就会使水具有导电性，而某些不完全电离的物质，比如阿拉伯树胶和酒精，可以相应地降低溶液的电导率。

由于润湿液中添加了缓冲剂，即使加入了过多的原液对pH值影响也不大，无法利用pH值大小来精确地表明润湿液的浓度配制是否适当，但由于润湿液浓度增加，使得润湿液中离子浓度增加，可以测得其电导率相应地增加，因此，测定电导率可以有效地控制润湿液的浓度。图2-24是润湿液的pH值和电导率分别随着润湿液的浓度而变化的关系曲线，由于大多数润湿液都含有缓冲剂，随着润湿液浓度的增加，pH值起初呈下降趋势，而后变得平缓，而电导率则会随着溶液浓度上升而线性上升，可见电导率比pH值更好地反映润湿液中原液的浓度。

纯水的电导率为0，加入润湿液原液后电导率会升高，加入酒精后，电导率会下降，在一般印刷过程中，随着印刷时间的延长，由于来自油墨和纸张的物质进入水路而污染了润湿液，润湿液的电导率会逐步升高。因此，不仅要在配润湿液时测量电导率，也要在印刷过程中注意监控电导率，如果润湿液的电导率上升过多，就需要清洗输墨和输水系统，并且要更换润湿液。

电导率的测定可以使用电导率仪(量程0～100μs/cm)，一般测定时需要溶液温度在25°左右，温度偏离，测量值会随之偏移。一般来说，润湿液的电导率在800～1600μs/cm之间，但由于不同润湿液制造商生产的原液的化学成分不同，对润湿液的具体要求是不同的。生产中应该根据制造商推荐的配制浓度配比润湿液，测量其电导率值作为基准电导率。当润湿液浓度过大，电导率超过2000μs/cm时，可能会出现“糊版”、“墨辊不上墨”、“脱版”等现象。

除了上面介绍的四个重要参数之外，影响润湿液印刷适性的还有润湿液温度，以及印刷环境等因素，这些因素在生产过程中不是孤立的起作用，而是互相影响，存在各种各样的联系，只有控制好润湿液的印刷适性，才能以最少的润湿液供给量达到水墨平衡，得到高质量的印刷产品。

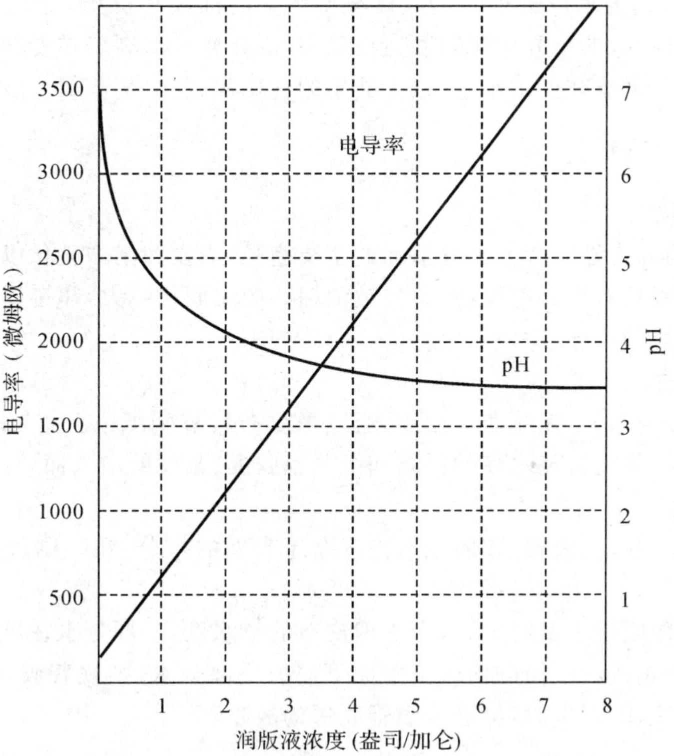

图 2-24　润湿液浓度与 pH 值、电导率关系曲线

第四节　水墨平衡的控制

一、水墨平衡的理论

胶印水墨平衡指胶印过程中，利用油墨和润湿液互不相溶，但又能适当地乳化及印版对油墨和润湿液的选择性吸附的原理，通过调节润湿液的表面张力及润湿液的供给量，使油墨和润湿液分别保持相对完整、稳定地存在于印版的图文部分和空白部分上，同时乳化程度又是尽可能轻微的，以完成图像的最忠实的复制。

上一节已对润湿液的表面张力满足什么条件最有利于水墨平衡作了讨论，在此我们分析以相体积理论为基础的水墨平衡理论，讨论润湿液的供应量满足什么条件才有利于实现水墨平衡。

根据胶体化学中形成乳状液的相体积理论：水墨乳化后，要想确保得到的是适于印刷的W/O 型乳化油墨，必须控制润湿液的体积小于乳状液总体积的 26％。但供水量太少，空白部分的水膜又不足以抵抗图文部分墨层向空白部分扩张，产生脏版、糊版。因此，以相体积理论为基础的水墨平衡的含义可以归结为：在一定的印刷速度和印刷压力下，调节润湿液的供给量，使乳化后的油墨所含润湿液的体积比例在 15％～26％之间，形成油包水程度轻微的 W/O 型乳化油墨，力求以最小的供液量与印版上的油墨相抗衡。水墨平衡有一定的宽容度，但前文已经谈到，油墨乳化对印刷造成危害，因此要求印刷工作者严格控制供水量，在不起脏的前提下，尽可能减少供水量，减少油墨的乳化程度。

二、润湿液的消耗途径

1. 与油墨乳化

水在油墨中的乳化是印版上水分消耗的主要途径，水在油墨中乳化以后，随着油墨转移到承印物上（如纸张），然后经过渗透、蒸发被消耗。图文面积越大，印迹墨层越厚，油墨乳化越严重，乳化消耗掉的水越多。

2. 被纸面吸收

印版空白部分的水分，在压印过程中，通过橡皮布转移到纸张上，被纸张直接吸收。这部分水量的消耗，随橡皮布疏水性的提高和纸张施胶度、紧度的增大而减少。

3. 向空间蒸发

胶印机的水斗、水辊、墨辊、印版以及橡皮布等表面的水分，在印刷过程中，向空间蒸发而消耗掉。

除此以外，当印版供水量过大时，由于橡皮布的疏水性，一部分水在滚筒相互挤压下，被驱赶到橡皮布的拖梢或沿滚筒的两端滴落而下。另一部分水，则顺着胶印机滚筒运转的相反方向，向墨斗里流动，严重时，会造成墨辊脱墨的故障。

三、水墨不平衡的危害

（1）版面水分过小，会造成实地密度值的增加，导致图文、网点面积扩大或变形，严重时产生糊版，空白部分起脏，使印迹层次丢失，面目全非，造成废品。

（2）生产中更常见的是由于工人的质量意识不强，工作责任心不够，出现供水过量现象，带来以下的弊病：

①版面水分严重过量时，水分会积聚在油墨表面，甚至会往上跑到墨斗里去，影响油墨的正常传递。

②版面空白部分会有更多的水分经橡皮布传递到纸张上，纸张吸水伸长，影响套印准确。

③加重油墨乳化，影响油墨的呈色效果、干燥速度和导致空白部分起浮脏等。

四、润湿液用量的控制

胶印要获得优质的印刷品，在控制好润湿液印刷适性的前提下，掌握好润湿液的供应量是非常重要的，润湿液供给量要根据具体生产条件不同来控制。

（一）版面的墨量

在常温条件下，图文面积越大，印迹墨层越厚，一方面油墨乳化消耗掉的水分越多，只有增加供水量才能保证空白部分还有足够的水分润湿而不起脏。另一方面墨层越厚，在印刷压力作用下越易铺展，造成网点扩大或糊死，只有加大版面的供水量才能抗衡油墨铺展，建立新的平衡。

胶印机沿滚筒轴向的供墨量可以进行较精确的调节，但是供水量的大小没有精确的调节机构，为了避免印版上局部乳化过量，影响印品质量，首先，印前拼版时，应尽可能地使印版上的着墨面积沿滚筒轴向分布均匀些；其次，如果图文着墨面积沿滚筒轴向分布很不均匀，要根据轴向着墨面积最大的某处墨量的大小调节整体的供水量，再用胶印机选配的吹风装置对水路吹风或贴纸条增加局部水分蒸发量的方法减少其他位置向印版的供水量，尽量使轴向的每一处的供水量和供墨量相匹配。

（二）油墨的性质

1. 油墨的抗水性

连结料不同，油墨的乳化能力不同。如油型油墨抗水性小，易乳化，供水量应加大，反之，如树脂型油墨抗水性大，不易乳化，用水量小；因颜料的亲水性不同，油墨乳化能力也有差异。图 2-25 所示是四色胶印油墨与含有 0.1%2080 润湿液的油墨乳化曲线。从图中可以看到，在润湿液表面张力固定的情况下，青墨（天蓝）的摄水量最大，乳化能力最高；黑墨的摄水量最小，乳化能力最低。如果在四色胶印机上采用图 2-25 中的四色油墨印刷，应按照油墨摄水量的大小，供给不同的水量。

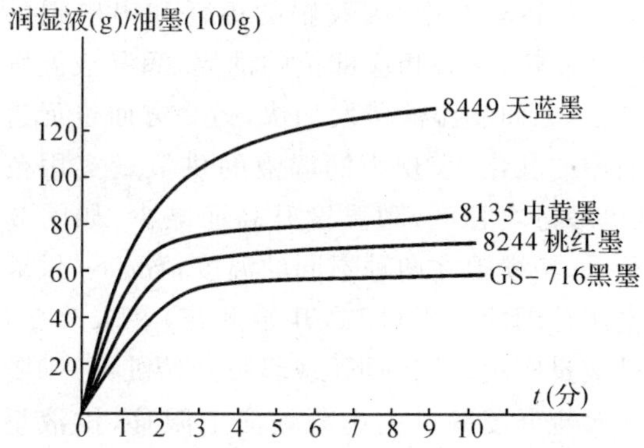

图 2-25 四色胶印油墨的乳化

2. 油墨粘度

油墨经调墨油稀释后，流动性增大，印刷中版面用水量亦相应加大，一般称之为墨稀水大，这种现象主要是油墨性能改变而引起的，其原因主要有三种：

(1)油墨粘度变小流动性增大，在压力作用下，图文墨迹更容易向周围空白部分铺展，出现网点增大过量、糊版等现象。为了控制图文和空白部分的面积相对稳定，就需增加供水量来组织新的平衡。

(2)稀薄油墨的内聚力低，抗水性差，更易乳化，因乳化消耗掉的水分更多，剩余的水分不足的润湿版面，就会出现挂脏，只有增加供水量，才能在版面与油墨组织新的平衡。

(3)随着调墨油用量的加大，油墨的极性增强，容易在印版空白部分或网点间形成油腻或挂脏，导致版面水墨失去平衡，只有增大用水量才能建立新的平衡。

反之，印刷粘度大的油墨，则应减少润湿液的供应量，称之为墨稠水小现象。

（三）根据润湿液的性质不同调节供给量

普通润湿液的表面张力较大，润湿性能差，供给量要大些；酒精润湿液的表面张力较低，润湿性能好，可以用更少的水达到水墨平衡。但酒精润湿液所具有的良好印刷适性，使得润湿液的供应量即使稍大一些，对质量影响也不是特别大，表现为供液量实用范围宽，所以用酒精润湿液印刷，供水量比较容易控制，水墨平衡较稳定；非离子表面活性润湿液的表面张力较低，润湿液的供给量应比普通润湿液少些，但这种润湿液的水墨界面张力也低，容易乳化，所以印刷时要注意严格控制供液量，否则极易因乳化过于严重而带来种种弊病。

（四）纸张的性质

纸张纤维交织紧密，施胶度高，本身含水量大，则印刷过程中吸水量少，供水量应减少。

反之，则大。

（五）印版情况

新印版的空白部分砂目粗糙系数较大，润湿性能也较好，印刷时只需少量的水润湿即可。旧印版的砂目受到一定程度的磨损后，润湿性能减弱，需要增加润湿液的供给量。

（六）环境温湿度和空气流通情况

温度越高，相对湿度越低、空气流通越强，因蒸发而消耗掉的水分越多，越需要增加润湿液供给量。

机器运行中，因胶辊的内耗和串墨辊的串动而发热，导致相应部位的油墨、润湿液温度上升，一方面润湿液蒸发加快，另一方面也促进了油墨的乳化，表现为润湿液的供液量实用范围（供液量宽容度）随温度升高而减少，如图 2-26 所示，串墨辊在两种不同的温度情况下，供液量实用范围的上限（印品开始发花）并未改变，而供液量实用范围的下限（印版开始脏污）则随着串墨辊温度的升高不断地向上限移，供液量实用范围就变得愈来愈小。

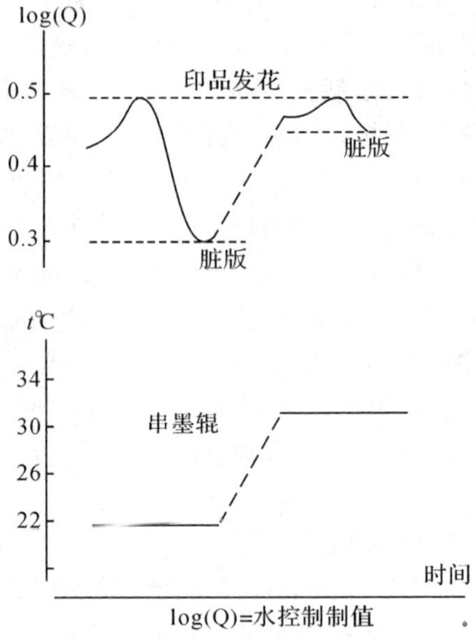

图 2-26　温度对供液量实用范围的影响

就实际的印刷来说，如果开始印刷后已达到水墨平衡，所用的润湿液刚能控制住脏版时，在印刷过程中由于机器温度逐渐的上升，供液量实用范围的下限（开始脏版）逐渐上移，若不增加供水量，就会突然出现脏版。胶印机附设有冷却循环装置的酒精润湿系统时，润湿液的温度可维持在 5～10℃，无疑对水量的控制是有利的。

总之，胶印供水量的总原则是在不起脏的情况下尽量减少润湿液的供给量，为了达到这一目的，首先要把润湿液的 pH 值和各种电解质及添加剂的含量按要求调节好，在此基础上，针对不同的生产工艺需要，提供适量的润湿液。

五、版面水分大小的鉴别

在其他印刷工艺确定的情况下，胶印过程的主要工作是控制供墨量和供水量，使之处于平衡、稳定状态。供墨量的变化反映到印刷品墨色深浅上，可以目测，也可以用仪器测量，比较直观。供水量的大小变化，目前国内尚无有效的测量手段，大多凭经验靠目测来估计，一方面通过检查印张有无起脏，保证供水量在最低限度以上，另一方面通过目测印版版面的反光强弱来判断水分的大小。国外一些新型印刷机上，开始配备印版水膜厚度测量仪，控制版面水量变化的情况。

（一）目测评估版面水量的方法

PS 版的空白部分是氧化铝砂目，受光线照射后产生漫反射，视觉效果呈灰白色无光亮，但印版被润湿液润湿后，润湿液部分或全部地填平了版面的砂眼，减少了漫反射，产生一定程度的镜面反射的效果，如果观察者的眼睛处在反射光的回路上，就有光亮的感觉。所以，操作工人如果从反射光的回路上观察印版，利用感觉到的光亮大小可以估计出版面水分的大小。这种方法很方便，但需要经验，并且很难准确反映水量的大小。目测控制水量时要注意两点：

（1）观察者要从多个角度观察版面，找到亮度最大的观察角度，即处在反射光的回路上的观察角度，并且在整个印刷过程中保持这样的观察角度。

（2）新 PS 版砂目较深，目测控制版面水分时，应保持版面观察不到光亮或只有少许光亮。随着印刷次数的增加，砂眼逐渐被磨平，目测控制版面水分时，应使版面观察到的光亮逐渐增强。

除了目测法以外，如果发生下列问题时，可以认为版面水分严重过大，应及时减少供水量：

（1）水大时会有一定水量被传递到墨斗中去，墨斗中可见到水滴；

（2）墨膜表面沾留水量多，在下串墨辊与着墨辊的进入滚压处看到积聚水滴；

（3）墨辊上的油墨产生超饱和乳化量，用墨刀铲墨时，铲下来的油墨立即有水分析出；

（4）过量的水分会阻挠油墨的正常传输，使油墨被积聚在墨辊上，墨辊表面墨量很多，但印迹墨色却不深，即使增加供墨量，墨色也不及时加深；

（5）印刷中断后，由于供水中断，墨膜中的水分挥发，再开机印刷时印迹墨色有较大差距，说明水分过大；

（6）停机较久，版面水分仍未蒸发完；

（7）橡皮布拖梢处有水分粘流，滚筒两端有水珠滴下；

（8）印张吸收过量水分，正反两面含水不均，纸张卷曲。

（二）水膜厚度测量仪

图 2-27 是水溶液对近红外波吸收的光谱图，从图中可以看出，在 2.96μm 波段，水溶液有显著的吸收量，而在 2.55μm 波段几乎不被吸收。为此，将前者定为测量段，后者定为参考段，水膜厚度测量仪就是根据这两种波反射的差别制作的。利用一个旋转滤光镜轮将波长 2.96μm 和 2.55μm 的光交替照射到胶印机的印版上，两束红外线透过水膜后被印版反

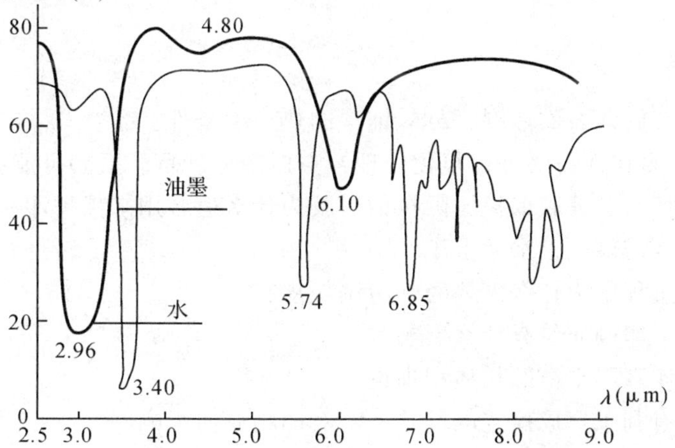

图 2-27　水溶液在红外线波段的吸收光谱

射。其中一束红外线透过水膜时并没有被水膜减弱，而另一束红外线随着水的加厚被强烈的吸收。因此，从版面上反射回来的红外线，各有不同的强度。不同强度的红外线被一个光电管检测，并经特殊的脉冲电路，转换成水膜的厚度。水膜的厚度可用下列公式计算：

$$\ln\left(\frac{I_0}{I}\right)=k\cdot b\cdot c \tag{2-15}$$

式中 I_0 为入射强度，I 为透射光强度，k 为常数，b 为水膜厚度，c 为水溶液密度。图2-28是不同厚度的水膜对红外光谱的吸收曲线。曲线 A 表示干燥的印版，曲线 B 表示 0.4g/m^2 的水膜量，曲线 C 表示 1.48g/m^2 的水膜量。

此外，用激光照射版面，测定其反射量或对着水辊施加交流电压，测定其电阻值，然后再求得水膜厚度的方法也已在胶印机上试用。但是，对印版上的水量做到数据化的管理，还需要在提高理论研究的基础上，试制精密的水量测试仪器，完善测试方法。

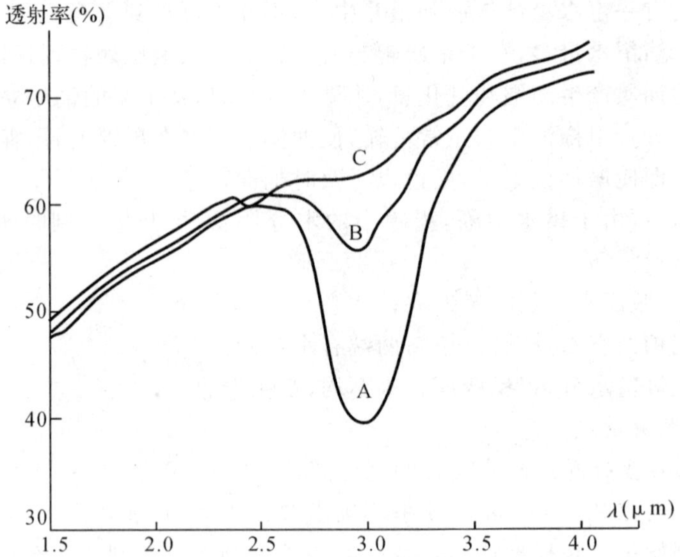

图 2-28　不同厚度水膜对红外线的吸收曲线

复习思考题

1. 写出液体在固体表面沾湿、浸湿、铺展的热力学条件。
2. PS 版表面为什么需要进行粗化处理？空白部分砂目磨损后可能会怎样？
3. 胶印版为何需要擦胶保护？阿拉伯树胶为什么适合用来保护印版？
4. 胶印为什么需要先上水后上墨？
5. 平版印刷过程中为什么需要经常清洗橡皮布？
6. 油墨乳化对印刷质量有什么影响？
7. 什么是胶印水墨平衡的相体积理论？
8. 什么措施有利于形成稳定的乳状液？对印刷有何影响？
9. 为什么乳化在印刷过程中是不可避免的？为什么说适当的乳化也是胶印所必需的？
10. 胶印生产中影响油墨乳化的主要因素有哪些？

11. 胶印润湿液的 pH 值大约是 4.8～5.5，过高或过低的弊病是什么？并简单说明产生这些弊病的原因。

12. 配置润湿液对水的硬度有什么要求？

13. 阿拉伯树胶在润湿液中起什么作用？

14. 纸张的性质如何影响到油墨的乳化程度？

15. 普通润湿液、酒精润湿液和非离子表面活性剂润湿液各有什么缺点？

16. 温度较高时，为什么会促进油墨乳化？

17. 影响润湿液用量的主要因素有哪些？如何控制印版的用水量？

18. 什么是电导率？它主要在润湿液中检测什么指标？

第三章　印刷压力的控制

印刷压力是油墨从印版经橡皮布向承印物表面转移的基础。印刷压力不仅是实现印刷过程的根本保证，而且在很大程度上影响印刷的质量。印刷压力不足会造成油墨转移不均匀，造成断续的图像；压力过大又会使图像变形，并造成网点增大及印版和橡皮布的过早磨损。本章主要讲述与印刷相关的包衬的物理性能和印刷压力的正确计算与合理控制。

第一节　印刷压力基础知识

常用的印刷机，按压印形式，可分为圆压平和圆压圆两种类型。前者的压印机构为圆柱形的压印滚筒和安装在平台上的印版；后者的压印机构都是圆柱形，分别为压印滚筒和印版滚筒。如果是胶印，在印版滚筒和压印滚筒之间，还需有一个圆柱形的橡皮滚筒，如图 3-1 所示。本文主要针对圆压圆型胶印机的压印特征展开讨论。

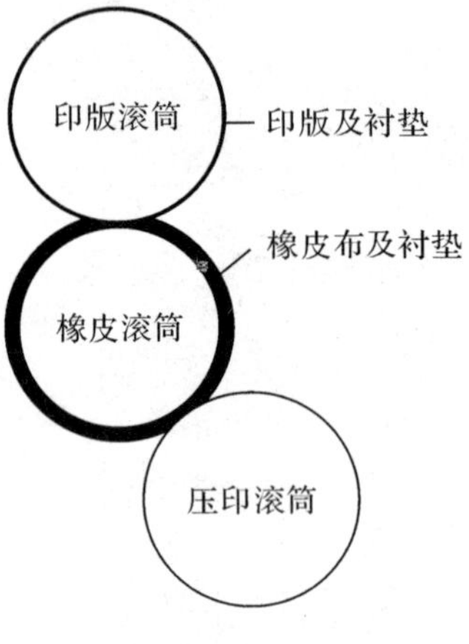

图 3-1　胶印机三滚筒排列

胶印机的三个滚筒的筒体都是硬度很高的金属，印版滚筒表面包裹有印版，印版多为金属材料制成，印版下的衬垫材料通常选择涤纶片基或变形小的马尼拉纸、牛皮纸等，在压印过程中变形小；橡皮滚筒表面包裹有印刷专用的橡皮布和衬垫，弹性模量相对较小，压印过程中发生变形量大；而承印物纸张则被叼牙咬住附着在压印滚筒表面，纸张的弹性模量取决于纸张的厚度和紧度。因此，压印体的压缩变形可视为由承印材料、印版、包衬和橡皮布的压缩变形组成的。其中承印材料一般比较薄，相对变形不一定很小，但绝对变形很小；而橡皮滚筒的衬垫和橡皮布的变形很大，因此，压缩变形主要发生在橡皮滚筒上，三个滚筒间的压缩变形可以看成是弹性圆柱体和刚性圆柱体之间的压缩变形，因此压印面是一个弧形面。

印刷过程中，压印体（胶印机三滚筒）之间相互作用的正压力（沿压印成法线方向的力）称为印刷压力。其中印版滚筒和橡皮滚筒之间的印刷压力称为印版压力（简称版压）；橡皮滚筒和压印滚筒之间的压力称为压印压力（简称印压）。

一、印刷压力的表示方法

印刷压力的表示方法有直接法和间接法之分，直接法是用压印面上的压强或压力数据来表示印刷压力的大小，数据客观准确但测量比较困难，印刷生产中常用间接的方法来表示印刷压力的大小。间接方法分别用压印体之间的最大压缩量和压印面宽度来反映压力的大小，方法直观、易于测量和计算，但绝对精度差。

（一）印刷压力的直接表示方法

1. 总压力（p_s）

压印区域所承受的法线方向作用力的矢量和，总压力等于施加在滚筒两端的合压机械作用力，也等于压印体，主要是橡皮滚筒受压后产生的反作用力，单位为牛顿。

2. 压强（点压力）（p_d）

压印面上取一点，围绕该点取微小的面积 ΔS，若作用在 ΔS 上的压力为 $F_{\Delta S}$，该点的压强可用下式表示，单位为帕，压印面上各点的压强 p_d 并不相同。

$$p_d=\lim_{\Delta S\to 0}\frac{F_{\Delta S}}{\Delta S} \tag{3-1}$$

3. 线压力（p_L）

对于平版印刷来说，由于图文区域和非图文区域均承受印刷压力，又由于压印区域的沿滚筒轴长有效接触长度 L 一般远远大于压印面宽度 b，压印面的形状可以看成是一条线，则在这条线上的平均压力称为线压力，用 p_L 表示，其单位是牛顿/米。

$$p_L=\frac{p_s}{L} \tag{3-2}$$

4. 平均压强（面压力）（$p_{c(s)}$）

压印区的平均压强，用 $p_{c(s)}$ 表示，单位为帕。

$$p_{c(s)}=\frac{p_s}{S} \tag{3-3}$$

式中 p_s 为压印区的总压力，S 为压印区面积。

（二）印刷压力的间接表示方法

上述直接表示法是最能精确表达印刷压力大小的方法，也直接影响印刷过程中油墨转移的质量。但迄今尚未发现可行的方法，能够在印刷运行中测量印刷机两个滚筒之间的压力。目前能够获得的最方便的表示印刷压力的方法是间接表示的方法。

1. 最大压缩量（λ）

胶印机合压后，发生压缩变形的主要是橡皮滚筒，于是压印面的周向，橡皮滚筒呈弧形凹陷，凹陷的最大值叫最大压缩量，记为 λ，生产实践中主要用最大压缩量间接地评估和控制印刷压力的大小，单位为毫米（mm），如图 3-2 所示。

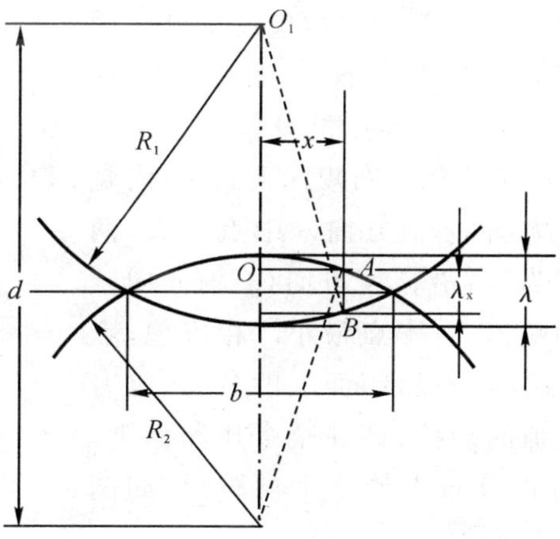

图 3-2　λ_x 与 b、λ、x 的几何关系

2. 压印面宽度（b）

指合压后弧形接触面的宽度，即压印面周向的弧长，可近似地用压印面周向的弦长来代替，记为 b，单位常用毫米（mm）表示，用来检验印刷压力的大小和均匀性。

因为胶印合压后，压缩变形主要发生在橡皮滚筒上，三个滚筒间的压缩变形可以看成是弹性体和刚性体之间的压缩变形，发生在半径为 R_1 刚性滚筒和半径为 R_2 的弹性滚筒之间的压缩变形，其最大压缩量 λ 和压印面宽度 b 之间关系可以用数学方法简单地得到证明，为：

$$\lambda=\frac{b^2}{8}\cdot\frac{R_1+R_2}{R_1\cdot R_2} \tag{3-4}$$

如果互相滚压的两滚筒半径近似等径，即

$$R_1=R_2=R \tag{3-5}$$

则有：

$$\lambda=\frac{b^2}{4R} \tag{3-6}$$

对于圆压平式平台打样机，可以看成 $R_2=\infty$，则有：

$$\lambda=\frac{b^2}{8R_1} \tag{3-7}$$

二、压印面上印刷压力的分布特征

刚性滚筒与弹性滚筒合压时，产生变形的主要是弹性滚筒的包衬。由于圆柱形的滚筒在弹性体压缩变形产生的印刷压力作用下，不可避免地存在向外弯曲现象，压印面大致是两端较宽中间较窄的纺锤形，根据经验，压印面上一个点(x,y)的压强 p_d 可以用如下近似公式表示：

$$p_d=\left(E\cdot\frac{\lambda_{xy}}{\delta}\right)^{\frac{1}{n}} \tag{3-8}$$

式中，E、δ、λ_{xy} 分别是包衬的弹性模量、厚度和点(x,y)的压缩变形量，n 是一个与包衬材料性质有关的经验常数，一般取 0.4～0.6。经验表明，包衬压缩量 λ 在压印面上的分布规律大致是：沿宽度方向（x 轴方向），中点最大，两端为零；沿长度方向（y 轴方向），两端最大，中点最小。相应地，点压力 p_d 在压印面上的分布，也有类似的规律，即在整个压印面上，p_d 的分布有如一个马鞍形，如图 3-3 所示。

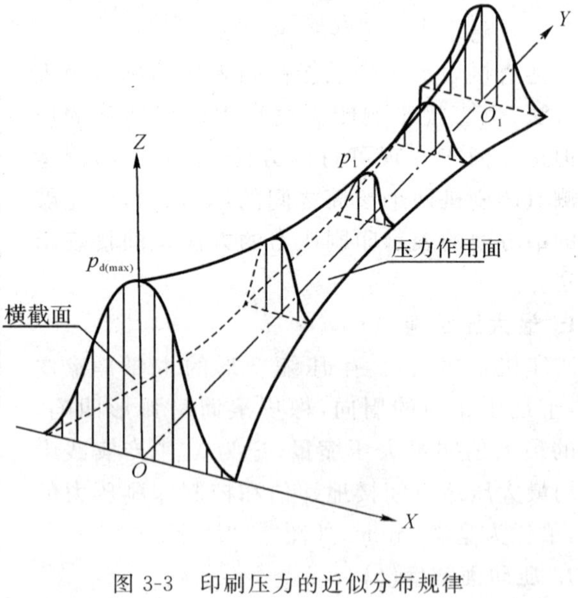

图 3-3 印刷压力的近似分布规律

压印面上的最大点压力 $p_{d\,max}$，在压印面两端的中点 O 和 O_1 处取得，这两处的压缩变形量 λ_{max} 是整个压印区的最大值，有：

$$p_{d\,max}=\left(E\cdot\frac{\lambda_{max}}{\delta}\right)^{\frac{1}{n}} \tag{3-9}$$

压印面两端沿 x 轴方向(滚筒周向)取横截面,以最大压缩量处为坐标原点,计算 x 处的包衬压缩变形量 λ_x,如图 3-2 所示,容易推出:

$$\lambda_x = \sqrt{R_1^2 - x^2} + \sqrt{R_2^2 - x^2} - d \tag{3-10}$$

将式(3-10)中的根式展成泰勒级数,取前两项,注意到 $R_1 + R_2 - d = \lambda$,有:

$$\lambda_x = \left(1 - \left(\frac{2x}{b}\right)^2\right) \cdot \lambda \tag{3-11}$$

将式(3-11)代入式(3-8)中,可以计算压印区两端任意一点的点压力 $p_{d(x)}$:

$$p_{d(x)} = \left(E \cdot \frac{\lambda_x}{\delta}\right)^{\frac{1}{n}} = \left(E \cdot \frac{\lambda}{\delta} \cdot \left(1 - \left(\frac{2x}{b}\right)^2\right)\right)^{\frac{1}{n}} = \left(1 - \left(\frac{2x}{b}\right)^2\right)^{\frac{1}{n}} \cdot p_{d\max} = \left(1 - \frac{4x^2}{nb^2}\right) \cdot p_{d\max} \tag{3-12}$$

上式的最后表达式是前一表达式展成级数取前两项的结果,进而可以求得压印面两端在周向的平均压强 $p_{c(b)}$:

$$p_{c(b)} = \frac{1}{b}\int_{-\frac{b}{2}}^{\frac{b}{2}} p_x \cdot dx = \frac{1}{b} \cdot \int_{-\frac{b}{2}}^{\frac{b}{2}} \left(1 - \frac{4x^2}{nb^2}\right) \cdot p_{d\max} \cdot dx = \left(1 - \frac{1}{3n}\right) \cdot p_{d\max} \tag{3-13}$$

在沿压印面的 y 轴方向,当 $y=0$ 及 $y=L$ 处,即压印区的两端中点 O 和 O_1 点压力取最大值 $p_{d\max}$;在轴向 $y=L/2$ 处的周向中点,其点压力 $p_{d\min}$ 是周向的最大值,但是轴向的最小值。假定沿此 $x=0$ 的轴向压印线,压力分布呈线性规律,则容易求得任何 y 处的点压力 $p_{d(y)}$ 和 $x=0$,y 轴方向上的平均点压力 $p_{c(L)\max}$:

$$p_{c(L)\max} = \frac{1}{2} \cdot (p_{\max} + p_{\min}) = \frac{1}{2} \cdot [1 + q] \cdot p_{d\min} \tag{3-14}$$

式中,$q = \dfrac{p_{d\max}}{p_{d\min}}$ 是与印刷方式及印版特征有关的经验常数,一般取 1.5~2.5。

那么,压印面上的平均压力 $p_{c(s)}$ 可以用下式计算得到:

$$p_{c(s)} = \left(1 - \frac{1}{3n}\right) \cdot p_{C(L)\max} = \frac{1}{2} \cdot (1+q)\left(1 - \frac{1}{3n}\right) \cdot p_{d\min} \tag{3-15}$$

压印面上的总压力 p_S 可以用下式计算:

$$p_S = p_{c(s)} \cdot S = p_{c(s)} \cdot b \cdot L = \frac{1}{2} \cdot (1+q)\left(1 - \frac{1}{3n}\right) \cdot b \cdot L \cdot p_{d\min} \tag{3-16}$$

压印面上的线压力可以用下式计算:

$$p_L = \frac{p_s}{L} = \frac{1}{2} \cdot (1+q)\left(1 - \frac{1}{3n}\right) \cdot b \cdot p_{d\min} \tag{3-17}$$

以上结果都没有考虑滚筒运转中的摩擦,是静压力,如考虑到滚筒间的摩擦及弹性包衬的挤压,沿压印面宽度方向的压力分布并不对称,峰值要向滚筒拖梢方向偏移,如图 3-4 所示。

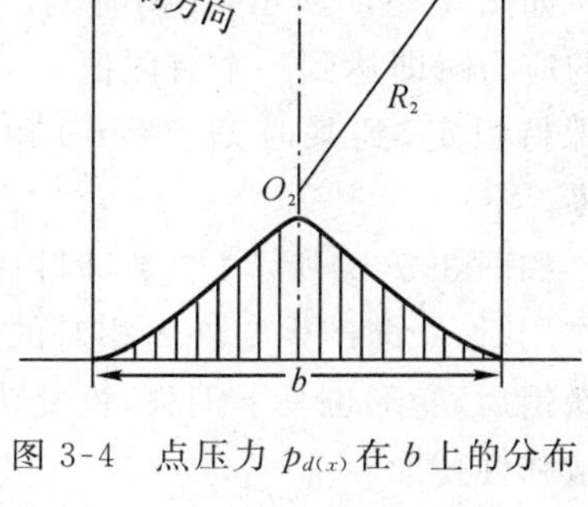

图 3-4　点压力 $p_{d(x)}$ 在 b 上的分布

由于圆柱形的滚筒在压力作用下会弯曲,导致印刷压力沿滚筒轴向分布不均匀,两端压力大,中间压力小,会引起印刷油墨转移率不一致,使墨色不均匀。

为了弥补这种误差，印刷机制造商会故意将滚筒做成中间直径大，两端直径小的结构，使印刷压力沿滚筒的轴向基本均匀一致。

三、印刷压力的作用

1. 保持粗糙的印刷面完全接触

由于机械制造的误差，以及纸张、橡皮布、印版表面均呈粗糙微孔状，要使压印面发生受压变形，必须有一定的印刷压力，才能达到可靠完全接触，才能使油墨、水与将要传递的承印物表面产生分子间作用力而吸附转移。

2. 压力渗透作用

油墨印到纸张上，其中连结料对纸张要产生渗透现象，油墨接触纸张的瞬间，在滚筒之间压力作用下，连结料分子被强制性压入纸张表面纤维缝隙，剩余的连结料和颜色快速固着在承印物上，因此，压力对油墨的渗透干燥起重要作用。

第二节　橡皮布及滚筒包衬

所谓滚筒包衬是指滚筒壳体以外包裹在滚筒表面的各种包覆物。印版滚筒的包衬除了印版以外，通常是纸张或涤纶片；橡皮滚筒的包衬是橡皮布和橡皮布下面的毡呢、纸张等衬垫。包衬主要用途是利用其良好的弹性来保证压印面有良好的接触，同时又能吸收和减轻印刷装置在动载荷作用下产生的振动和冲击。用作包衬的橡皮布、毡呢和纸张等材料，都属于粘弹性材料，在印刷压力作用下会发生粘弹性变形。

一、粘弹性变形特征

材料的粘弹性指材料对应力的响应具有弹性固体和粘性流体的双重特性，它在外力作用下，可同时发生可恢复的弹性变形和不可恢复的粘性流动。印刷所使用的许多材料，如橡皮布、胶辊、纸张、衬垫、油墨等，都具有粘弹性的变形特征。粘弹性材料在应力作用下发生的总的变形量（ε），一般由敏弹性变形（$\varepsilon_{弹}$）、滞弹性变形（$\varepsilon_{滞}$）和塑性变形（$\varepsilon_{塑}$）三部分组成，即：

$$\varepsilon=\varepsilon_{弹}+\varepsilon_{滞}+\varepsilon_{塑} \tag{3-18}$$

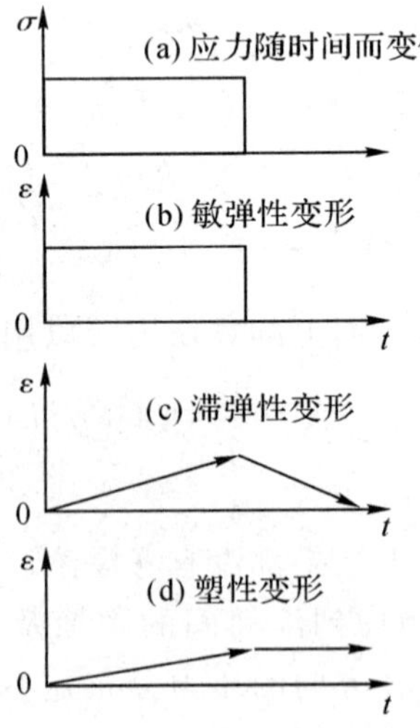

图 3-5　应力、应变与时间的关系

如图 3-5(a)所示，在初时刻（$t=0$）加载，施加于材料上的应力瞬即达到一个有限值 σ_0，此后保持载荷不变，即 σ_0 保持恒定，到某时刻（$t=t_b$）卸载，应力瞬即由 σ_0 降为零。

如图 3-5(b)所示，如果材料在初时刻（$t=0$）受到外力作用时，立即产生与外力相对的变形 ε，并保持恒定，外力撤销后，变形也马上消失，恢复为原来的形状，即材料的应变随应力同步进行，这种变形称为敏弹性变形。

如图 3-5(c)所示，如果材料受到同样的外力作用时，变形从 0 开始逐渐增大，当外力撤销后，变形又缓慢减小并完全消失，最终恢复为原来的形状，这种变形称为滞弹性变形。

如图 3-5(d)所示，在同样的应力作用下，材料变形从 0 开始逐渐增大，当外力撤销后，变形保持不变，不能恢复，这种变形称为塑性变形。

粘弹性材料在应力的作用下，往往同时发生上述三种变形，如图 3-6 所示。图中 OA 段表示敏弹性变形的发生过程，AB 段表示滞弹性变形和塑性变形的发展过程，BC 段表示敏弹性变形的消失过程，CD 段表示滞弹性变形的消失过程，剩余变形是塑性变形了。

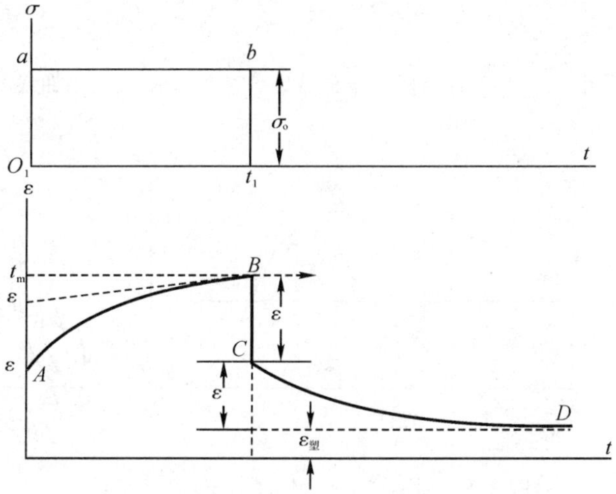

图 3-6　粘弹性材料的 $\sigma-t$ 和 $\varepsilon-t$ 关系曲线

在以上的讨论中，从零到 t_b 的加载过程中载荷保持恒定，实质上是个静态过程，载荷和应力都可表示成一个阶跃函数。在这个过程中，理想弹性材料的变形保持恒定，而真实的粘弹性材料的变形则有所发展，这是粘弹性材料的一个重要特征。

如果对材料施加渐变的应力，可以把应力看成是在足够短的时间内保持 σ 恒定的阶跃函数，应力变化的规律就由许多这样时间区间极小、σ 依次增大或减少的阶跃函数组成。

在加载过程中，由于材料粘性的存在，ε 滞后于 σ，前一个应力引起的应变尚在发展中，后一个应力又比前一个应力增大了；而卸载过程正相反。因此，同一个 σ 值，在加载过程中所对应的 ε 值，要比卸载过程中所对应的 ε 值小；形成一个封闭圈 $ACBDA$，叫粘弹性材料的滞后圈。如果材料有塑性变形，卸载过程的 $\sigma-t$ 曲线不能回到 A 点而回到 A'点，AA' 等于塑性变形，$ABA'A$ 是滞后圈，如图 3-7 所示。

面积 $ACBE$ 等于加载过程中外力对材料所做的功，面积 $ADBE$ 等于卸载过程中材料对外界所做的功，这两块面积之差即是滞后圈 $ACBDA$ 所围面积，它等于被材料耗散的部分机械能，由材料分子的内摩擦而转变成热能，称为内耗，即材料所消耗的没有对外界做功的能量。

如果作用在材料上的应力是周期性的压缩应力，在每一个周期内，应力都经一个从 0 到 $2\sigma_0$，再从 $2\sigma_0$ 回到 0 的过程，这相当于一次加载——卸载过程，如图 3-8(a)所示。那么在 $\sigma-\varepsilon$ 关系图中，如图 3-8(b)所示，一次加载——卸载过程形成一个滞后圈，第一个滞后圈从

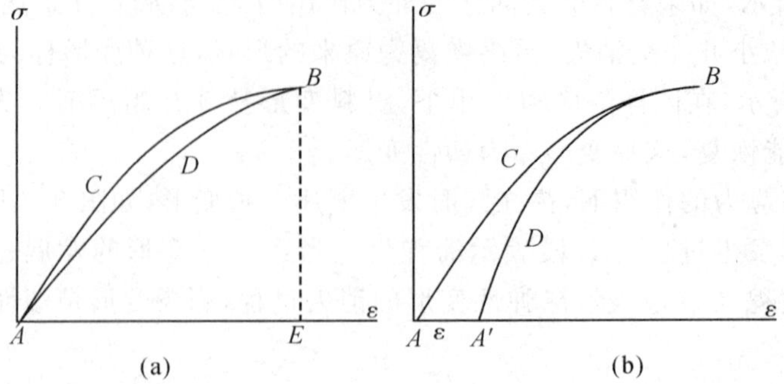

图 3-7　粘弹性材料一个加载卸载过程的 σ—ε 关系曲线

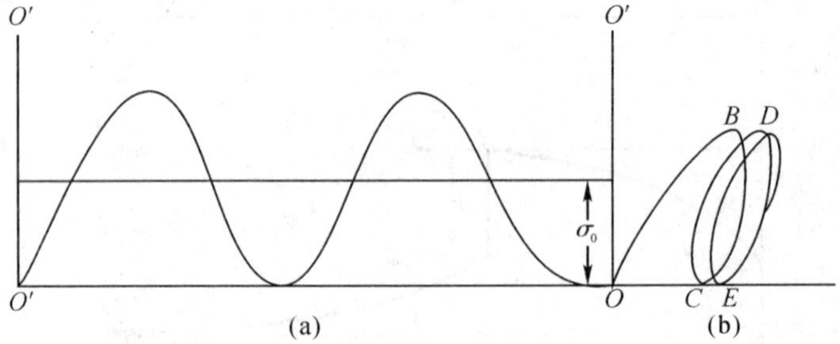

图 3-8　周期应力作用下的 σ—ε 关系曲线

0 起，如果周期很小，则由于应变滞后于应力，滞后圈不能回到 0 点，而回到 C 点；第 2 个滞后圈从 C 点出发，经 D 点到 E 点，依此类推 σ—ε 关系图上每个滞后圈的面积都等于材料因粘性(即结构阻尼)而产生的内耗，因此，应力的每一循环都有材料的内耗转变能释放出来，而使材料升温。每一个循环，材料的塑性变形都在前一循环残留的基础上有所发展，但增加的趋势愈来愈小，趋于相对稳定，大小不再有明显的变化。塑性变形毕竟在不断地缓慢增加，如果经过很长时间的周期性外力作用，塑性变形的积累也可能使材料完全失去弹性。

二、包衬的变形特征

包衬在印刷过程中的压缩变形，有两个明显的特点：第一，印过大量印刷品的包衬，其滞弹性变形与敏弹性变形相比，可以忽略不计；第二，每次印刷都相当于一个加载——卸载循环，包衬在每一循环中产生的塑性变形都比前一循环中产生的塑性变形小，总的塑性变形的增加量愈来愈小，最后趋于稳定。

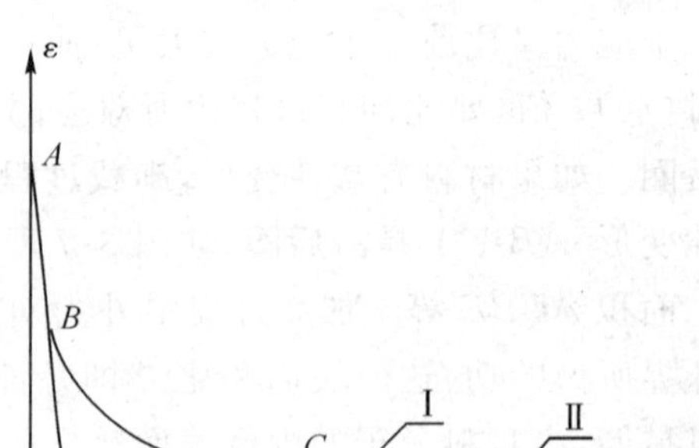

图 3-9　包衬变形的恢复曲线

图 3-9 是由实验得到的两种包衬在压力撤销后，压缩变形 ε 随时间 t 的恢复曲线。曲线Ⅰ是新包衬，压力撤销后，有明显的滞弹性变形的恢复阶段(BC)；曲线Ⅱ是同样的包衬，但已使用一段时间，经受了很多次的冲击加压，压

力撤销后，几乎没有滞弹性变形的恢复阶段（$B'C'$段几乎成为一点）。在实际印刷过程中，即使是新包衬，有明显的滞弹性变形的恢复过程，也可以把滞弹性变形看作塑性变形来处理，这是因为滞弹性变形完全恢复的时间，远比两次印刷的间隔时间长得多，包衬滞弹性变形完全消失大约需几十秒，而两次印刷的时间间隔只有十分之几秒。所以，实际印刷中包衬的压缩变形，可以认为只由敏弹性变形和塑性变形组成。

（1）在选择包衬材料时，应尽量选择敏弹性变形好，塑性变形小的材料，这对于硬包衬印刷尤为重要，否则实际印刷过程中，包衬会逐渐变薄，压力变小，而影响印刷质量的稳定。经过长时间的使用，橡皮布因为其中橡胶分子构象的变化，分子链会逐渐僵硬而失去敏弹性变形。

（2）新包衬在它的使用初期，塑性变形量较大，而后的每一次印刷循环中，发生的塑性变形都比前一循环小，经过数千次反复受压，使得塑性变形量趋于稳定，滞弹性变形趋于消失，敏弹性变形也在有所下降后趋于稳定。

因为新包衬的塑性变形量大，所以橡皮滚筒包衬更新后，印刷一段时间，必须补加一些衬垫。使用软性衬垫，包衬的厚度下降较多，达到包衬变形的近似稳定大约需要印刷 4000 张左右，此时需要补加衬纸，补加量较多（约 0.08～0.10mm）。使用硬性包衬，包衬的厚度下降较少，达到包衬变形的近似稳定大约需要 1000 张左右，此时也该补加衬纸，但补加量较少（约 0.02～0.03mm）。使用中性包衬，补加的时间及补加量，介于上述两种情况之间。

（3）包衬在使用过程中，局部受到过量的挤压，则使包衬局部发生过量的塑性变形，影响印刷压力的均匀性，如果无法修复则必须更换。经高速摄影发现，印刷时，压缩变形量在包衬的内外层的分布是不一样的，变形主要集中在包衬的外层，如图 3-10 所示。因此在更换橡皮滚筒包衬时，除橡皮布换新外，只需更新紧靠橡皮布的一两张衬垫即可，无需全部更换，除非衬垫起皱或压损。

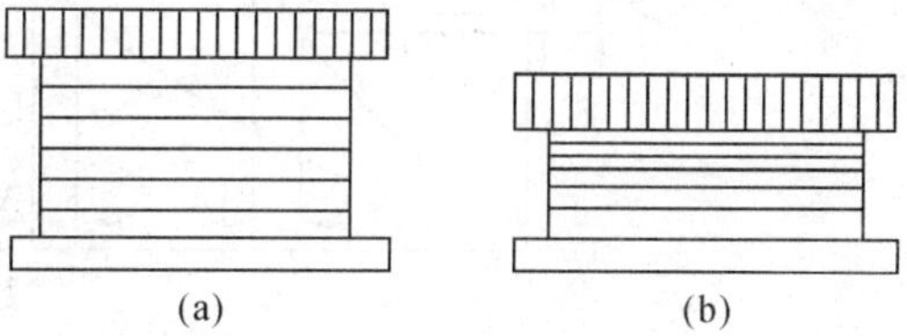

图 3-10　衬垫内外层变形情况

三、包衬的种类和印刷适性

（一）胶印包衬的分类

按照包衬弹性模量的不同，一般将包衬分为软性包衬、硬性包衬、中性包衬，但这样的划分法并没有严格的界定。

1. 软包衬

软性包衬指橡皮滚筒上的包衬由橡皮布加较软的衬垫（通常是呢绒、毛毡和衬纸）组成。印刷时包衬的最大压缩量大（超过 0.25mm），压印面宽，但因为弹性模量小，最大点压力并不大。

2. 硬包衬

硬性包衬指橡皮滚筒上的包衬仅由橡皮布和衬纸组成，衬纸的弹性模量大，弹性变形主要发生在橡皮布本身。包衬的最大压缩量小（一般不超过 0.1mm），压印面宽度小，但最大点压力大。

3. 中性包衬

中性包衬指包衬的弹性模量介于硬性包衬和软性包衬之间，通常由橡皮布加上专门作底层衬垫用的橡皮垫和衬纸组成。最大压缩量一般控制在 0.15mm～0.25mm 之间。

（二）软、硬包衬的印刷适性比较

1. 网点再现性能

如图 3-11(b)所示，使用软性包衬，最大压缩量比硬包衬大，压印面比硬包衬宽，橡皮布变形，更容易引起压印面滑动，导致网点变形不光洁，影响产品的层次再现和清晰度；而硬性包衬，印刷品的网点会更加清晰、光洁，层次再现性好，适合于印刷精细网目调产品。

2. 墨色均匀性能

如图 3-11(a)所示，同样的压缩量波动 $\Delta\lambda$，在硬包衬上引起的压力变化 $\Delta p_{硬}$，要比软包衬的压力波动 $\Delta p_{软}$ 大得多，而印刷压力的变动会引起油墨转移率的变动，进而导致墨色不匀。

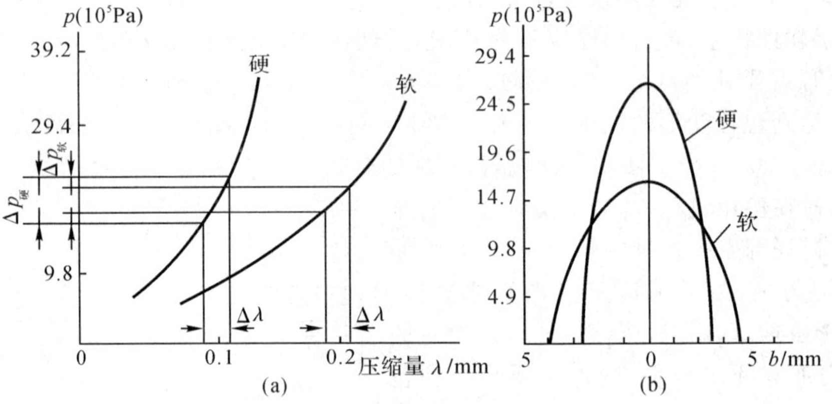

图 3-11 不同包衬的特性曲线

(1)硬包衬必须和精度高的机器匹配，否则会因为机器震动等因素引起包衬压缩量较大的波动，进而出现墨杠等现象；精度差的机器只能选用软包衬。

(2)硬包衬适合于印刷平滑度高、厚度均匀的纸张，但使用硬包衬遇到纸张折角、歪斜、多张时极易轧坏橡皮布；软包衬适用于印刷一般产品，表面粗糙的承印物也能适应，但网点变形比较严重。

(3)硬包衬的压缩量计算必须准确。为了得到准确的数据，必须将包衬的厚度测量准确，应该选择筒径仪作为测量工具。

中性包衬对设备和纸张的性能要求，以及印刷网点的转移特性都介于硬包衬和软包衬之间。

四、橡皮布的性能及对印刷的影响

平版印刷有别于其他印刷方式在于它通过包裹橡皮布的橡皮滚筒进行间接印刷。橡皮布是图像转移的必经途径，它直接影响印刷质量，为所使用的印刷机和所印刷的产品选择最适宜的橡皮布，对橡皮布的印刷适性进行控制，对于获得良好的印刷质量来说至关重要。

(一)橡皮布的结构

橡皮布可分为转印橡皮布和衬垫橡皮布。衬垫橡皮布没有表面橡胶层,仅仅起衬垫作用,如中性包衬用的橡皮布垫、凸版印刷的压印滚筒用的橡皮布;转印橡皮布是由 3～4 层坚厚得好似帆布的平纹棉布用橡胶黏合剂粘接在一起,在其表面涂有一层非常厚的表面橡胶层,然后经进一步硫化以保证令人满意的弹性及硬度,并通过压光而获得准确的厚度。转印橡皮布又可分为普通橡皮布(不可压缩橡皮布)和气垫橡皮布(可压缩橡皮布)两种。普通橡皮布由表面橡胶层、弹性橡胶黏合剂层、棉布骨架层组成,如图 3-12(a)所示;气垫橡皮布由表面橡胶层、微泡海绵层、弹性胶层、棉布骨架层组成,如图 3-12(b)所示。

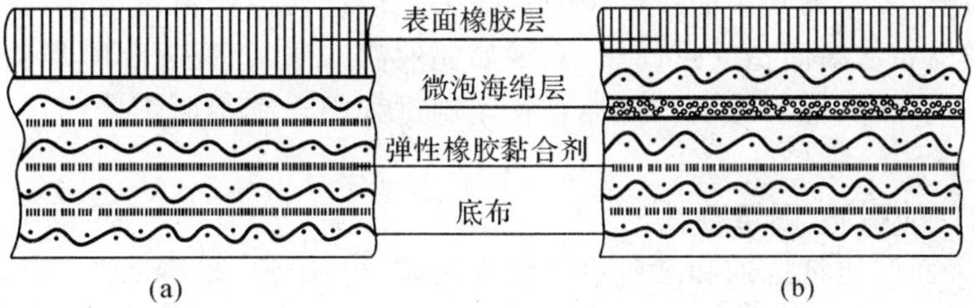

图 3-12　两种胶印橡皮布的结构

橡皮布的表面橡胶层采用合成橡胶,主要选用氯丁橡胶或丁腈橡胶,厚度约 0.6mm。通过对橡胶进行硫化处理以改善其性能,并添加填充剂以增加耐油性,添加增塑剂以降低硬度、增加弹性。它们特点是弹性比天然橡胶差,但耐磨、耐油、耐老化性好,以非极性为主,能很好地被油墨润湿。

橡皮布的弹性橡胶黏合剂胶层由天然橡胶制成,通过对天然橡胶进行硫化处理以改善其机械物理性能,并添加填充剂和软化剂得到。其特点是弹性好,粘结力好,但耐油性差,不适于表层胶,只用于内层胶。

橡皮布的棉布骨架层采用高级棉纤维纺织而成,根据橡皮布的厚度规格不同分为 1.6～1.7mm 和 1.8～1.9mm 两种规格,前者由三层底布制成,后者由四层底布制成。

气垫橡皮布的微泡海绵层由无数个微小的空气球体组成,当橡皮布表面受压后,微小的空气球体缩小自身体积,而当压力减小后,微小的空气球体又恢复原状。

(二)橡皮布的技术要求

1. 油墨传递性

指橡皮布传递油墨的能力,包括接受油墨的能力和转移油墨的能力,通常用油墨传递率 $f_{传}$ 表示,即:

$$f_{传}=\frac{转移油墨量}{吸附油墨量}\times 100\% \tag{3-19}$$

$f_{传}$ 越大,橡皮布传递油墨的性能就愈好,对印刷越有利;如果 $f_{传}$ 偏小,则必须增大印版的墨量才能在承印物上得到足够的墨层厚度,必然导致网点扩大增加。$f_{传}$ 和橡皮布的材料性能、表面状态、油墨性能、印刷压力等有关。

2. 伸长率

指橡皮布在一定的张力作用下所超出原来长度的量,通常用伸长率来表示。

$$伸长率=\frac{橡皮布受拉力时的长度-橡皮布原长度}{橡皮布原长度}\times100\% \quad (3\text{-}20)$$

伸长率大的橡皮布容易拉伸，导致胶层减薄、弹性降低，故橡皮布的伸长率愈小愈好。橡皮布的伸长主要取决于底布的强度，底布由织物彼此成直角编织而成，它具有方向性，一个方向被称为经线，另一方向被称为纬线，线的结构在经线方向上最结实，伸长率小。橡皮布的背面会标出经线方向，安装橡皮布时要保证橡皮布的经线方向沿滚筒周向，纬线方向沿滚筒的轴向；反之，如果沿纬线方向包裹滚筒，橡皮布就会伸长过度，弹性变差，使用中橡皮布易松动，从而造成网点重影和模糊。

3. 回弹性、耐久性

回弹性是指橡皮布在其表面所受压力被除去之后返回原始厚度的能力，反映橡皮布抗过压能力，即橡皮布从瞬间遭受过高压后，譬如偶然有双张纸进入压印，压力被除去后返回原始厚度的能力。耐久性指橡皮布抵挡它在印刷过程中连续不断遭受的压力、张力和机械损伤的能力。

4. 表面胶层的耐油、耐溶剂性

指橡皮布表面胶层抵抗油和某些溶剂渗入的能力。耐油、耐溶剂性差的橡皮布，接触油墨和溶剂后易膨胀，故胶印橡皮布要有良好的耐油、耐溶剂的性能，并且同时还要求橡皮布的表面胶层具有适当的亲油性，能够很好地吸附并转移油墨。

5. 平整度

指橡皮布厚度均匀的程度。厚度不均匀的橡皮布印刷时局部压力不均匀，印出的墨色就不会均匀。如果橡皮布的厚度误差超过 0.04mm，墨色不匀就比较明显了，如果是硬包衬则要求更严。

6. 表面平滑度和毛细结构

橡皮布的表面要平滑，其印出的网点才能有清晰的轮廓，不过表面过于平滑的橡皮布，其附着油墨的性能也差，油墨转移也就发生困难，而且橡皮布表面过于平滑时，非常容易吸附纸毛等杂质。因此，胶印橡皮布表面都作了适当的粗糙处理，使其表面均匀地分布着无数细密的毛细结构。当橡皮布用久后变得光滑，发出釉光时，要用橡皮布清洗剂把表面这层光亮的膜层洗去。

7. 剥离性能

剥离性能指的是橡皮布黏性墨膜从橡皮布表面分离的难易程度，或是橡皮布在离开压印接触区后释放纸张的难易程度。剥离性能不好会造成许多印刷问题，包括网点变形、橡皮布堆墨、纸张弯曲过度和实地不均匀等。

影响橡皮布剥离特性的因素既有机械方面的又有化学方面的。如前所述，橡皮布表面平滑度不同，就会影响其机械剥离性能的变化。较粗糙的表面使黏性油墨更容易剥离，而较光滑的表面对纸张有更大的拉力。化学剥离性能受橡皮布表面合成橡胶化学性能影响，橡皮布表面氧化后，会使表面变得更粘。

橡皮布只是影响纸张剥离的几个因素之一。印刷机速度、油墨黏性、印刷压力和纸张表面也都影响纸张的剥离。轻量纸越来越多的使用、更快的印刷速度和更黏的油墨，都使得对橡皮布的纸张剥离性能要求变得更加重要，更加苛刻。

8. 硬度

橡皮布的硬度指橡胶抵抗外物压入其表面的能力，一般用邵尔硬度值来衡量。橡皮布的硬度大致在 50～80 邵尔度之间。硬度大的橡皮布印出的网点光洁清晰，适用于精度高的印刷机，采用硬包衬，在平滑度高的纸张上印刷网目调图像，但对印版的磨损较大，不利于印版的耐印率。比较软的橡皮布适合于精度比较差的机器，采用软包衬，在表面粗糙的纸张上印刷一般产品，但印出的网点易变形。

（三）气垫橡皮布的主要优点

1. 网点转移精度高

普通橡皮布具有体积不可压缩的特点，在压印过程中，构成橡皮布的材料不能被压缩，只是材料发生了位移，会在压印区的前后两侧起凸包，由于压印区表面存在速差而引起的滑动更加严重，造成网点模糊。气垫橡皮布受压后，微泡海绵层中的空气球体在压力作用下缩小自身体积，于是橡皮布产生垂直压缩，不会在压印区的前后两侧起凸包，压印区表面速差较小，网点转移的正确性得到提高。对于印刷高加网线数的彩色产品来说，采用气垫橡皮布使得网点的扩大率减少，减少了层次的丢失，产品的清晰度高，阶调和色彩复制的正确性提高，如图3-13所示。

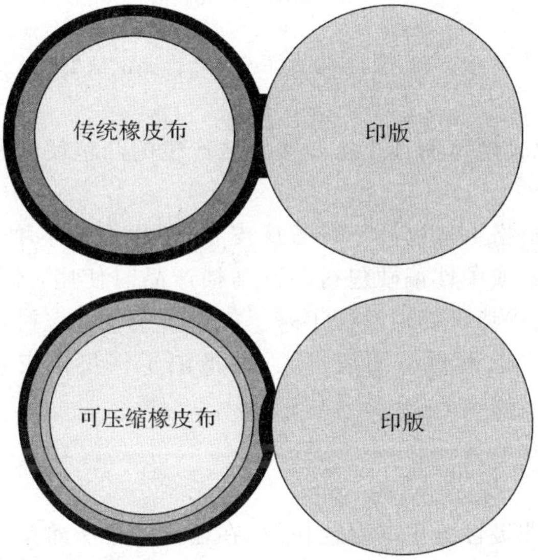

图 3-13　两种橡皮布的挤压变形特点

2. 抵抗过压能力强

如果有固体异物（如双张、纸张折角等）通过压印区，橡皮布局部受到过量压缩，容易产生局部凹陷区而报废。气垫橡皮布因为具有可压缩层，具有更好的抵抗局部过量压缩能力，这对于保证橡皮布的使用寿命非常重要。

由于微泡海绵层微孔的弹性恢复既快又好，使得气垫橡皮布比普通橡皮布有更好的敏弹性。对于产品规格经常需要变换的情况，使用气垫橡皮布比普通橡皮布更不容易发生因受压不均匀而造成的塑性变形不均匀，改印其他规格产品时也不易出现压力不均匀现象。

3. 消除震动能力好

气垫橡皮布的耐冲击性好，印刷时，由于滚筒空档的存在而产生的震动和冲击，使得普通橡皮布印刷时容易出现墨杠和咬口处因塑性变形量大而压力不足，气垫橡皮布由于有微泡海绵层的吸震减震作用，不容易出现墨杠和咬口处压力不足的现象。

4. 包衬宽容度大

气垫橡皮布因为具有可压缩层，压缩量的变化而引起的压力大小变化相对不那么敏感，如图 3-14 所示，因此具有更大的包衬宽容度，使用气垫橡皮布允许包衬有更大的误差范围。

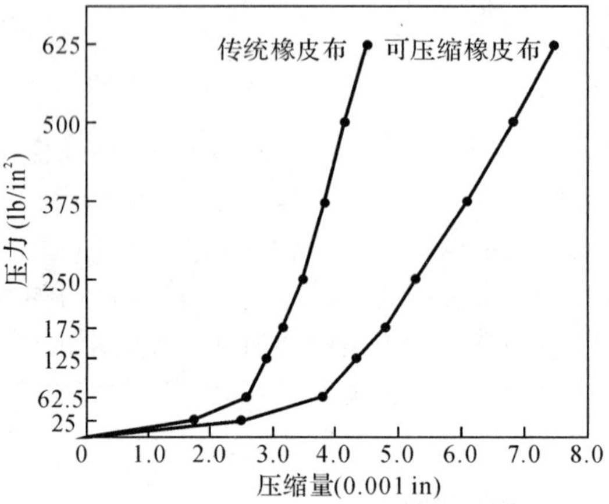

图 3-14　两种橡皮布受压特性测试结果

5. 减少印版磨损

传统橡皮布表面“比较硬”，而且在压印接触区产生的凸包使摩擦增大，减少了印版的耐印率。

但是气垫橡皮布在价格上远远高于普通橡皮布，使生产成本增加。气垫橡皮布只有在高速机上和采用硬性包衬或中性偏硬包衬印刷高档产品时使用，才使得气垫橡皮布图文转移精确率高、敏弹性好的优势良好地发挥出来。如果采用软性包衬印刷普通产品，由于软性包衬的压缩量大，压印面宽，网点易铺展扩大，就抵消了气垫橡皮布图文转移精确率高的优势。

（四）橡皮布使用中性能的变化

1. 物理吸附

橡皮布的表面是以非极性为主的合成橡胶，在印刷过程中希望能最大限度地吸附油墨，最小限度地吸附水分。但是在印刷过程中，由于物理吸附，橡皮布的表面胶层上会形成掩盖层，这层掩盖层大部分是纸粉涂料粒子、植物纤维和油墨中的颜料颗粒。这些物质大部分是极性的，使橡皮布的亲油性下降，亲水性上升。

（1）亲油性下降使得印版图文部分上的油墨，尤其是微小网点上的油墨，在高速压印时，不能正常地通过橡皮布转移到承印物上，造成印迹发虚、小网点丢失，实地部分则会出现粉

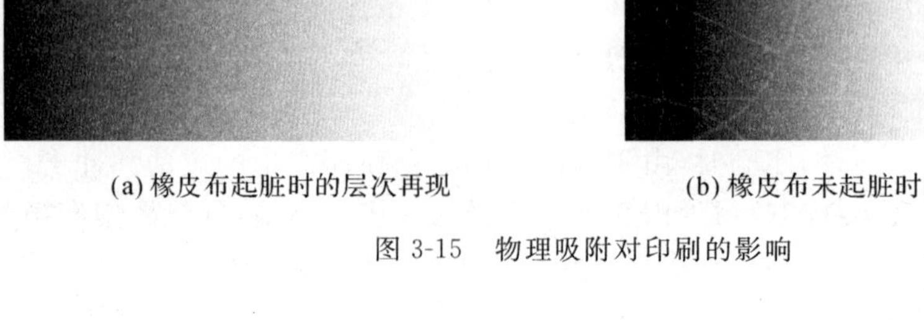

(a) 橡皮布起脏时的层次再现　　(b) 橡皮布未起脏时的层次再现

图 3-15　物理吸附对印刷的影响

状的微细点，此外，橡皮布上的掩盖层还会传到印版上，使印版暗调糊版，因此，物理吸附使图像的亮调和暗调层次丢失，严重地影响质量，如图3-15所示。

(2)亲水性增加使橡皮布从印版的非图文部分吸附更多的润湿液传递给纸张，使纸张伸长，造成套印不准，并且加重了纸张的拉毛。

(3)掩盖层过厚过硬，还会使橡皮布局部产生较多的塑性变形而破坏橡皮布厚度的均匀性，当换印其他产品时出现局部压力不足现象。

由于橡皮布上的掩盖层既有极性的纸粉、纸末等，又有非极性的连结料溶剂，按照相似相溶原理，清洗橡皮布应该混合使用有机溶剂和水。有机溶剂还应有较快的挥发性，挥发性慢的煤油或其他有机溶剂易使橡皮布溶胀。纸张的掉毛掉粉、拉毛现象越严重，橡皮布的物理吸附也就越严重，这就需要频繁地停机清洗橡皮布，对生产效率和印刷质量都有很大的影响。

2. 老化

高分子化合物的性能逐渐变坏的过程叫老化。印刷过程中橡皮布老化后会出现如下的弊病：

(1)表面光滑，对油墨的润湿性下降，对油墨的吸附和转移能力变差，网点转移不齐全，实地空虚不实。

(2)橡胶硬化，失去应有的平衡高弹能力。由于纸张的表面总是凹凸不平的，如果橡皮布的弹性不好，就不能使橡皮布表面的油墨和纸张表面保持充分接触，导致油墨转移不良，引起网点发虚、印迹残缺、实地不均匀厚实等弊病。

橡皮布的老化方式有：氧化、光老化和热老化。橡皮布在周期性印刷压力作用下，由于应变速度跟不上应力作用的速度，使得橡皮布发热的现象称为内耗。内耗产生的热量，导致橡皮布的热老化。高速机的周期性应力作用频率高，因内耗而产生的热量多，应选用内耗小的橡皮布。为了延缓橡皮布的老化，橡皮布的表面胶层中通常会添加了抗氧化剂、抗光老化剂和抗热老化等化学成分。

3. 蠕变

包覆在滚筒上的橡皮布，同时受到张紧力和印刷压力的作用，随着滚压次数的不断增加，橡皮布变得硬挺，失去了新橡皮布的柔软性和高弹性，甚至在橡皮布表面出现光亮或龟裂的痕迹，这都是橡胶蠕变的结果。橡胶发生蠕变的根本原因是在外力长时间的作用下，橡胶分子发生了构象变化，最终导致了不可逆的塑性变形。橡胶的分子链愈是僵硬，蠕变现象愈严重，橡胶的弹性愈差。影响蠕变快慢的因素主要有：

(1)印刷压力大小。胶印过程中，橡皮布受的压力愈大，变得僵硬的过程愈短，即发生蠕变的时间愈提前。

(2)橡皮布绷紧程度。橡皮布绷得越紧，发生蠕变的时间愈提前。因此橡皮布不能绷得太紧，到节假日时，还应将橡皮布松开，让橡皮布有一弹性恢复时间，可以延缓橡皮布的蠕变发生时间。

4. 应力松弛

绷紧在橡皮滚筒上的橡皮布，同时受到版夹对它的拉力和橡皮布自身的回缩力。随着时间的延长，橡胶分子会产生构象变化，使得自身的回缩力变小，结果使橡皮布变得松弛，容易出现重影故障，这种现象叫应力松弛。应力松弛对于新使用的橡皮布比较严重，所以新橡皮布第一次安装绷紧后开始印刷，待印刷一段短时间后还需要再次收紧。反复二三次后，应力松弛趋缓，橡皮布的绷紧度才可以在较长的时间内保持稳定。

5. 釉光

在印刷和清洗过程中，一些残留物可以用清水或溶剂除去，但仍有少量残留物存于橡皮布微孔的底部，这些残留物在印刷压力和热量的作用下，最终使橡皮布表面失去微孔性而釉化。表面釉化降低了橡皮布的传墨性能，使印品上的网点空虚，实地不平服。

处理方法：用水擦布擦一遍，然后用汽油擦布沾取少量浮石粉进行擦拭，再用干布擦干。

6. 发粘

发粘是由于橡皮布吸取了溶剂、油、树脂、干燥剂或其他材料造成的，这些物质可能含在使用的油墨中，也可能存在于橡皮布的清洗剂中。严重的变粘通常是由于橡皮布表面氧化反应而造成的，在生产的时候往往要在橡皮布中加入抗氧化剂以使氧化减至最小，这些抗氧化剂的作用随着时间及橡皮布的使用和不合适的处理而被削弱。橡皮布的清洗剂最好含有抗氧化剂，以补充橡皮布失去的抗氧化剂。

橡皮布表面会出现发粘现象，将会影响油墨的正常转移，加重拉毛现象，必须及时进行处理。方法如下：先用汽油将橡皮布表面的油墨层洗掉，用干布擦净；再用挥发性强的溶剂汽油或在汽油中加入少量的工业酒精，从机器“叼口”部位擦至“拖梢”部位。每一部位用汽油擦洗后，立即用干布擦干。然后用滑石粉混合硫磺粉(防老化材料)擦拭橡皮布表面，会降低橡皮布的粘性。

7. 起泡

橡皮布的起泡是由于溶剂的渗透和膨胀而造成的。

(1)机器运转过程中，润滑油流到橡皮布两边表层两侧剖面边缘，橡皮布长时间被机油侵蚀会造成膨胀起泡。

(2)清洗橡皮布的汽油里煤油比例大，清洗时两头留有溶剂的痕迹，没有用干布擦干净。如果经常这样清洗橡皮布，则橡皮布两边表层长期被混合油侵蚀，也会造成膨胀起泡。

8. 破损

比较尖的金属物品很容易划伤橡皮布，纸板在搬运过程中，皮层撕下打卷，也可能因该部位压力过大而压破橡皮布表层。

(1)在允许的情况下，可以上下移动橡皮布与滚筒之间的相互位置，还可以考虑将橡皮布的咬口边和拖梢边交换，把有破损的位置移动到没有图文的地方。

(2)修补。把要修补的地方像补自行车胎一样用苯清洗干净，然后将修补橡胶的溶液一层接一层涂在划痕处，直到填满为止。在涂下一层之前，刚刚涂在划痕处的那一层必须干燥。清洗橡皮布时对刚修补过的部分应当小心避开。

9. 凹痕

如果橡皮布被过量挤压但表面没有划伤，橡皮布表面有轻微的凹陷，采用橡皮布背面浸湿的方法，经常能够得到挽救。当橡皮布局部被过量挤压，但凹陷不是很严重的话，受损害最大的是橡胶下面的织物纤维，橡胶可恢复到它原始厚度，修复的措施是使织物纤维回到它原始的尺寸：

(1)把橡皮布从印刷机拆下并彻底擦洗其背面；

(2)把整个橡皮布放置在一水容器中，并把它浸泡约一天。如果橡皮布面太大，没有合适的容器，则每小时用海绵蘸水使其浸湿；

(3)浸泡后，用夹条把橡皮布悬挂起来，并使其干透。

这种方法能使大部分受到局部过量挤压的部位恢复到原始厚度，如果只是小块的低点也可以用一个皮下注射器注入一点松节油或其他适当的溶剂到橡皮布中来解决，如果小面积凹陷比较严重，生产中也常用“补橡皮布”的方法：

将橡皮布拖梢部位拆下；一边用圆珠笔在背面顶着橡皮布背面，一边从正面看准橡皮布低凹位置，画出低凹处的轮廓，做好记号；根据凹陷程度选择适合修补的纸(厚度合适)，蘸少量浆糊贴在橡皮布低凹处，再用刻刀沿着圆珠笔画出的轮廓割去周边。重新绷紧橡皮布(注意衬垫最好换掉或将衬垫也稍加修补)，然后试印刷看压力情况，如压力不够再修补。方法同上。

(五)橡皮布的规范使用

1. 防止橡皮布扭转变形

橡皮布在压印过程中，压印区的橡皮布与印版滚筒或压印滚筒之间存在着不可避免的速差，有速差就有摩擦。如果沿压印区的轴向摩擦力不均匀或橡皮布绷紧程度不均匀，橡皮布就会发生扭转变形，橡皮布表面的一个原本矩形的单元被扭曲成平等四边形单元，必然造成图文形状变形、套印不准并且还使橡皮布的使用寿命缩短。

(1)当两滚筒轴线不平行时，在橡皮滚筒的压印区，将会出现分布不均匀的摩擦力，导致橡皮布产生扭转形变，因此滚筒两端的中心距要严格一致。

(2)当在滚筒上张紧橡皮布时，一定要保持张力均匀。确保均匀张紧的第一步就是保证橡皮布的轴向两边是平行的，并且经线完全垂直于橡皮布夹。如果橡皮布轴向两边平行或经线不垂直于橡皮布夹，由于两条橡皮布夹绷紧后一定是平行的，那么左右两侧的拉伸量不同，绷紧度不一致，会导致橡皮布扭转，并且受拉变薄不一致，如图 3-16 所示。此外，安装到橡皮布夹时，插入深度要到位，拧紧螺丝要用力一致。

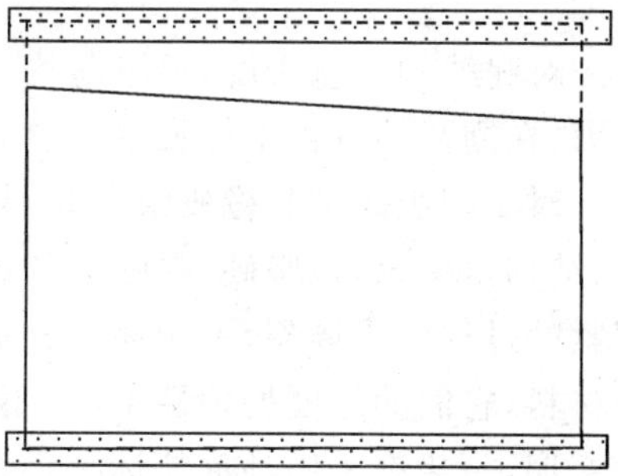

图 3-16　前后边缘不平行橡皮布张紧结果

2. 橡皮布的绷紧程度适当

为了防止橡皮布在压印过程中蠕动，必须使橡皮布在橡皮滚筒上处于适当的绷紧状态。绷得太松的橡皮布在印刷滚压时，会发生位移，影响产品的网点光洁清晰，甚至出现重影。但橡皮布绷得太紧会带来下列问题：

(1)橡皮布受拉伸变长后必然导致厚度减薄，弹性降低。绷得越紧，厚度减少越严重，弹性降低越多。对于气垫橡皮布来说，甚至会使微泡海绵层失效。弹性降低会影响橡皮布的油墨转移能力，使转移墨色不均匀。

(2)橡皮布两端受版夹的拉力，张力大，中间因为还承受筒体对橡皮布的正压力，张力小，整个圆周方向存在的张力不均匀，使得橡皮布在圆周方向上厚度减小程度不均匀，靠近咬口和拖梢处厚度减少量多，而中心部分厚度减少不太明显，会导致印刷压力不均匀。绷得越紧，这种压力不均匀就越严重，压力不均匀会导致周向墨色不匀。印刷适性好的橡皮布在绷紧后压印时，咬口、中间和拖梢这三处的厚度变化量比较接近。

(3)绷得越紧，橡皮布越容易蠕变而失去弹性。长期绷紧在印刷机上的橡皮布，会因为橡胶分子构象的改变使得内应力逐渐下降而失去弹性，停机时间较长时，最好将橡皮布放松，使内应力得到恢复的机会。高速机橡皮布老化较快，如采用两张橡皮布按照某一时间间隔轮流使用，可以延长橡皮布的使用寿命。

为了正确张紧橡皮布，应该采用扭矩数值可调的扭矩扳手，将扭矩数值调到适当值来绷紧橡皮布，并且所有印刷机组采用同样的张紧值。对新的气垫橡皮布推荐采用下列正确张紧步骤：

(1)把橡皮布过量包衬 0.05mm，因为新的包衬会因拉伸而变薄，同时会有较明显的塑性变形。

(2)印刷约 500 张纸，用扭矩扳手重新紧固橡皮布。

(3)再印 500 张纸，并再次紧固橡皮布，质量好的橡皮布在后续的印刷过程中基本无须再紧固。

3.橡皮布的清洗

洗涤橡皮布时，一定要将墨迹洗净，以防留下的残迹氧化干涸，使表面胶层釉化；使用的清洗剂不当，会使表面胶层溶胀而逐渐失去弹性而老化，所以应选择合适的橡皮布清洗剂。

五、其他衬垫材料的性能要求

对呢绒和毛毡来说，要厚薄均匀，有良好的敏弹性和较少的塑性变形，并具有一定的抗张力，在绷紧的过程中伸长率少。

对于印版滚筒和橡皮滚筒包衬所用的衬纸，特别是对于硬包衬所用的衬纸，要求厚度均匀、结构紧密、质地坚硬，在强大的压力作用下塑性变形量少；要能经受得起较大的拉力，在绷紧的过程中不撕裂、不减薄。普通的印刷纸张和其他非专用于衬垫的纸张都不是好的包衬材料，它们的厚度均匀性不够，不能满足印刷机包衬中苛刻的标准要求，而且还容易被压缩变形，一般都采用马尼拉标准纸和特制的牛皮纸。

第三节　压印面的滑动

由于胶印机上印版滚筒和压印滚筒可以看作是刚性滚筒，而橡皮滚筒可以看作是弹性滚筒，合压印刷时，发生变形的主要是橡皮滚筒的包衬。自进入压印区接触点开始，印版滚筒(刚性滚筒)上的图像墨点就已经压到橡皮滚筒(弹性滚筒)表面上，最为理想的效果是，相接触这两点在通过弧形压印面全过程中始终保持同步运行，但实际上由于弹性滚筒向内压缩而刚性滚筒保持不变，要实现同步运行是不可能的。滚压中的滑动给印刷带来许多危害，生产中要力求使滚筒间的滑动减至最小。

一、滑动速度的理论计算

假设有一个弹性滚筒与一个刚性滚筒滚压，如图 3-17 所示，图中 R_b 为弹性滚筒的半径，R_P 为刚性滚筒的半径，λ 是弹性滚筒的最大压缩量，ACB 是两滚筒的接触弧，ω 为两滚筒的角速度。在压印区选择一点 K，实际上此时此位置在刚性滚筒与弹性滚筒存在相接触重合的两个点，在刚性滚筒上为 $K(p)$点，而在弹性滚筒上为 $K(b)$点，设 $K(p)$点的速度为

$V_{K(p)}$，$K(b)$点的速度为 $V_{K(b)}$，则有：

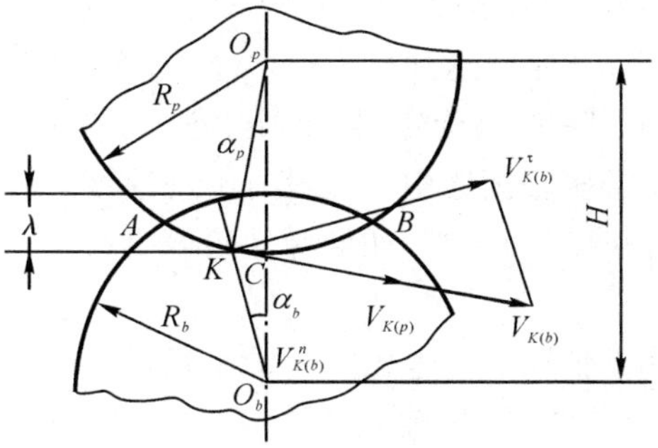

图 3-17　滚压的滑动速差分析

$$V_{K(p)}=\omega\cdot R_p \tag{3-21}$$

与有刚性滚筒上 $K(p)$点相重合的弹性滚筒上的 $K(p)$点始终沿刚性滚筒外表面运动，因此与刚性滚筒上 $K(p)$点速度 $V_{K(p)}$ 方向一致，它们的速度方向都与刚性滚筒外缘相切。$V_{K(b)}$ 由滚筒旋转的切向速度 $V^{\tau}_{K(b)}$ 和径向弹性压缩或回弹速度 $V^{n}_{K(b)}$ 两个分速度合成即：

$$\bar{V}_{K(b)}=\bar{V}^{\tau}_{K(b)}+\bar{V}^{n}_{K(b)} \tag{3-22}$$

因为

$$\angle O_pKV_{K(b)}+\angle O_bKV^{\tau}_{K(b)}=\angle O_pKO_b+\theta=180^\circ \tag{3-23}$$

又

$$\alpha_p+\alpha_b+\angle O_pKO_b=180^\circ \tag{3-24}$$

$$\theta=\alpha_p+\alpha_b \tag{3-25}$$

$$V_{K(b)}=\frac{V^{\tau}_{K(b)}}{\cos\theta}=\frac{V^{\tau}_{K(b)}}{\cos(\alpha_p+\alpha_b)} \tag{3-26}$$

而

$$V^{\tau}_{K(b)}=\omega\cdot O_bK \tag{3-27}$$

所以 K 点的速差：

$$\Delta V=V_{K(b)}-V_{K(p)}=\left(\frac{O_bK}{\cos(\alpha_p+\alpha_b)}-R_p\right)\cdot\omega \tag{3-28}$$

为了分析两滚筒直径大小对压印面速差的影响，我们分两种情况来讨论。

(1)刚性滚筒的半径等于弹性滚筒压缩最大处的半径，即：$O_pC\,(R_p)=O_bC$

在 C 点，$\alpha_p+\alpha_b=0$，$R_p=O_bC$，所以速差 $\Delta V=0$；

在 K 点，$\alpha_p+\alpha_b>0$，$\cos(\alpha_p+\alpha_b)<1$，$O_bK>R_p$，所以速差 $\Delta V>0$；

在 A 点，$\alpha_p+\alpha_b$ 取压印面上最大，$\cos(\alpha_p+\alpha_b)$为压印面上最小，O_bA 为压印面上最大，所以速差 $\Delta V>0$ 并取最大值。

注意到滑动速度(速差)在压印面分布的对称性，可以得到如图 3-18(a)所示的速差在

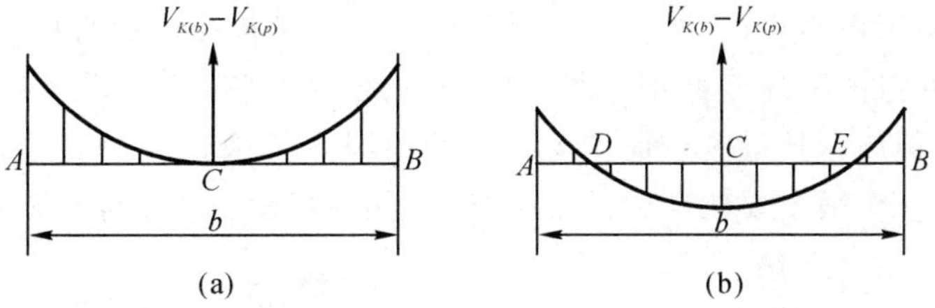

图 3-18　滚筒滚压中滑动速度在接触宽度上的分布

压印面周向分布图。

从图 3-18(a)中可以看出，在接触弧 ACB 上，只有 C 点没有速差，离 C 点愈远，滑动速度愈大，在 A 点（及 B 点），滑动速度达到最大值。总之，在 ACB 弧上，弹性滚筒上相对于刚性滚筒上接触点的滑动速度，除 C 点为零外，其余各点均为正值。为了得到这样的滑动速度分布规律，特别是为了使得压印宽度中点处没有滑动速度，在滚筒尺寸设计中就要按照弹性滚筒直径略大于刚性滚筒直径的原则，如取弹性滚筒直径 $D_b=300.4\text{mm}(\lambda=0.2\text{mm})$，刚性滚筒直径 $D_p=300\text{mm}$。

(2)刚性滚筒的半径等于弹性滚筒未压缩处的半径，$O_pA\,(R_p)=O_bA\,(R_b)$

在 C 点，$\alpha_p+\alpha_b=0$，$R_p<O_bC$，所以速差 $\Delta V<0$；

在 A 点，$\alpha_p+\alpha_b$ 取压印面上最大，$\cos(\alpha_p+\alpha_b)<1$ 并为压印面上最小，O_bA 为压印面上最大并且 $O_pA\,(R_p)=O_bA\,(R_b)$，所以速差 $\Delta V>0$ 并取最大值。

这样，在滑动速度的最小值（在 C 点取得，为负）和最大值（在 A 点取得，为正）之间，必定存在滑动速度为零的一点 D，令 $V_{D(p)}=V_{D(b)}$，可解出相应的 α_p 和 α_b；注意到滑动速度在接触弧上分布的对称性，可以得到如图 3-18(b)所示的滑动速度分布图。

从图 3-18(b)可以看出，接触弧 ACB 上，有两点（D 和 E）滑动速度为零；AD 段和 EB 段，相对速度为正值，即弹性滚筒上的点相对于刚性滚筒上的接触点向前（滚筒转动的方向）滑；EB 段，相对速度为负值，即弹性滚筒上的点相对刚性滚筒上的接触点向后滑，恰与 AD 段和 EB 段的滑动方向相反。为了得到这样的滑动速度分布规律，特别是为了使得压印宽度上有两处没有滑动速度，在滚筒尺寸设计中就要按照弹性滚筒直径等于或略小于刚性滚筒直径的原则，如取 $D_b=300\text{mm}(\lambda=0.2\text{mm})$，$D_p=300.4\text{mm}$。

如用 ΔS 表示从开始进入压印区（A 点）到离开压印区（B 点）的过程中，总的滑移量有：

$$\Delta S=\int\Delta V\mathrm{d}t=\int\left(\frac{O_bK}{\cos(\alpha_p+\alpha_b)}-R_p\right)\cdot\omega\mathrm{d}t=\int\left(\frac{O_bK}{\cos(\alpha_p+\alpha_b)}-R_p\right)d\alpha \quad (3\text{-}29)$$

相对滑移量与衬垫的压缩变形量、滚筒半径大小分配有着十分重要的关系。最大压缩变形量越小，压印接触区越窄，压印区速度差越小，相对滑移量越小；当 $O_pC\,(R_p)=O_bC$ 时，压印面上只有一点滑动为零，如果 $O_pC\,(R_p)>O_bC$，则压印面上所有点的滑动速度都大于零，滑动量更大；当 $O_pA\,(R_p)=O_bA\,(R_b)$ 时，压印面有两点滑动速度为零；如果 $O_pA\,(R_p)<O_bA\,(R_b)$，并且相差比较多，则可能压印面上所有点的滑动速度都小于零，滑动量也很大。所以滚筒的半径比例决定了压印面上滑动的大小和方向，对印刷质量和印版耐印率等有极为重要的影响。

二、异径包衬理论

从上文的分析可以得出，当刚性的印版滚筒和弹性的橡皮滚筒合压印刷时，压印区周向弧线上至多只有两点的线速度是相等的，然后依据数学分析，推导出半径分配比例，可以让滑动量达到最小，但压印接触区表面产生滑移的原因除了因弹性滚筒接触半径不等形成各点速度差外，另处一个很重要的原因是由于滚压过程中弹性包衬的变形所造成的展开长的伸长。

1. 塞茨(Sites)异径理论

将半径为 R 的胶辊着上油墨，使胶辊在不施压力不打滑的状态下，在平滑的试验台面上滚动一圈，试验台面墨痕的长度为 $2\pi R$。然后给胶辊施加一定的压力，重复上面的试验过程，试验台面墨痕的长度为 L，实验表明，$L>2\pi R$，令 $L=2\pi R'$，得 R' 的值大约等于胶辊在挤压处邻近隆起的凸包的顶点到胶辊圆心的距离，如图 3-19 所示，即说明由于弹性滚筒在压力作用下出现隆起的凸包，在这种情况下滚压，其展开长相对于滚筒圆周长有了附加伸长量。

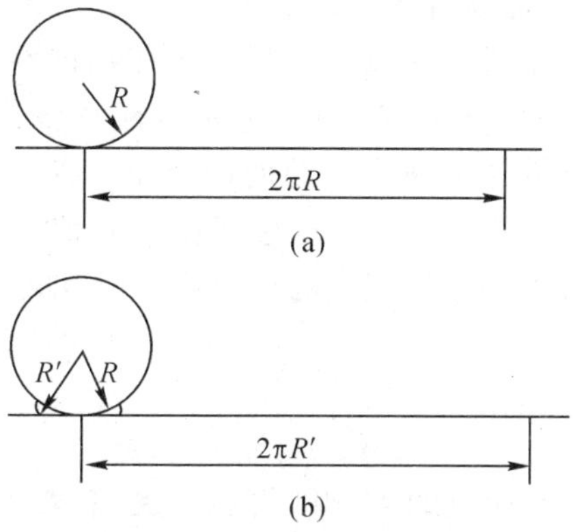

图 3-19 弹性滚筒的圆周长

当胶印机的橡皮滚筒和印版滚筒滚压时，胶印机三滚筒由齿轮传动，保持相同的角速度，如果弹性滚筒压缩而产生的附加伸长量导致两滚筒的实际圆周长不等，具有弹性的橡皮滚筒包衬必然产生潜移滑动，给印刷带来极不利的影响。

考虑到弹性滚筒在滚压过程中由于弹性变形而使其展开长伸长，所以预先根据包衬材料的性质、厚度、压缩量以及滚筒直径等因素，使包好包衬后的弹性滚筒略小于刚性滚筒直径，使其滚压一周后的展开长正好等于刚性滚筒的圆周长，相当于产生“增径效应”后的弹性滚筒的直径等于刚性滚筒直径。刚性滚筒转动一周，弹性滚筒也正好转过一周，使滚筒体表面之间的滚压摩擦传动与它们之间的齿轮传动同步，也就不存在强制的潜移滑动了，两滚筒以这种状态滚压称为同步滚压。

因为橡皮滚筒受压滚动，其直径会增大，塞茨异径理论认为，橡皮滚筒半径必须小于其他两个滚筒半径，现代印刷机大都采用这个理论设计。

2. 同步滚压状态的滚压比

根据塞茨理论，要想达到同步滚压，必须使印刷时橡皮滚筒的实际半径(即滚压半径)等于刚体滚筒的半径($R_{滚}=R_{刚}$)。如果把达到同步滚压时的橡皮滚筒的自由半径记为 $R_{自}$，那么把 $R_{刚}$ 与 $R_{自}$ 之比，称为同步滚压比，简称滚压比，记为 K_p，即：

$$K_P=\frac{R_{刚}}{R_{自}} \tag{3-30}$$

K_p 值是通过实验的方法来确定的。先以某一直径的刚性滚筒为主动，分别以各种不同的压缩量 λ 值带动另一直径的包裹有橡皮布的弹性滚筒(随动)进行滚压，如图 3-20 所示，同时调整橡皮布下面衬垫的厚度，直至两滚筒同步转动为止，即两滚筒转速相同，可以认为两滚筒处于同步滚压状态，记录下两个滚筒此时的直径比值，按式 3-30，计算出 K_{p1}，在 $K_p-\lambda$ 直角坐标系中，以 λ 为横坐标，K_{p1} 为纵坐标，绘制出以刚性滚筒为主动滚筒，弹性滚筒为从动滚筒的曲线 K_1，如图 3-21 所示；再以弹性滚筒为主动滚筒、刚性滚筒为从动滚筒，通过调整

图 3-20 实验求取 K_P 值

橡皮布下面衬垫的厚度，直至两滚筒同步转动为止，记录下两个滚筒直径的比值，计算出 K_{p2}，在 $K_p-\lambda$ 直角坐标系中作出曲线 K_2。对应于某一压缩量，就有分别以刚性滚筒为主动和以弹性滚筒为主动的两个 K_p 值，计算它们的平均值 K_p 为同步滚压比中心值，它们之差 ΔK_p 为同步滚压比的允许偏差值，即：

$$K_p=\frac{K_{p1}+K_{p2}}{2} \tag{3-31}$$

$$\Delta K_p=|K_{p1}-K_{p2}| \tag{3-32}$$

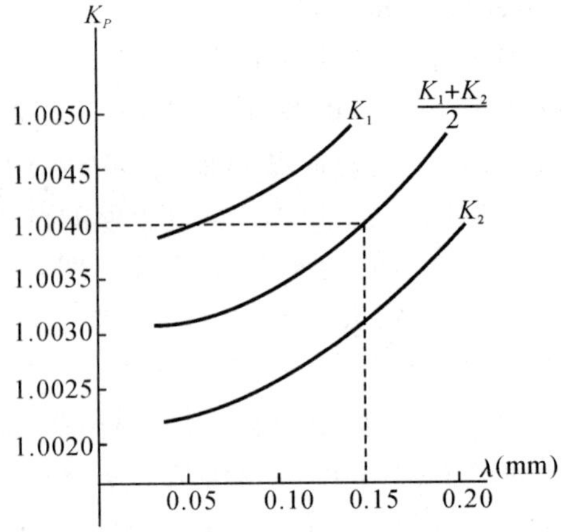

图 3-21　K_P 与 λ 的关系

胶印机的压印机构的三滚筒，都通过齿轮驱动运转，不同于上述实验，都属于主动滚筒，但如果在某一压缩量 λ 下相互滚压的两滚筒直径的比例 K，符合下列关系：

$$K_p-\frac{\Delta K_p}{2}<K<K_p+\frac{\Delta K_p}{2} \tag{3-33}$$

则可以近似地认为实现了同步滚压。

同步滚压比不仅与橡皮布的材料特性有关，还与滚压时所处的状态有关。不同橡皮布有不同的 K_p 值；同一橡皮布的 K_p 值随着滚压时的压缩量 λ 增大而增大。此外，橡皮布的绷紧度上升，K_p 值也会上升。虽然绷紧度上升，橡皮布变薄，橡皮滚筒自由半径已经减少，但由于 K_p 值的增加，要求橡皮滚筒变得更小，才能满足同步滚压，是橡皮布变薄所无法弥补的。

三、压印面滑动的危害

由以上分析可以知道，滚筒滚压过程中存在不可避免的速差与滑移，进而引起接触面间的摩擦，给印刷带来许多危害。

1. 影响印刷质量

(1)滚筒间的滑移能引起印迹或网点的周向变形，使印迹周向变粗，网点方向性扩展，对转移图像的清晰度、层次再现十分不利；

(2)如果橡皮布压印时滑移过量，不能瞬间复位，导致橡皮布当前印刷后剩余的墨层和印版的下一次供墨不相重合，引起重影故障；

(3)印版滚筒和橡皮滚筒之间存在较大的滑移，还可能产生墨杠；

(4)滑动及摩擦还可能会引起“倒毛”和“顺毛”现象。印刷实地、线条或文字时，在图文的边缘可能会产生毛刺，毛刺的方向朝向咬口方向称“倒毛”；毛刺的方向朝向拖梢方向称“顺毛”。当压印面的印版滚筒表面线速度大于橡皮滚筒表面线速度，二者产生滑动摩擦，使印版上和橡皮布上的墨迹彼此向相反方向挤铺。印版表面的墨迹向拖梢方向拉长，橡皮布上的墨迹则向咬口方向拉长。印版上拉长的墨迹，因为水辊的除感脂和墨辊的收墨作用而除去，不会成为产生倒、顺毛的原因，而橡皮布上的印迹则比空白部分更容易吸附纸张脱落物和颜料颗粒，致使接触该处的印版空白部分砂目磨损破坏，受到油性侵蚀，逐渐感脂亲油，成为毛刺的开始，毛刺因为滑动而越来越长，成为明显的“倒毛”现象。反之当印版表面的线速度小于橡皮滚筒表面的线速度，则易出现“顺毛”现象。影响“倒毛”、“顺毛”的因素有滚筒的半径比例、纸张的表面强度和印版空白部分基础的耐磨性。

2. 影响耐印率

印版滚筒和橡皮滚筒压印面的滑移所导致的摩擦，使印版的图文部分的感光层和空白部分的氧化铝砂目受到磨损，降低印版的耐印力。

一般认为，滑移的危害主要存在于印版滚筒和橡皮滚筒之间。由于压印滚筒筒体的金属表面远比橡皮滚筒的橡皮布表面光滑得多，承印物纸张在压印时，纸张正面和橡皮布表面之间的摩擦系数大，纸张背面和压印滚筒筒体表面的摩擦系数小，压印时滚筒间的滑移主要发生在纸张背面和压印滚筒筒体之间，并且由于纸张具有一定的弹性，因而对压印滚筒和橡皮滚筒的同步滚压条件要求不很严格。

第四节　影响印刷压力的因素

转移到承印材料表面的墨量与涂敷在印版上的墨量之比叫油墨转移率。设 G_p 为印刷前印版单位面积内的墨量(g/m^2)；G_B 为橡皮滚筒和印版滚筒压印后，和压印滚筒压印前单位面积内的墨量(g/m^2)；G_I 为压印后，承印物单位面积内获得的墨量(g/m^2)。

由于胶印属于间接印刷，如果用 K_{pB} 代表油墨从印版滚筒转移到橡皮滚筒的转移率，有：

$$K_{PB}=\frac{G_B}{G_P}\times 100\% \tag{3-34}$$

如果用 K_{BI} 代表油墨再从橡皮滚筒到承印物上的转移率，有：

$$K_{BI}=\frac{G_I}{G_B}\times 100\% \tag{3-35}$$

故胶印的油墨转移率：

$$K_{PI}=K_{PB}\cdot K_{BI}=\frac{G_I}{G_P}\times 100\% \tag{3-36}$$

油墨转移率的大小与印刷压力、印刷速度、纸张油墨的印刷适性等许多因素有关。一般情况下，胶印从印版滚筒转移到橡皮滚筒的转移率 K_{pB} 为 50%左右，印版上保留一定的剩余墨层，对印版的图文部分基础具有保护作用，对于保证印版耐印力十分重要。印迹墨层由橡皮布向承印物转移时，从印刷工艺角度看，希望橡皮布上的印迹墨层全转移给承印物，如果这样就从根本上避免了重影的可能性，但实际上不可能 100%转移，由于纸张是吸收性材料，一般为 76%左右。故胶印的油墨转移率，正常情况下约为 38%左右。胶印过程中，希望在保持从印版到橡皮布有合适转移率的前提下，提高从橡皮布到纸张的油墨转移率。

一、印刷压力与油墨转移率的关系

在印刷速度和印刷条件一定，纸张平滑度、油墨塑性粘度等印刷适性一定的情形下，油墨转移率 f 与印刷压力 p_d 的关系，大致如图 3-22 所示。

(1)AB段。印刷压力由 p_A 增至 p_B，此段印刷压力太小，油墨与纸面不能充分接触而产生较好的吸附转移，油墨转移量很小，印迹空虚不完整，均匀的底色印出来呈花斑状。

(2)BC段。印刷压力由 p_B 增至 p_C，油墨转移率从 B 点开始随着压力的增加几乎成线性增加，印刷品墨色逐渐改善，但印迹仍会有空虚不实的感觉，这一段的压力还是偏小，并且压力大小的波动对墨色深浅影响大。

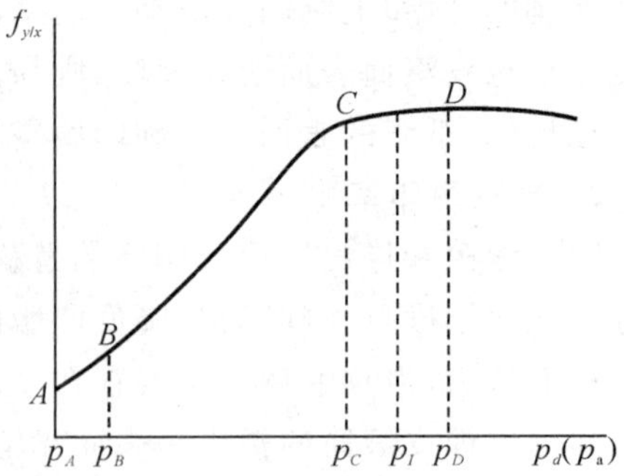

图 3-22　油墨转移率 f 与印刷压力 p_d 的关系

(3)CD段(理想压力段)。印刷压力从 p_C 增至 p_D，曲线 CD 段基本上处于最高、平直状态，一方面说明从 p_C 至 p_D 的压力段，油墨转移率处于最高状态；另一方面，说明压力大小波动对墨色深浅影响小，有利于取得墨色均匀的效果。因此，这一压力范围，网点光洁，扩大值在允差范围内，是理想压力段，其中 p_C 称为必需的最小压力点，p_D 称为必需的最大压力点。

(4)D 点以后。压力由 p_D 继续增加，属于压力过大。在过大的压力作用下，网点扩大变形，极易出现糊版现象，复制效果差。

在印刷机上，通过实验方式，在其他印刷条件恒定的前提下，仅仅使版压和印压由零开始逐渐递增，获得一张张印刷品以及相应的 K_{pB} 和 K_{BI}，就可分别建立 $K_{pB}-p_{pB}(\lambda_{pB})$ 以及 $K_{BI}-p_{BI}(\lambda_{BI})$ 的关系曲线，在两条曲线上各找出 C 点和 D 点，使 p_C 和 p_D 所对应的 K_C 和 K_D 符合印刷质量要求，理想的版压和印压分别在各自曲线上的 p_C 和 p_D 之间。

在实际生产中，分别设置版压和印压时，常常会让版压相对小些，因为印版和橡皮布的接触面相对光滑一些，墨层相对厚一些，如果压力过大，会造成网点扩大过大。印压可大一些，因为这个接触面上墨层相对薄一些，而且纸张和印版图像部分基础相比，比较粗糙，纸张还能吸墨，所以印压大一点可使网点光洁。

二、印刷压力与承印物平滑度的关系

要在纸张表面获得平实的印迹，所需的印刷压强 p 与纸张的平滑度 B_S 有着密切的关系，平滑度差的纸张印刷，必须提高印刷压力，才能使纸墨充分接触，有充足的油墨转移，否则会引起网点发虚，印迹残缺，实地或底色不平服。而平滑度好的纸张，所需的压力小。表 3-1 是单张纸胶印机进行试验所测得的实验数据，取印版滚筒和橡皮滚筒之间的线压力 p_{LBI} 为 49N/cm，印刷速度 V 为 4000r/h，印刷几种不同平滑度的纸张，获得最佳印刷品时，压印滚筒和橡皮滚筒之间的线压力 p_{LBI} 与纸张平滑度 B_S 之间的对应关系。

表 3-1　线压力 p_{LBI} 与纸张平滑度 B_S 之间的对应关系

纸张种类	别克平滑度 B_S(s)	线压力 p_{LBI}(N/cm)
超高光涂料纸	2472	43.12
涂料纸	518	76.44
一般纸张	51	108.78
非涂料纸	17	119.56
水彩画用纸	3	217.6

三、印刷速度与印刷压力、油墨转移率的关系

印刷面上的每一点，从进入压印面到离开为止，所经历的时间为一个像素的转印时间，可以用式(3-37)表示。

$$t_Z = T \cdot \frac{\alpha}{360^\circ} \tag{3-37}$$

式中 T 为印刷周期，即该色组印刷一张所需的时间，α 为压印面周向所对应的滚筒圆心角。可以看出转印时间随着印刷速度的增加而线性减少，这会造成油墨转移率降低，墨色变浅。

表 3-2 一组实验数据表明油墨转移率随机速提高而下降。为了使转印到纸张上的墨量保持不变，生产中常常采用增加输出墨量、增加印刷压力的方法来弥补。

表 3-2　印刷速度和油墨转移率的关系

印刷速度	油墨转移率(%)
2100	80
3200	69
4250	66
8500	65
12000	64

四、印刷压力设置不当对印刷的影响

胶印对压力控制有严格的要求，特别是硬包衬印刷，印刷压力的允差很小，过大或过小的压力都会带来极其不利的影响。

1. 印刷压力过大

(1)由于印版滚筒、橡皮滚筒上图文部分的墨层有一定的厚度并具有流动性，印刷压力越大，网点扩大越多，易造成层次丢失，暗调并糊，印刷品清晰度下降。

(2)由于印版滚筒和橡皮滚筒之间存在不可避免的滑动，压力越大则摩擦力越大，加重了对印版的磨损，磨坏图文部分的感光层，磨平空白部分的砂目，使印版变得不受墨而且还会起脏。

(3)由于印刷机的滚筒存在空档，滚筒从空档位置转到咬口位置时，接触的瞬间产生撞击力，由于撞击力而引起滚筒震动，易产生墨杠。当印版滚筒和橡皮滚筒撞击时，会在四根着墨辊和印版接触处产生墨杠；当橡皮滚筒和压印滚筒撞击时，会在橡皮滚筒和印版滚筒接触处产生墨杠。

(4)橡皮滚筒和压印滚筒之间的压力越大，纸张从滚筒间通过时因受挤压而导致的扇形变形越严重；压力越大，纸张在橡皮布表面粘附得越结实，把纸张从橡皮布表面剥离下来所需的剥离张力越大，会引起纸张更多的剥伸变形和纸张卷曲、拉毛等故障。

此外，印刷压力还加速了橡皮布的蠕变，橡皮布容易因纸张幅面改变而出现压力不均匀现象，缩短了橡皮布的使用寿命；同时由于机器负荷增大，耗电量也增多，因此，在油墨能良好转移、墨色平实的前提条件下，应该用最小的印刷压力进行印刷。

2. 印刷压力不足

如果包衬测量或计算有误，特别容易发生的是印刷机运行过程中由于橡皮布、衬垫等的压缩变形而导致压力不足。如果操作者没有意识到是由于压力不足引起密度降低，而是采取增大墨量和水量措施来弥补，其结果是密度提高了，质量可能有所改进。但是，由于油墨转移率低，并且特意加大了供墨量，结果印版上、橡皮布上墨膜过厚，会使网点、字体和线条图像的边缘变得粗糙、模糊。压力不足可能采取的另一个错误措施是只增大橡皮滚筒和压印滚筒之间的压力，其结果是进一步使橡皮布压缩变形，进一步减少印版滚筒和橡皮滚筒之间的压力，导致油墨转移不良。

第五节　印刷压力的调节

印刷压力的调节不仅要滚筒之间有合适的最大压缩量，产生合适的印刷压力，而且滚筒的半径比例要恰当，尽可能地保持同步滚压，减少压印面的滑动。

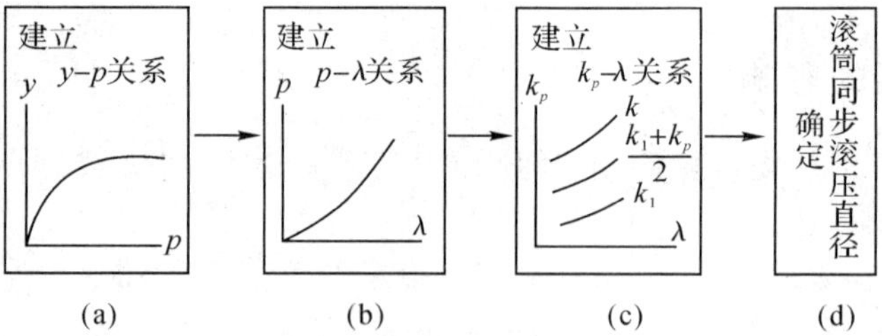

图 3-23　实现理想滚压状态的过程

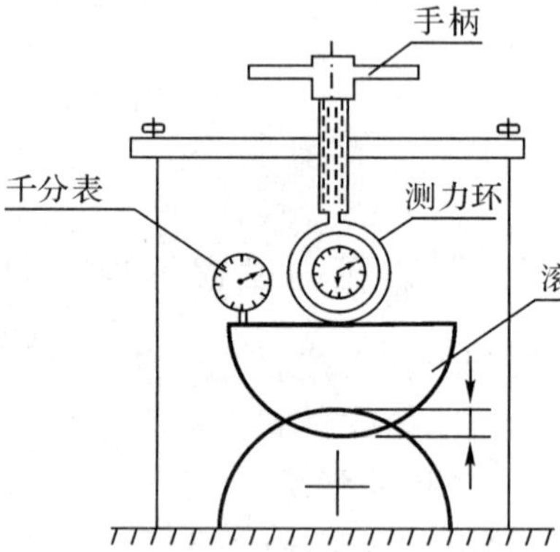

图 3-24　测量 λ、P_d 的工作原理

要想严格地满足这两点，需要用实验的方法建立 y—P 关系曲线。综合考虑油墨的粘度、印速等，根据 y 值的大小确定合适的 P 值，如图 3-23(a)所示；再将包衬在不同压力下的压缩量测试，如图 3-24 所示，建立压力 P 和压缩量 λ 关系曲线，确定需要的 λ 值，如图 3-23(b)所示；再用实验的方法进行包衬的同步滚压实验，建立 K_p—λ 关系曲线，进而根据 λ 值，确定需要的 K_p 值；然后根据 K_p 值确定印版滚筒和橡皮滚筒的包衬量，进行滚筒包衬，即可达到较理想的滚压状态。

然而，由于实验条件的限制，这种理想化的做法在实际生产中很难做到。目前，生产中只能以滚筒配置理论为基础，根据印刷机制造商规定的或通过经验确定的包衬数据进行包衬，并根据机器标明的滚筒缩径量和各滚枕之间的间隙计算最大压缩量，以此来控制印刷压力和压印面的滑动。

一、印刷压力的计算

现代胶印机滚筒工作面两端均设有圆环形滚枕或称肩铁，根据印版滚筒和橡皮滚筒的滚枕在合压状态下是否接触，胶印机有走滚枕和不走滚枕两种类型。

(1)走滚枕。印刷过程中印版滚筒的滚枕和橡皮滚筒的滚枕是相互接触不可调节的，叫走滚枕或接触滚枕。接触滚枕的主要作用有两个：一是作为印刷装置滚筒的安装调节基准；二是滚筒滚过空档部位，由于载荷的变化，容易产生振动导致墨杠，利用相互接触的滚枕，可以减轻载荷的变化，减小冲击，使滚筒运转平稳。走滚枕机型的印刷压力只能通过调节滚筒的包衬厚度来实现。

(2)不走滚枕。胶印机印刷过程中，如果滚筒的滚枕之间是有间隙的，称为不走滚枕。滚枕的主要作用是测量和安装的基准。不走滚枕的胶印机如果印刷压力较大，就比较容易起墨杠。

如果以 ΔR_p 表示包衬后，印版滚筒超滚枕量；以 ΔR_B 表示包衬后，橡皮滚筒超滚枕量；ΔR_p 和 ΔR_B 根据包衬厚度减去筒体低于滚枕的值计算得到；以 ΔR_I 表示压印滚筒筒体表面超滚枕量。

以 C_{P-B} 表示印版滚筒和橡皮滚筒的滚枕间隙，走滚枕的机型 C_{P-B} 恒为 0；不走滚枕的机型 C_{P-B} 通过调压器的刻度值读出或直接测量出；以 C_{B-I} 表示橡皮滚筒和压印滚筒的滚枕间隙，该值可以通过调压器的刻度值读出或直接测量出。

以 δ 表示纸厚。印版滚筒和橡皮滚筒之间的压力用它们之间最大压缩量 λ_{P-B} 表示，橡皮滚筒和压印滚筒之间最大压缩量用 λ_{B-I} 表示，则可以用下式计算印刷压力。

$$\lambda_{P-B}=\Delta R_P+\Delta R_B-C_{P-B} \tag{3-38}$$

$$\lambda_{B-I}=\Delta R_B+\Delta R_I-C_{B-I}+\delta \tag{3-39}$$

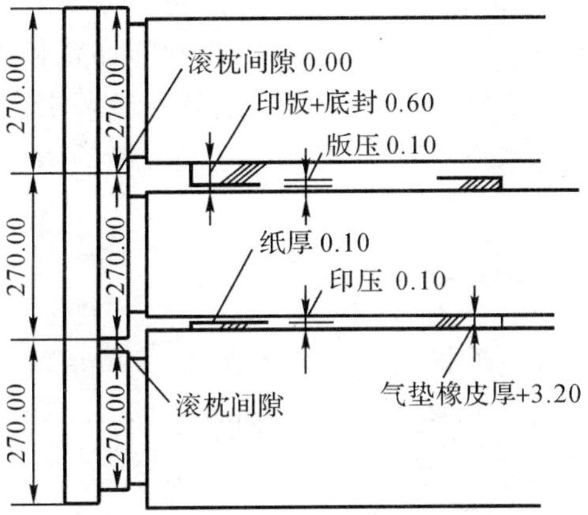

图 3-25　某一胶印机的包衬数据

例如，某一走滚枕胶印机的滚筒包衬数据如图 3-25 和表 3-3 所示，表中滚枕过量即压印滚筒的表面或印版滚筒、橡皮滚筒包衬后的表面超过滚枕的量；滚筒缩径量是滚筒筒体超出滚枕的量，筒体表面高于滚枕表面(如压印滚筒)记为正值，低于滚枕表面记为负值。

表 3-3　某一胶印机的包衬数据

滚筒	滚筒节圆直径(mm)	滚枕直径(mm)	滚枕过量(mm)	滚筒缩径量(mm)	滚枕间隙(mm)
印版滚筒	270.00	270.00	0.10	−0.50	0.00
橡皮滚筒	270.00	270.00	0.00	−3.20	
压印滚筒	270.00	269.30	0.35	+0.35	0.35(刻度为 0 时)

则可以分别计算得到版压 λ_{P-B} 和 λ_{B-I} 如下：

$$\lambda_{P-B}=\Delta R_P+\Delta R_B-C_{P-B}=0.10+0-0=0.10\text{mm} \tag{3-40}$$

$$\lambda_{B-I}=\Delta R_B+\Delta R_I-C_{B-I}+\delta=0+0.35-0.35+0.10=0.10\text{mm} \tag{3-41}$$

二、印刷压力的调节方法

为了不仅能产生合适的压力，还要尽量减少压印面的滑动，印刷压力的调节是根据包衬的弹性模量的大小、纸张状况和综合考虑其他印刷工艺的要求，通过调节包衬的厚度和滚筒间的滚枕间隙来实现的。

1. 调节包衬的厚度

调节印版滚筒的包衬厚度除了影响版压外，还会影响印版滚筒对着墨辊和着水辊压力、印迹的周向长度和同步滚压问题；调节橡皮滚筒的包衬厚度会同时增加或减小版压和印压。

2. 调节滚筒间的滚枕间隙

从齿轮传动的角度来看，齿轮最好啮合在分度圆位置，调节滚筒间的滚枕间隙，齿轮的啮合位置就会改变，从而影响传动的平稳性。从这个角度来看，最好是不动滚枕间隙。

一般认为，包衬数据对印版滚筒和橡皮滚筒的同步滚压要求较高，因为它直接关系到印迹滑移、印版磨损等与印刷质量有关的问题，而橡皮滚筒和压印滚筒之间的同步滚压要求低。印版滚筒和橡皮滚筒之间最好让齿轮啮合在分度圆上，尽量按照说明书推荐的包衬数据，通过调节印版下面的包衬厚度和橡皮布下面的包衬厚度，得到合适的版压并且半径比例比较恰当；而橡皮滚筒和压印滚筒之间，由于每次印刷的纸张厚度可能都不相同，最方便的办法是调节橡皮滚筒和压印滚筒之间的滚枕间隙，调节量可以直接从刻度上读出。如上例中，如果改印 0.3mm 厚的纸，要求版压不变而印压改变为 0.15mm 时，可根据式(3-41)，有：

$$0.15=0+0.35-C_{B-I}+0.3$$

得：

$$C_{B-I}=0.50\text{mm}$$

即只需将滚枕间隙调节为0.50mm，就可以满足印刷 0.3mm 厚的纸时，印压为0.15mm 的要求。因为该机型 0.35mm 的滚枕间隙对应刻度为 0 处，所以 0.50mm 的滚枕间隙对应刻度为－0.15mm 处。

三、包衬厚度和滚枕间隙的检验

印刷压力是根据包衬厚度和滚枕间隙的数据来计算的，因此正确地测量包衬厚度和滚枕间隙，是获得正确的印刷压力的前提条件。

（一）测量包衬厚度

测量包衬厚度的常用工具是千分尺和筒径仪。

1. 用千分尺测量

用千分尺测量包衬厚度要注意以下几个问题：

(1)注意千分尺的用法

千分尺的固定砧和测量杆的相对面要保持干净，它们相密接时，千分尺的刻度值应恰好为零；千分尺末端的棘轮保护旋钮主要是为了在测量工件时保持固定的测量力，而橡皮布、纸张或其他衬垫物受到不同的测量力的作用，会产生不同的形变，造成测量值的误差，因此，正确的测量方法是将被测物置于固定砧和测量杆之间，依靠转动棘轮保护旋钮来慢慢地移动测量杆，当转动棘轮而测量杆不再移动时的读数值，即为正确的厚度值；在测量橡皮布和其他衬垫物时，要多测量几处，取平均值为准，测量包衬的厚度时要将所有的包衬叠合在一起测量，以减少分次测量再相加造成误差值的叠加。

(2)注意橡皮布变形对测量值的影响

因为只能在橡皮布等包衬未装到滚筒上之前,才可以用千分尺进行测量,而橡皮布绷紧后,橡皮布会拉伸变薄,而且滚筒周向厚度变化不均匀;橡皮布在使用中会有塑性变形(尤其是新橡皮布有较大的塑性变形)。所以包衬的厚度在安装前要用千分尺进行初步测量,但在安装好后还需用筒径仪进行精确的检测。

2. 用筒径仪测量

因为筒径仪是在包衬装到滚筒上后再进行测量,可以精确测量出包衬后的滚筒表面相对于滚枕的高度。测量方法如下:

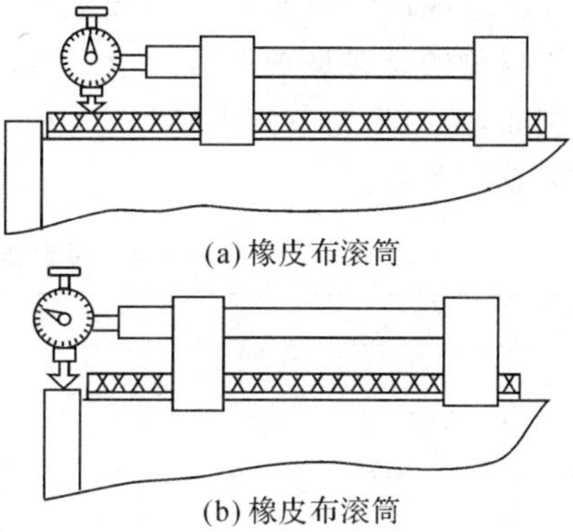

(a)橡皮布滚筒

(b)橡皮布滚筒

图 3-26　筒径仪

先将筒径仪平服地骑在滚筒面上,将测量头置于滚筒包衬的表面,让千分表的指针指零位;拉动滑杆使测量头置于滚枕上,这时千分表的指针会旋转,即可以读出滚枕表面和滚筒表面的高度差。

(二)滚枕间隙的测量

由于滚筒轴承与轴颈、偏心套与墙板之间的配合精度不高,或者轴承磨损造成的,在离压状态和合压状态,受力情况发生变化时,滚枕间隙大小跟着变化。滚筒中心在受力情况下发生退让移动的现象称为离让,其值称为离让值。离让值是在合压状态下,两滚筒缺口相对时滚枕之间的间隙与两滚筒非缺口部位相对时两滚枕之间的差值。因此滚枕间隙不能完全依赖刻度读取,必要时需要进行检验,检验一般采用插厚薄规或压熔断丝的方法,测量滚枕在离让状态下的间隙(即合压时非缺口相对位置的滚枕间隙),以此间隙作为计算的依据。

1. 插厚薄规法

厚薄规是由数张厚薄不等的金属片组成,一般厚度为 0.03～1mm 内变动,检验滚枕间隙时,挑选一个或几个与间隙厚度相近的金属片,塞入两滚筒滚枕之间,塞时以手感不紧不松适度为宜,即为所测定的滚枕间隙值。

2. 压熔断丝法

其方法是将一定号数的熔断丝(按照滚枕间隙大小来选用),在滚筒离压时放入两滚枕之间,然后合压,熔断丝被压平,取出被压平的熔断丝,用千分尺测量其厚度,即为滚枕的间隙值。

(三)印刷压力的检验

经过测量和计算,将印刷压力调节好后,还可以利用压墨杠的方法检验压力是否正确。方法是先让滚筒满版着墨,再点动机器,在转动的过程中作一停顿,压出一条墨杠,用尺子量出墨杠的宽度,此宽度即为压印面宽度 b,它和滚筒半径、最大压缩量之间有如下公式所描述的关系:

$$\lambda=\frac{b^2}{8}\cdot\frac{R_1+R_2}{R_1\cdot R_2} \tag{3-42}$$

如果三个滚筒为近似等径,则有:

$$\lambda=\frac{b^2}{4R} \tag{3-43}$$

在已知滚筒半径 R 和压印面宽度 b 的情况下，可以算出当前最大压缩量 λ，以此来检验最大压缩量的设置是否正确。

例如，滚筒齿轮节圆半径为 150mm 的胶印机，其最大压缩量和压印面宽度之间存在如下表的对应关系：

表 3-4　最大压缩量和压印面宽度的对应关系

R(mm)	λ(mm)	b(mm)
150	0.10	7.75
	0.15	9.49
	0.20	10.95
	0.25	12.25
	0.30	13.42

上述通过测量包衬厚度、调节滚枕间隙，以及控制最大压缩量的方法来控制印刷压力，存在许多可能引起误差的机会。此外，以最大压缩量来表示印刷压力是间接的方法，对于不同的包衬，其真正所需要的压缩量 λ 可能相差较大。操作者为新接手的机器或包衬调节控制印刷压力，有必要检验在当前的条件下，真正所需的压缩量 λ 大小，可以采用如下的方法检测：

先以正常方式控制调节印刷机的压缩量 λ，并把一块既有实地又有加网图像的印版安装在印版滚筒上，运行印刷机直到水墨平衡为止。然后逐渐减少包衬厚度，直到印不出实地为止。这时重新添加衬垫，每次增加 0.025mm，直到印刷机又能够印刷良好又丰满的实地为止，这时的印刷机就是具有最小压力的正确包衬状态了。

复习思考题

1. 什么是印刷压力？表示印刷压力的方法有哪几种？最大压缩量 λ 和压印面宽度 b 之间有何关系？
2. 硬性包衬、中性包衬和软包衬各有何特点？
3. 软、硬包衬的压力分布有何特点？为什么硬包衬对机器的精度要求高？
4. 普通橡皮布和气垫橡皮布的结构和性能有何不同？
5. 胶印对橡皮布有哪些性能要求？
6. 粘弹性变形的压缩变形由哪几部分组成？各有何特点？
7. 什么是橡皮布的内耗、蠕变、应力松弛？对印刷生产有何影响？
8. 印刷过程中，为什么要经常清洗橡皮布？
9. 为什么压印区的滚筒表面会存在着滑动？滑动分布有何规律？
10. 什么是塞茨异径包衬理论？如何用实验方法求得同步滚压比？
11. 什么是走滚枕和不走滚枕？各有何优缺点？
12. 什么叫油墨转移率？油墨转移率与印刷压力有什么关系？
13. 确定滚筒的包衬厚度需考虑哪几个方面的问题？调节滚筒间压力的方法有哪几种？
14. 如何检验印刷压力的大小？

15. 对于海德堡 102V 胶印机，如希望得到 $\lambda_{版-橡}=0.10mm$，$\lambda_{橡-压}=0.15mm$，已确定印版滚筒的半径为 135.5mm，印刷纸厚为 0.40mm。算出(1)橡皮滚筒的包衬厚度？(2)调压品的刻度？(已知刻度为 0 时，滚枕间隙为 0.35mm)。

16. 下表列出了某种型号胶印机的数据。假设纸张厚度为 0.1mm，印版滚筒与橡皮滚筒之间的间隙以及压印滚筒与橡皮滚筒之间的间隙合压后均为 0.2mm，要求橡皮滚筒包衬后的直径为 260mm，印版滚筒包衬后直径为 260.26mm，试计算印版滚筒和橡皮滚筒的包衬量 $\delta_{版}$、$\delta_{橡}$ 应为多少？橡皮滚筒与印版滚筒和压印滚筒之间的压缩量 $\lambda_{版-橡}$、$\lambda_{橡-压}$ 应为多少？

滚筒名称	滚筒节圆直径(mm)	滚枕直径(mm)	壳体直径(mm)	滚枕间隙(mm)	中心距(mm)
印版滚筒	260	260	259.2	0.2	260.1
橡皮滚筒	260	259.8	254.4		
压印滚筒	260	260	260.1	0.2	260.1

17. 何谓滚筒离让值？简述检查滚筒离让值的一般方法。

18. 什么是滚压比？在胶印油墨转移中有什么重要意义？

第四章　油墨的传输与转移

在印刷过程中，油墨要经传递、输送而转移到承印材料表面。始终保持油墨传输和转移的稳定、均匀和适量，是获得高质量印刷品的保证。油墨传输和转移的质量，既与印刷机的性能和精度有关，又与纸张、油墨、润湿液的印刷适性以及印刷工艺的设计与实施有关，是一个十分复杂、多变的过程，本章对油墨传递与转移整个过程的各个环节加以讨论，以控制油墨传递与转移的质量。

第一节　胶　　辊

为了使相邻的墨辊能良好接触，胶印机的墨辊都是软质墨辊和硬质墨辊交替排列的。软质墨辊称为胶辊，传墨辊、着墨辊和部分匀墨辊都是胶辊，如图 4-1 所示。

胶辊的辊芯是实心圆钢或空心钢管，表层是经过硫化处理的耐油橡胶。胶辊的两端装有轴承，运转时以轴承的外圈为支点。除了输墨装置中使用胶辊以外，在辊式连续供水润湿装置中，水斗辊和着水辊也使用胶辊。印刷胶辊是胶印机上一个很重要的零部件，对印刷质量有重要的影响，尤其是靠版的着墨辊和着水辊，要求更高。另外，胶辊又是易损的部件，一般情况下，1～2 年要更换，是一笔不少的开销。目前，国内市场上充斥着各种各样的胶辊生产厂家，各家的质量和价格也参差不齐，选择合适的胶辊并正确地使用，对保障优质的印刷质量和经济效益有重要的意义。

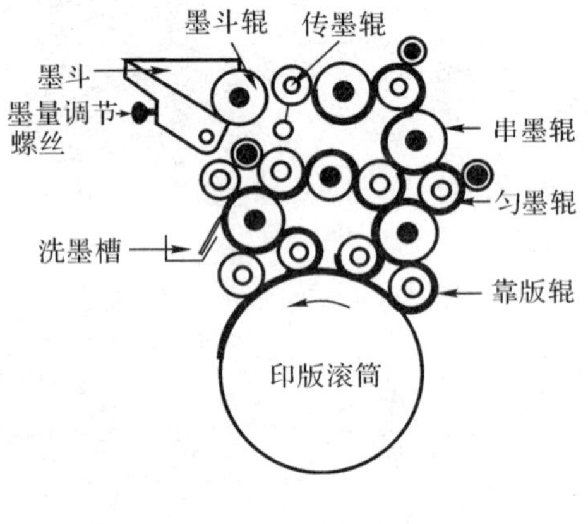

图 4-1　输墨系统

一、胶辊的印刷适性要求

1. 亲水和亲墨性

输墨系统的胶辊主要是传输油墨的，要对油墨具有良好的亲和性，胶辊的亲墨能力和表面材料性能以及表面粗糙度有关，当亲墨能力变差时，胶辊吸附和传递油墨能力变弱，容易吸附水分而脱墨。但同时胶辊还应具有良好耐油墨渗透性，否则换色时洗墨将会很困难，胶辊容易釉化。

酒精润湿液要求采用辊式连续润湿装置，其中的胶辊和输墨系统胶辊不同，要求具有良好的亲水能力，避免在印刷过程中沾上油墨。近年来，出于减少环境污染和控制生产成本的考虑，提倡减少润湿液中酒精的含量，而酒精含量的减少，就容易出现油墨污染润版系统，解决的方法是通过改变胶辊材料的化学成分，增加其表面的亲水性。

2. 硬度

胶辊的硬度影响油墨的传递能力，硬度越高，传墨性越差，但抗腐蚀能力强；硬度越低，传墨能力越好，但不耐腐蚀。新胶辊的硬度范围一般在 HS23～42 之间，但胶辊在使用过程中，由于清洗不彻底、橡胶老化等原因，硬度会逐渐增加，影响油墨的传递性。

靠版胶辊硬度太低易产生糊版现象，硬度高对印刷网点清晰有利，但会降低印版的耐印率。

表 4-1　几种胶印机的胶辊硬度对比

机型	胶辊硬度（邵尔度）		
	匀墨辊	着墨辊	传墨辊
北京人民机器厂	39	30	39
德国海德堡	35	35	35
日本三菱	30～34	30～34	32
德国米勒	35～37	25～27	35～37
德国罗兰	39	30	39
美国 *ORIS*	40	27	27
日本小森	35	30	30

3. 胶辊的粘弹性

制作胶辊的橡胶属于粘弹性材料，在滚压过程中受到周期性的应力作用会因内耗而发热。因为胶辊的表面线速度是和印刷滚筒的表面线速度相同的，但胶辊的直径比滚筒的直径小得多，所以胶辊所受的周期性应力的频率要比橡皮滚筒更大，内耗更严重。胶辊的内耗以及墨辊运转中的摩擦使胶辊、油墨及周围环境温度升高。图 4-2 是在小型双色胶印机上，连续印刷过程中，分别在开印后 2 小时、4 小时、7 小时所测定的温度变化情况。由于胶辊内耗引起输墨装置温度升高，在印刷过程中会产生两方面的重要影响：

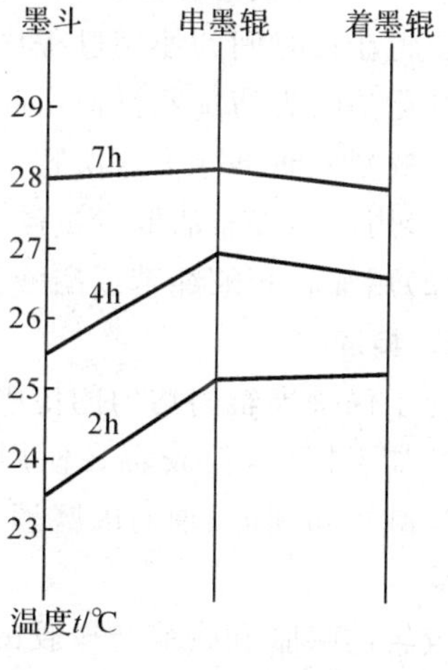

图 4-2　输墨装置的温度变化

(1)加速胶辊的热老化，导致弹性降低、表面变得光滑，影响油墨的吸附和传递。

(2)使墨辊周围的油墨温度升高，油墨温度升高使油墨粘度快速下降，油墨中脂肪酸的含量增加，一方面印刷时油墨容易铺展，加重网点增大；另一方面使油墨的乳化大大加重，油墨的印刷适性恶化。

为了控制胶辊内耗所带来的负面影响，需注意以下问题：

(1)选择优质高弹性材料制造的胶辊内耗小，使用寿命长。

(2)墨辊间接触压力越大,内耗越大,墨辊间压力的大小一般以接触面宽度来表示,实验表明胶辊温度升高和接触宽度成正比,大约接触宽度每增加 1mm,胶辊温度升高约 3℃。

(3)在机器空转的时候,使用专用的空车保护膏,可起到降温保护胶辊的作用。

为使输墨系统的温度不要升得过高,降低串墨辊的温度可以收到良好的效果,有些多色胶印机在串墨辊中通冷却介质以控制温度。

4. 胶辊的表面结构

胶辊表面的粗糙度是影响胶辊传墨性能的重要指标,一般来说,印刷墨辊的表面粗糙度要求为 6～20μm,酒精润湿系统用的水辊的表面粗糙度要求为 4～10μm。但在实际印刷过程中,由于胶辊老化及其他化学物质的作用,其表面结构会变得光滑,称为釉化(玻璃化)。清洗胶辊所采用的清洗剂的清洗能力不佳或自身残留物过多(如一些劣质煤油和汽油),都会大大加快釉化的过程。

胶辊釉化对印刷的影响主要表现在两方面:

(1)导致胶辊表面积大大减少,使墨辊对油墨、水辊对润湿液的吸附和转移性能变差,当釉化而造成表面积损失超过 30%时,会造成印刷困难。特别是着墨辊,如果不能吸附足够的油墨,它在印版图文上第一转传墨时,由于储墨量少,图像的暗调和实地已将它表面的油墨吸去大部分,同时在串墨辊上又不能立即得到足够的墨量来补充,所以在第二转传墨时,图像暗调部分或实地所得到的油墨,已比其在第一转时着墨少得多,虽有四根着墨辊传墨,仍会出现墨色前深后淡现象。因此,胶辊的着墨辊,尤其是前二根着墨辊一定要选用表面传墨性能好的胶辊。此外,表面光滑的胶辊对油墨吸附能力差,当润湿液的酸性较强时,油墨中乳化了的润湿液液珠逐渐吸附在胶辊表面产生亲水层而脱墨。

(2)釉化使胶辊表面弹性降低,硬度增加,接触压力增大,传墨能力降低。

胶辊在长时间的使用过程中,表面因为磨损、老化及吸附化学物质,会出现釉化现象。如果釉化是因为清洗不良而引起的,可先试着用洗车水和专用胶辊起积水进行仔细地清洗,如果无效则要研磨除去这层膜:

(1)用汽油擦布沾取少量浮石粉进行擦拭,再用干布擦干;

(2)用细砂布醮纯苯或醋酸丁酯擦拭,直至将表面光滑层擦去为止。

5. 精度

为了保持墨辊间均匀的传墨性能,胶辊应有良好的外圆加工精度,但胶辊在使用过程中,容易出现整体直径减小和周向、轴向因磨损不匀而直径大小不一的现象。

胶辊的膨胀和收缩与橡胶的质量有关系,国内很多厂家都采用重新包胶的胶辊,其质量很难得到保证。输墨系统清洗剂选择不当,也会引起胶辊的膨胀或收缩,常用的煤油清洗剂容易长时间滞留在胶辊表面,会引起胶辊溶胀。胶辊温度升高也会引起直径的膨胀,两者成线性关系(如图 4-3 所示),且橡胶层越厚,胶辊直径的膨胀量越大。为了保持胶辊尺寸的稳定性,所包覆的胶层自然越薄越好。

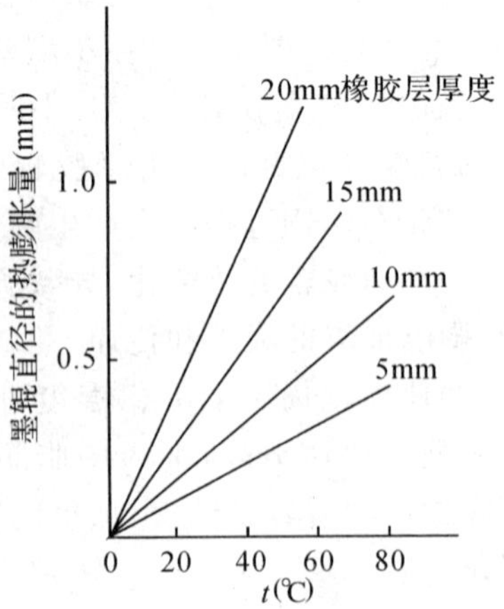

图 4-3 温度、胶层厚度与胶辊直径的膨胀量关系

6. 耐油和耐化学腐蚀性

印刷和清洗过程中，由于胶辊和油墨、清洗剂等化学产品接触，故胶辊需要具有良好的耐油和耐化学腐蚀性。

7. 耐老化性

橡胶制品普遍具有热老化、光老化及氧化老化等特点，胶辊应具有较好的耐老化性，以延长使用寿命。

二、胶辊的使用和保养

1. 墨辊间的压力要适当

墨辊间的压力受胶辊表面的硬度、弹性、粗糙度等因素影响，在胶印机的不同部位，要求的压力标准也不同，墨辊间的压力调节直接影响到输墨的质量和胶辊的使用寿命。压力太大，内耗大，胶辊老化快，印刷成本增加；压力太小，甚至接触不良，印刷时影响油墨的传递，清洗时无法清洗干净，油墨干结在胶辊上，会使胶辊报废。所以在保证墨辊间良好的接触和传墨的前提下，墨辊的压力越小越好。

在实际生产中，依靠检测压痕宽度来控制墨辊间压力。值得注意的是压痕宽度和墨辊压力之间并非线性关系，大约是：

(1)压痕宽度增加 50%，墨辊间压力增加 250%；

(2)压痕宽度增加 100%，墨辊间压力增加 725%。

因此，严格控制压痕宽度很重要，生产商提供的压痕宽度要求是已测试过的原装胶辊的压力标准，最好严格执行，如海德堡胶印机要求墨辊间的接触面宽度为 4mm。但传墨辊因为来回摆动，与墨斗辊、串墨辊有碰撞作用，并且因为传墨辊处于墨路的开始部分，表面墨膜厚，所以传墨辊和墨斗辊及串墨辊之间的压力都要小一些，能保证油墨正常传输即可，否则传墨辊特别容易损坏。

2. 胶辊要清洗干净

胶辊如果清洗不干净，油墨会在粗糙表面的毛孔中干燥，胶辊表面很快就会釉化。因此每次印刷结束后，要及时将油墨洗干净。胶辊表面的污物分为三类：可溶于溶剂的物质、可溶于水的物质和无法溶解的粒子。因此清洗胶辊先要分别使用溶剂和水清洗，最好使用专用洗车水清洗，让清洗剂和胶辊上的油墨充分接触，提供足够的清洗时间，并保持刮刀的清洁与完好；用洗车水洗后，再用专用的胶辊清洗剂清洗无法溶解的粒子，建议采用专用胶辊起积水、膏。

清洗剂的选择极为重要，国内许多厂家对此重视不够。清洗剂既要有良好的清洗效果，又要尽可能小地污染环境。常用的汽油具有下列缺点：易燃、容易挥发危害工人健康；不能彻底地清洗纸毛、纸粉等极性物质；长期使用会腐蚀胶质，从而影响油墨和润湿液的传递；长期使用会造成胶辊的膨胀或收缩，从而影响压力。使用煤油清洗胶辊，也会因为煤油挥发速度慢，长时间滞留胶辊表面，引发胶辊尺寸变化，影响输墨均匀性。因此，汽油、煤油并不宜用来清洗胶辊。

3. 胶辊的放置

胶辊不能直接平放在地板上，否则橡胶接触面会产生变形。必须将两端的轴支起来保存，保存 2～3 个月后，要将胶辊旋转 180°防止其朝一个方向变形。胶辊长时间保存时还应用黑纸包起来，以减少其光老化。

胶辊不要放在邻近大电动机或发电机的地方，因为这些设备产生的大量臭氧会使胶辊表面老化而裂开。

第二节　给墨行程

印刷过程中，油墨从墨斗经匀墨辊、着墨辊到达印版，再从印版转移到承印材料表面，经历给墨、分配和转移三个行程。给墨行程指的是油墨从墨斗传输到匀墨辊的过程，如图 4-4*A* 部分；分配行程指的是，油墨从传墨辊经匀墨装置和着墨装置，到达印版的行程，如图 4-4*B* 部分；转移行程指油墨从印版转移到橡皮布，再从橡皮布转移到承印物上的行程，如图 4-4*D* 和 *E* 部分。给墨行程由供墨装置来实现，包括墨斗、墨斗辊、墨刀、传墨辊及相应的传动机构，其功能是储存油墨并在印刷过程中以一定形式向输墨装置供给印刷所需的适量的墨量。

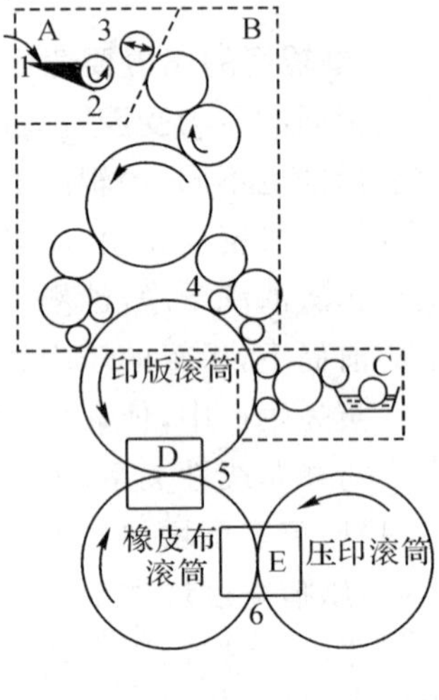

图 4-4　油墨的传输与转移行程

一、墨量的调节

墨斗辊将油墨供给传墨辊，供墨量的多少，是从两方面来控制的：

1）轴向局部输出墨量控制。几乎所有的印刷机都是采用调节墨钉的方式，控制墨斗刀片和墨斗辊之间的间隙 Δl_m 来实现；

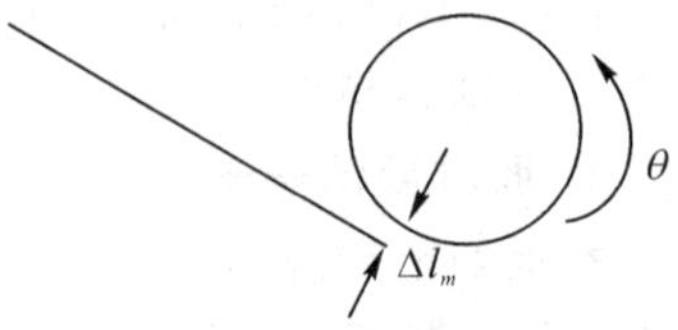

图 4-5　影响给墨量的因素

2）整体输出墨量控制。一种是间歇式供墨方式，通过控制墨斗辊一次旋转过的弧度 θ 来实现的；另一种是连续供墨方式，采用改变墨斗辊转速，控制单位时间内供墨量来控制的。

以间歇式供墨为例，在一个印刷周期内，轴向某区段间（即各墨斗螺丝或有墨量遥控装置的各墨键区）总的供墨量 δ_m 可以近似地认为与 θ、Δl_m 成正比，有：

$$\delta_m = c \cdot \Delta l_m \cdot \theta \qquad (4\text{-}1)$$

其中 c 是常数。在确定所需的供墨量 δ_m 后，Δl_m 和 θ 可以根据其反比关系进行搭配，但基于以下几方面的考虑，操作时应在可能的范围内选择 θ 尽可能地大，Δl_m 尽可能地小。

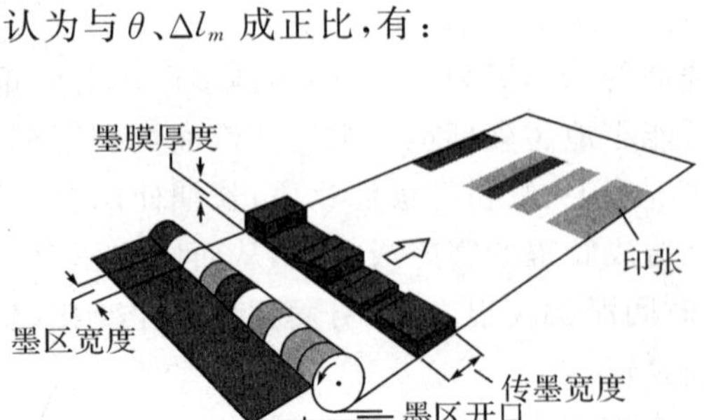

图 4-6　各墨区的墨层厚度

（1）θ 大 Δl_m 小，墨层薄，有利于匀墨。从图 4-6 可以看出，墨斗输出的墨膜厚度在各个墨区是不同的，而油墨到达纸上则要求厚度均匀一致，θ 大 Δl_m 小，各墨区的厚度绝对差会小一些，有利于油墨打匀。

(2)θ 大 Δl_m 小，墨斗辊对油墨的剪切作用大，因为油墨具有触变性的缘故，能改善油墨的流动性，有利于输墨。

(3)θ 大 Δl_m 小，墨斗辊上墨层厚度均匀性好，有利于墨层薄处和厚处都能和传墨辊接触传墨。

但是，也不能开始调墨时，就让 θ 处于接近最大程度，以避免后续印刷中如果需要增加总墨量，但 θ 已没有可以增加的余地，所以开始时 θ 应取中等偏上为好。理论上，空白部位所对应的间隙 Δl_m 应为零，但实际操作时如果调墨螺丝拧得太紧，墨斗刀片和墨斗辊之间相互摩擦，会将墨斗辊磨得凹凸不平。此外，胶辊在高速旋转过程中，表面需要覆盖一层薄薄的墨膜，起到润滑胶辊的作用。因此，轴向没有向印版供墨的部位，墨斗刀片和墨斗辊也应该留有一丝缝隙，输出薄薄的一层墨膜。

组成供墨装置的墨刀，如果一条整体的金属版，则会存在边界效应(相邻干扰)。调节某一墨斗螺丝，改变相应位置墨刀与墨斗辊之间的间隙，必然影响附近的墨区。如果采用分段式墨斗刀片，即按墨斗螺丝间的距离，沿轴向将墨刀前沿分为若干区段，该长度即为墨区宽度，则改变本墨区的间隙，不会影响邻近墨区的间隙，有利于按墨区的图文覆盖率控制输出墨量大小。

墨量的调节过去一直靠人工进行，称为调墨斗，难度较大，尤其是开始印刷时能快速达到墨量恰当、水墨平衡，是需要相当的经验积累，才能比较熟练掌握。近年来生产的胶印机大多配置了墨量预置装置，通过对印前的数字文件的图像处理，可以获得每一色每一墨区的着墨面积分布状况，再根据一定的数学模型转换为对应墨区的墨键开度值，用来定量地进行墨量预置，使得墨量预置的准确程度大大提高。

二、影响供墨的其他因素

给墨行程中输出墨量的变化，必然会造成印刷产品的浓淡变化，因此必须关注影响墨量输出的各种因素。

(一)油墨的流变性对供墨的影响

1. 不同流变性的油墨在下墨时的表现

油墨要通过墨斗辊传送出去，靠的是自身的重量和由于油墨的粘性附着在墨斗辊表面，墨斗辊转动时挤压油墨从墨斗辊和墨斗刀片之间通过。同时，由于油墨内摩擦力的作用，带动墨槽中的油墨翻滚旋转，这种油墨的旋转运动在工艺上是必需和有利的，它起到搅拌作用，同时使油墨贴近墨斗辊。

由于墨斗辊的转速和匀墨辊的转速相比是很慢的，墨斗辊对油墨的剪切应力不大，因此，给墨行程要求油墨具有较好的流动性，油墨不能有很大的屈服值和触变性。

分析胶印油墨在墨斗中下墨时的情况，最典型的有下列三类情况，其他居于这三类情况之间，如图 4-7 所示。

(1)油墨的屈服值低、粘度小、流动性好、流平性好。只要墨斗中有一定的墨量，油墨的表面始终是平整的，一直能和墨斗辊保持良好地接触，保持良好地出墨，如印刷上光油。

(2)油墨的屈服值高、粘度大、丝头长(在墨斗辊上粘附性也大)。这类油墨在墨斗中呈

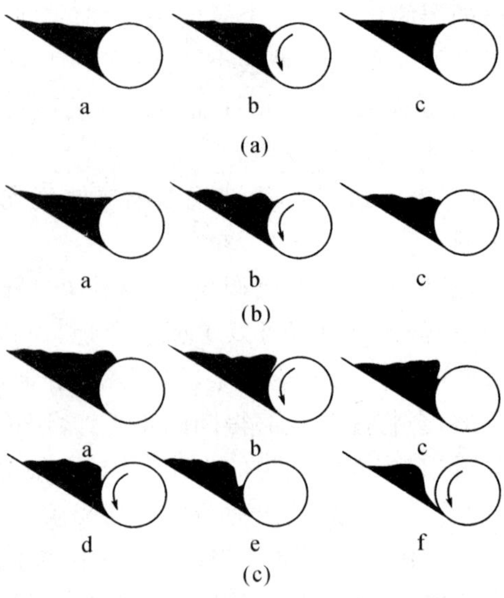

图 4-7 油墨在墨斗中的三种外观情况

现凸包形的堆积状态，但只要墨斗中有一定的墨量，就能和墨斗辊保持良好地接触，始终良好地出墨，如黑墨。

(3)油墨的屈服值高，触变性大，流动性差，丝头短(在墨斗辊上粘附性小)，这类油墨在墨斗中也成凸包形的堆积状态。刚开始时，这类油墨能与墨斗辊接触，但由于粘着性差等原因，逐渐地和墨斗辊脱开，以至于尽管墨斗中还有足够的油墨，但出墨越来越困难，直至完全不出墨，如黄墨。对此，必须勤掏墨斗，以利于顺利出墨。

其实，勤掏墨斗不仅对第三类油墨的顺利出墨是必需的，而且对前两类油墨也是十分必要的，因为通过掏墨斗可以利用油墨的触变性，使油墨粘度降低，与墨斗辊保持良好接触。因此，新加入墨斗的油墨要用墨刀搅拌，印刷过程中也要定时搅拌油墨。

2. 油墨的流变性对供墨量的影响

上文提到输出的墨量取决于墨斗刀片和墨斗辊之间的间隙 Δl_m 和墨斗辊的转角。当调节螺丝保持不变，墨斗刀片和墨斗辊之前的间隙 Δl_m 还可能因为墨斗刀片的弯曲程度不同而使间隙 Δl_m 不同。墨斗中的油墨的自重和墨斗辊的旋转对油墨产生的剪切应力作用在墨斗刀片上，使墨斗刀片产生额外的弹性变形而向下弯曲，使缝隙增大。

流体的压力随油墨的粘性而变化，粘性越大，压力越大，墨斗辊上墨层越厚。印刷过程中，油墨的粘性随温度而变化，墨斗中油墨温度越高，粘性越小，墨斗辊上输出墨层变薄。

(二)墨斗中墨量的多少对供墨的影响

墨斗中墨量少时，油墨自重轻，对墨斗刀片的静压力减少，墨斗辊上输出墨层变薄，这种影响在墨量多时不明显，但墨量小时比较明显。

如图 4-8 所示，在保持 Δl_m 和 θ 不变的情况下，在墨斗中墨量较多的时候，墨斗墨量的变化对输出墨量基本没有影响，当墨斗中的油墨水平面从 v_0 减少到 v_1(约减少 500g 墨)时，印刷品的实地密度基本保持不变。墨斗墨量较小的时候，墨斗墨量的变化对输出墨量是有影响的，当油墨水平面从 v_1 降到 v_2 时，实地密度开始下降，墨层厚度有微量减少。当油墨水平面从 v_2 继续降低至 v_3 时，实地密度则随之减小，印刷品上墨色减淡。故在印刷过程中，要不断地补充油墨，使墨斗中的油墨保持一定的量。当印刷快结束时，纸张所剩无多，调配的专色油墨也剩下不多时，应加大墨斗辊旋转角度 θ，来保持输出墨量处于稳定的水平。有些胶印机上设有自动掏墨斗和补充油墨的装置，

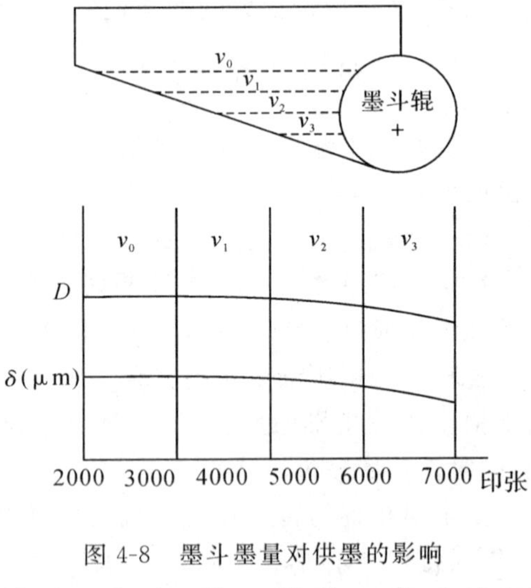

图 4-8 墨斗墨量对供墨的影响

对保证墨量输出的稳定性具有重要的意义。

（三）油墨转移率的影响

在稳定的印刷状态下，每一印刷周期中传输到印张上的油墨量和输墨系统从墨斗得到的墨量是一样的，转移到纸张上的墨量决定墨斗输出的墨量。印刷过程中，如果油墨的转移率发生变化，导致转移到纸张上的墨量发生变化，则必然地引起墨斗输出墨量的变化。

总之，在给墨行程中，输出的墨量主要取决于墨斗间隙和墨斗辊的旋转角度。但油墨的流变特征、墨斗墨量发生变化也会影响到输出墨量的稳定性，因此，需要勤掏墨斗，以保持油墨流变特征的稳定性，勤添油墨，以保持墨斗墨量的稳定性。此外，如果因为其他原因引起油墨的转移率的改变，墨色深浅发生变化，也会自动影响油墨输出量的大小。

第三节　分配行程

在给墨行程中，轴向各墨区段输出的墨量 δ_m 是按印版图文分布而定，对应的墨层厚度 h_m 是厚薄不同的。但是，最终由着墨辊转移到印版的图文部分上后，每一处的墨层厚度应该一样，这个任务是由分配行程来实现的。在分配行程中，一方面将油墨进行频繁的剪切，改善流动性（粘度太大的油墨是不能均匀地涂布在印版上的）；另一方面，通过不同直径的墨辊交替分布传墨以及串墨辊的串动，使到达印版的油墨不管沿周向还是沿轴向都是均匀的。

分配行程包括匀墨部分和着墨部分，由一定数量并按一定规律排列的弹性胶辊和硬质串墨辊、重辊组成，所有墨辊遵循下列技术准则：

（1）弹性胶辊和硬质辊相互间隔排列；

（2）相邻两辊子的直径互为质数。

一、墨层的分配与转移

（一）一对印刷副上的墨量分配

相互滚压的一对辊子，如图 4-9 所示，其上面的油墨相互叠加和分离后，两辊之间的墨量总和可以认为是不变的，如式（4-2）、（4-3）所示：

$$\delta'_A = K(\delta_A + \delta_B) \qquad (4\text{-}2)$$

$$\delta'_B = (1-K)(\delta_A + \delta_B) \qquad (4\text{-}3)$$

其中 δ_A、δ_B 分别代表墨辊 A 和墨辊 B 接触前的墨层厚度，δ'_A、δ'_B 分别代表墨辊 A 和墨辊 B 分离后的墨层厚度，K 代表分离后辊 A 墨量占总墨量的比例。通过大量的试验表明，当两个辊子表面对油墨的亲和性相近，都是非吸收性材料，其表面速度相等时，分离后两墨辊表面墨层厚度接近相等，即 K 约等于 0.5。分配行程的各墨辊之间、着墨辊和印版图文基础之间，印版和橡皮布之间的油墨转移百分率在正常情况下都约等于 50%。

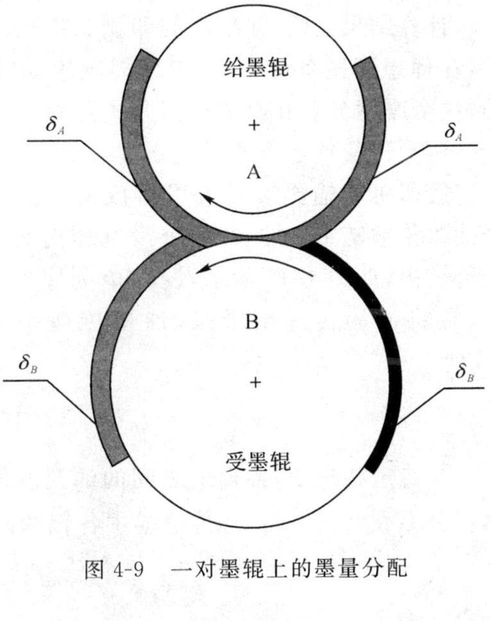

图 4-9　一对墨辊上的墨量分配

（二）油墨在墨辊间分配规律

按照上述墨量在两辊分配的模型，分析图 4-10 所示的油墨传输系统各辊的墨量分配，设每次印刷转移到纸面上的墨层厚度 $100a$（a 的大小根据印刷品所需墨层厚度而定），印版上剩余墨层厚度为 δ_0，各墨辊上的墨层厚度分别为 δ_1、δ_2、δ_3、δ_4、δ_5、δ_6、δ_7，则按 4-2、4-3 式有

$$\frac{1}{2}(\delta_7+\delta_5)=\delta_6 \qquad (4\text{-}4)$$

$$\frac{1}{2}(\delta_6+\delta_4)=\delta_5 \qquad (4\text{-}5)$$

$$\frac{1}{2}(\delta_5+\delta_2)=\delta_4 \qquad (4\text{-}6)$$

$$\frac{1}{2}(\delta_4+\delta_0+100a)=\delta_3 \qquad (4\text{-}7)$$

$$\frac{1}{2}(\delta_3+\delta_1)=\delta_2 \qquad (4\text{-}8)$$

$$\frac{1}{2}(\delta_2+\delta_0)=\delta_1 \qquad (4\text{-}9)$$

$$\frac{1}{2}(\delta_1+\delta_3)=\delta_0+100a \qquad (4\text{-}10)$$

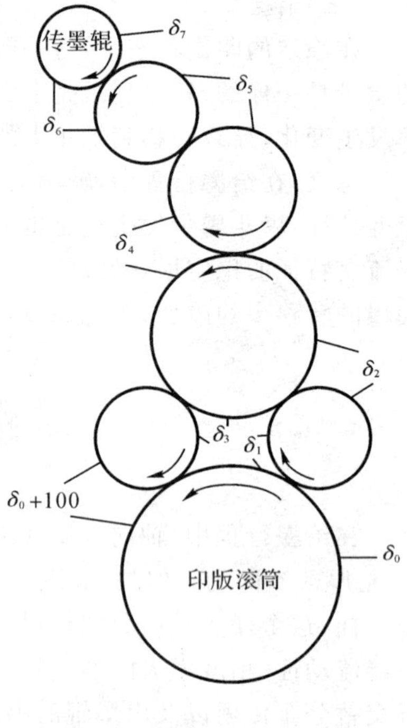

图 4-10　传输系统的墨量分配

求解上述方程组，可得：$\delta_1=\delta_0+50a$；$\delta_2=\delta_0+100a$；$\delta_3=\delta_0+150a$；$\delta_4=\delta_0+200a$；$\delta_5=\delta_0+300a$；$\delta_6=\delta_0+400a$；$\delta_7=\delta_0+500a$

计算结果表明，在稳定的印刷状态下，为保证每一印刷循环中输送到纸张上的墨量稳定，在理想输墨系统中，在考虑墨辊串动的条件下，各墨辊上的墨量，是按照一定的值存在的，这个厚度分布和墨辊排列方式有关。

（三）传输链上油墨转移分析

胶印机的输墨装置可以看成是由若干个油墨传输链组成的，在一个没有分支的油墨传链中，如图 4-11 所示，设辊 Φ 为橡皮滚筒，它将油墨传递给纸张，油墨传递率为 β'，有

$$\beta'=\frac{\delta_0}{\delta_\varphi} \qquad (4\text{-}11)$$

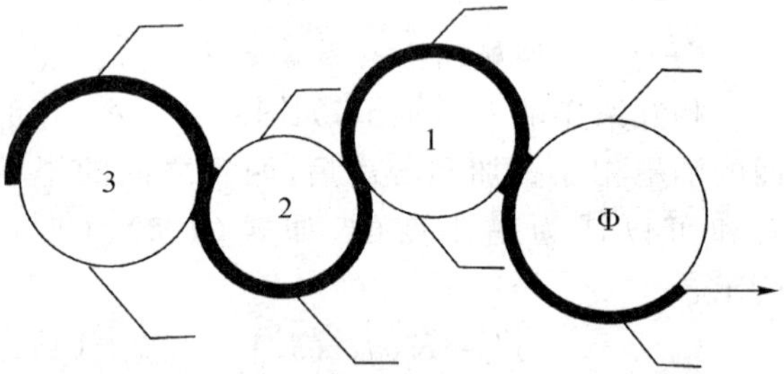

图 4-11　传输链的油墨分配

在稳定状态中，各辊子之间的油墨的转移百分率 $\beta'=50\%$，计算传输链中各辊的两侧表面的墨层厚度，有：

$$\delta_\varphi=\frac{\delta_0}{\beta'} \qquad \delta'_\varphi=\delta_\varphi-\delta_0=\delta_\varphi(1-\beta') \qquad (4\text{-}12)$$

$$\delta_1=\delta_\varphi(1+\beta') \qquad \delta'_1=\delta_\varphi \qquad (4\text{-}13)$$

$$\delta_2=\delta_\varphi(1+2\beta') \qquad \delta'_2=\delta_1=\delta_\varphi(1+\beta') \qquad (4\text{-}14)$$

$$\delta_3=\delta_\varphi(1+3\beta') \qquad \delta'_3=\delta_2=\delta_\varphi(1+2\beta') \qquad (4\text{-}15)$$

同理，可计算得出输墨装置中第 i 根墨辊上，和第 $i-1$ 根墨辊滚压前的墨层厚度是：

$$\delta_i=\delta_\varphi(1+i\cdot\beta') \tag{4-16}$$

第 i 根墨辊上，和第 $i-1$ 根墨辊滚压后的墨层厚度是：

$$\delta'_i=\delta_\varphi[1+(i-1)\beta'] \tag{4-17}$$

传输链中每一根辊子两侧墨层厚度的差值，即是这一根墨辊向下一根墨辊传递的墨量：

$$\delta_i-\delta'_i=\delta_\varphi(1+i\cdot\beta')-\delta_\varphi[1+(i-1)\beta']=\delta_0 \tag{4-18}$$

在稳定生产过程的油墨传输链中，每一印刷周期中传输到印张上的油墨层厚度是严格稳定一致的，其值为 δ_0，相应的输入墨量也应为 δ_0，在同一时间内流经所有墨辊表面的流动墨流厚度均为 δ_0。

经过以上的分析，可以将油墨在分配行程中的分配和传输的特点小结如下：

(1)处于理想的传输状态下，不同墨量的两根墨辊滚压后，将按照相同的墨层厚度来分配。

(2)印刷处于稳定状态时，输墨装置的一端从传墨辊接受油墨，另一端向印版输出油墨。输墨装置在一个印刷周期中从传墨辊获得的墨量和向印版输出的墨量是相同的。

(3)印刷处于稳定状态时，不同墨辊上的墨层厚度是不同的，这种厚度保持在稳定状态，厚度大小取决于墨路的排列和墨辊在墨路中的位置，按照墨辊的排列顺序，从印版到传墨辊不同墨辊上墨层厚度是递增的。

(4)印刷中途改变印版的供墨量或开始印刷调整供墨量，即印刷处于过渡状态中，此阶段输墨装置获得的墨量和转移到印版上的墨量，是不一致的，需要经过一段时间，才能达到新的平衡。

(5)在印刷中断(即滚筒离压时)，输墨装置停止从传墨辊接受油墨和向印版转移油墨，原有的印刷稳定状态被破坏，离隔了的输墨系统将进入新的稳定状态。这时，附着在所有墨辊上的油墨将重新分配，并逐渐达到相同的厚度，这时处于输墨装置下端的墨辊的墨层厚度要比稳定印刷状态时的墨层厚度大，再重新合压印刷时，向印版转移的墨量多，经过 N 次印刷以后，才逐渐达到正常的转移墨量。因此，开始印刷的几张印刷品墨色很深，往往是废品，一般需印刷几十张以上，才能达到稳定的状态，所以，不得不借助于过版纸来减少废品率。有些多色胶印机中(如罗兰 700 系列)采用了停机时将输墨系统分为三段，即从串墨辊处脱开，使三个部分分别转动，使机器在空转的过程中，下部仍保留着与印刷时相似的墨层厚度，大大改善了再开印后的供墨效果，减少了印刷次品率。

(四)着墨过程的墨量分配

由于印版表面存在空档和非图文部分，而墨辊表面的油墨却是连续的，如图 4-12 所示。假设印版滚筒一个墨区内的图像覆盖率占该墨区的周向总面积的比例为 c，它在着墨前后的墨量分别为 S_2 和 S_4，着墨辊和印版接触前的墨量为 S_1，着墨辊和印版接触后的平均墨量为 S'，K 为油墨从着墨辊向印版的传递率，它们之间接触前后的墨量分配关系如式(4-19)、(4-20)所示：

$$S_4=K\cdot(S_1+S_2) \tag{4-19}$$

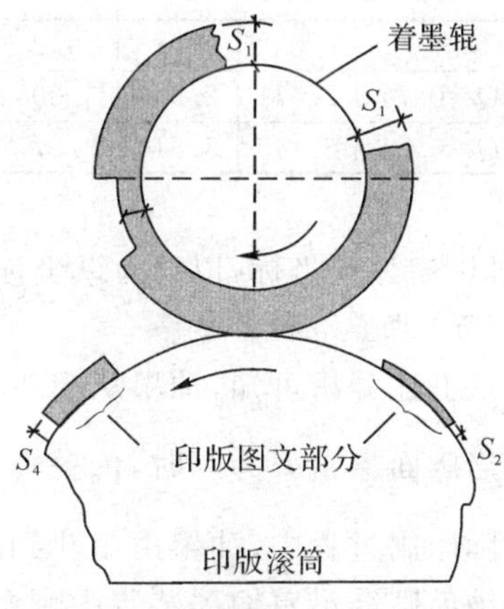

图 4-12　着墨辊和印版之间的墨量分配

$$S'=c\cdot(1-K)(S_1+S_2)+(1-c)\cdot S_1 \tag{4-20}$$

图 4-13 为 Harris M100B 轮转胶印机的输墨系统，40 为墨斗辊、98 为来回摆动的传墨辊、122 和 124 分别为印版滚筒和橡皮滚筒、12 代表承印物。按式(4-2)、(4-3)、(4-19)、(4-20)的方法对该输墨系统建立方程组，令承印物上得到的墨量为 1 单位，求解方程组可得：

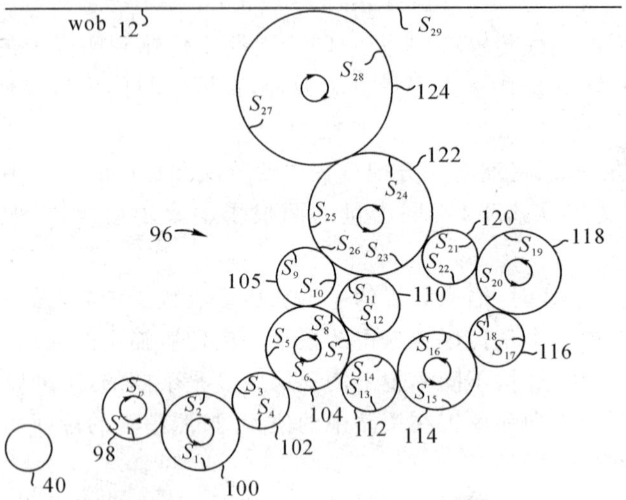

图 4-13　Harris M100B 输墨系统图

$$S_0=\frac{1}{Q}+4c+\frac{16c+8}{5c^2+16c+7} \tag{4-21}$$

式中 S_0 为传墨辊需要从墨斗辊得到的墨量，Q 为橡皮布向纸张的油墨传递率，c 为印版上的图文面积覆盖率。从式(4-21)可以看出，当橡皮布的油墨传递率 Q 一定，承印物上墨层厚度为 1 单位，版面覆盖率取不同值时，传墨辊的平均墨层厚度随着覆盖率的增大而增大，但并非成正比例关系。当版面覆盖率为 0 时，传墨辊的平均墨层厚度并非 0，而应该是 Q 值的倒数。表 4-2 是当橡皮布的油墨传递率 Q 分别为 0.7 和 0.5 时，计算得到的不同覆盖率所对应的传墨辊平均墨层厚度值。

表 4-2　承印物覆盖率和传墨辊墨层厚度之间的关系

c	0	0.1	0.2	0.3	0.4	0.5	0.6	0.7	0.8	0.9	1.0
S0(Q=0.7)	2.571	2.938	3.305	3.674	4.043	4.413	4.785	5.158	5.533	5.909	6.286
S0(Q=0.5)	3.143	3.510	3.877	4.245	4.614	4.985	5.357	5.730	6.104	6.480	6.857

以 S_0 为横坐标，以 c 为纵坐标，作图，结果如图 4-14 所示。

（五）供墨路和回墨路

从上述分析可知，油墨从墨斗辊经传墨辊输入墨路的同时，还存在回流现象。特别明显的是当版面覆盖率为 0 时，传墨辊输入厚度为$\frac{1}{Q}$的墨量，但同时这一墨量又回流到墨斗中。在实际印刷过程中，油墨由墨斗到承印物表面，所经过的路径称为供墨路。而纸毛、纸屑、水辊的绒毛则会沿着输墨装置中剩余墨层所在的弧面上溯到重辊积聚起来，上溯的路径称为回墨路。

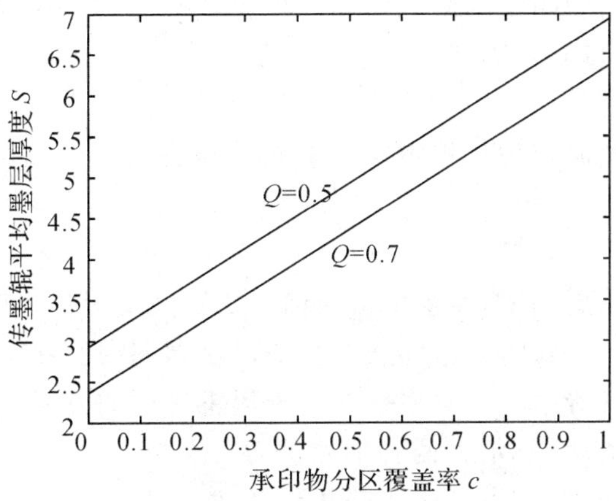

图 4-14　承印物覆盖率与传墨辊墨层厚度的关系

二、影响匀墨和着墨质量的因素

分配行程的目标是在印版上得到尽可能均匀的墨层，匀墨和着墨的质量主要受印刷机及胶辊的性能、墨辊的压力、串墨辊的串动量和起步点、油墨的流变性能影响。

（一）输墨系统的性能指标

输墨装置的性能直接影响到印刷品的墨色质量和调节控制灵敏性。评价输墨装置的性能除了最终以印刷品的墨色来进行评定外，还有一些基本的指标要求。

1. 着墨系数

着墨系数 K_d 指着墨装置中所有墨辊的着墨面积之和 $A_{着}$ 与印版面积 $A_{版}$ 之比，即

$$K_d=\frac{A_{着}}{A_{版}}=\frac{\sum_{j=1}^{m}A_j}{A_{版}}=\frac{\pi\cdot L(\sum_{j=1}^{n}D_j)}{A_{版}} \tag{4-22}$$

D_j 为第 j 根墨辊的直径，A_j 为第 j 根墨辊的着墨面积，m 为着墨辊的数目。K_d 值愈高，着墨性能愈好。通常要求 $K_d>1$ 才有良好的着墨性能。

2. 匀墨系数

匀墨系数（K_c）指匀墨部分所有墨辊的面积总和 $A_{匀}$ 与印版面积 $A_{版}$ 之比，即

$$K_c=\frac{A_{匀}}{A_{版}}=\frac{\sum_{i=1}^{n}A_i}{A_{版}}=\frac{\pi\cdot L(\sum_{i=1}^{n}D_i)}{A_{版}} \tag{4-23}$$

L 为墨辊长度，D_i 为第 i 根墨辊的直径，A_i 为第 i 根墨辊的匀墨面积，n 为匀墨部分墨辊的数。K_c 值愈高，匀墨性能愈好。

3. 贮墨系数

匀墨系数 K_c 与着墨系数 K_d 之和叫贮墨系数 K_g，即：

$$K_g=K_c+K_d \tag{4-24}$$

K_g 的值愈高，表示全部墨辊表面贮存的墨量愈多，每印一次，印版转移到纸张上的墨量与墨辊贮存的墨量之比愈小，其优点是自动调节墨量的性能也愈好，愈容易保证同一印张的

不同位置的墨色均匀和前后印张的墨色均匀。小胶印的 K_g 较小，墨色较难做到均匀一致。K_g 大的缺点是延长了墨量调节周期。

4. 打墨系数

反映油墨在传输和拉薄打匀过程中在墨辊间滚压碾展和分离的次数。打墨系数越大，匀墨效果越好。

5. 着墨率

着墨率是指一个印刷周期里，着墨辊依次向印版图文部分供墨时，各根着墨辊向印版提供的墨量(通常用墨层厚度来计算)占印版在一个印刷周期内所获得的总墨量的百分率。墨量在各墨辊上的分配和各着墨辊的着墨率取决于墨辊排列的方式。

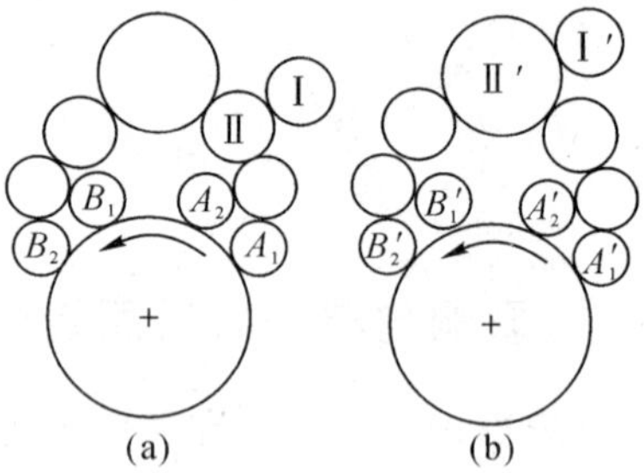

图 4-15 墨辊排列形式对着墨率的影响

如图 4-15 中的(a)和(b)所示为两种形式的输墨系统，墨辊的数目相同，但(a)是从匀墨辊Ⅱ传入油墨，(b)从匀墨辊Ⅱ′传入油墨，若每次印刷转移到纸面的墨层约为 $100a$，印版剩余的墨层约为 δ_0，则按上述计算方法，得到如下结果。

(a)传输系统：

$$\delta_{A1}=\delta_0+\frac{125}{3}a \tag{4-25}$$

$$\delta_{A2}=\delta_0+\frac{250}{3}a \tag{4-26}$$

$$\delta_{B1}=\delta_0+\frac{275}{3}a \tag{4-27}$$

$$\delta_{B2'}=\delta_0+100a \tag{4-28}$$

在(a)所示传输系统中，A_1、A_2 着墨辊分别向印版供应墨量为 $\frac{125}{3}a$，占一个印刷周期中印版得到的总墨量 $100a$ 的 41.67%，故 A_1、A_2 着墨辊的着墨率均为 41.67%。B_1、B_2 着墨辊分别向印版供墨 $\frac{25}{3}a$，占印版得到的总墨量的 8.33%，所以 B_1、B_2 着墨辊的着墨率均为 8.33%。A_1、A_2 墨辊的着墨率高，主要起向印版供墨的作用，B_1、B_2 墨辊的着墨率低，主要起匀墨的作用，更确切地说，起到多退少补的作用。这是因为前两根着墨辊上墨后，其表面墨层不能完全一致，有的地方小于应得的 83.34%，有的地方多于 83.34%，个别地方甚至大于 100%。小于 83.34%的地方需要补充达到 100%；大于 83.34%的地方也要补充达到 100%，只是补充少一些；已大于 100%的地方不能再补充墨，而是要把多余的墨收回去。

(b)传输系统：

$$\delta_{A1'}=\delta_0+25a \tag{4-29}$$

$$\delta_{A2'}=\delta_0+50a \tag{4-30}$$

$$\delta_{B1'}=\delta_0+75a \tag{4-31}$$

$$\delta_{B2'}=\delta_0+100a \tag{4-32}$$

在(b)所示传输系统中，每根着墨辊向印版供墨 $25a$，四根着墨辊的着墨率相同，均为 25%，4 根着墨辊，既给印版供墨，也将印版上的墨层打匀，两种作用同等重要。

着墨率的分配不同影响到印版周向的墨色是否均匀。如 2108 胶印机四根着墨辊的着墨率各为25%，在印刷大面积实地和网点图文犬牙交错的印件时，容易发生“鬼影”和产品墨色前深后浅的故障。现代胶印机一般都是前两根着墨辊着墨率高，主要起供墨作用，后两根着墨辊着墨率低，主要起匀墨作用，特别是最后一根着墨辊，若能保证充分发挥收墨作用，则效果更好。

(二)串墨辊的调节

串墨辊的作用是周向和轴向两个方向打匀油墨。在匀墨性能要求高的输墨装置中，一般有三级四根(第三级二根)串墨辊。除共同的串墨作用外，根据所处的位置，各自的要求和作用有所不同，上串墨辊直径较小，以便迅速拉开供墨装置所供不均匀的、较厚的墨层；中串墨辊具有储存和分流作用；下串墨辊起迅速拉匀着墨辊向印版着墨后其表面残留的与印刷图文相反的不均匀墨迹。

1. 串墨辊串动量的调节

串动量大，有利于油墨均匀铺开，但可能造成图文覆盖率大的墨区缺墨。一般来说，当印版上从一侧到另一侧油墨覆盖率比较均衡时，就可以通过调整串墨辊，使之产生更大的串动量，从而有效地打匀墨膜；当印版一侧到另一侧油墨覆盖率起伏变化大时，则减少串动量，从而保证墨键设置的变化一直传递到着墨量上。

但是在印版正常需求的情况下，最好使用最大的串动量，与着墨辊接触的串墨辊尤其如此，着墨辊在印版上每转动一周过程中，串墨辊都必须给它提供均匀稳定的墨量，以便最大限度地减少鬼影。

有时在印刷一些小面积的文字或线划时，为了提高生产效率，会在一个机组上同时印几个颜色，这时必须将串墨辊的串动量调为零。

2. 串墨辊起步点的调节

由于印版滚筒空档的存在，极易在供墨上造成产品墨色出现前深后浅的现象。这是因为当墨辊滚过印版空档时，着墨辊积蓄了一部分油墨，随着着墨辊从印版的咬口边向拖梢边滚动，着墨辊的第一圈供墨量会比后来多，产生墨色前深后浅现象。为了解决这个问题，以及版面图文分布无规律，需要调节串墨辊的起步点。

串墨辊从最左到最右，又从最右转向方向，在这过程中，串动的速度从最左端的0逐渐增加到最大，又逐渐减为最右端的0，又从最右端的0，增加到反方向的最大速度，然后又减为最左端的0。串墨辊由一个换向点增速到最大，然后到达另一个换向点，印版滚筒应该回转一周，串墨辊往返串动一周，印版滚筒应该回转两周。串动的速度变化规律可以用正弦曲线来描述。轴串速度越高，匀墨效果越好，显然中间地方的串墨效果好，因此，印刷过程应尽可能将串墨要求高的部位对准串墨辊串动的中间部位，而串墨辊换向点只能对准印版滚筒的空档或印版上的非印刷部位。假如印版上的图文靠近印版的前半部分，则串墨辊的换向点可移至印版的拖梢部位进行，这样在到达图文上时，串墨辊已处于串动速度最大部位前后了；假如印版的图文部位在拖梢处，则可将换向点放在印版的咬口处，到拖梢时，串动速度也已达到最大了。

目前胶印机上的串墨辊大部分采用反相串墨，即串墨辊从上到下，一个向左串，一个同时向右串，这样串的结果是串动速度最大点(向左最大和向右最大)重合，最小点也重合，串墨效果不好。在先进的串墨机构中，采用特殊的结构使四根串墨辊串动相位相互错开90°，匀墨效果更好一些。

通过调节串墨辊串动的起步点可以改变墨色在周向的分布情况，但墨色深浅在周向的分布情况比较复杂，影响因素有墨层厚度、着墨区域分布情况等，很难确定某一起步位置就一定是最佳起步位置，所印的墨色最均匀。一般也只能通过逐渐调节串动起步位置，来确定一个最有利于墨色均匀的位置。但下一次印刷其他产品时，由于墨层厚度、着墨区域分布又不相同，如果想达到最佳的串墨起步位置，还必须重新调节。串墨辊起步点的调节方法一般是：点动机器将串墨辊处于最靠边位置，把齿轮上连接串动机构的夹紧螺丝松开，在串墨辊不能串动的情况下，向前点动机器，待机器转过一定的角度后，拧紧夹紧螺丝。

(四)油墨的流变性

在匀墨过程中，要求油墨具有较大的触变性和流动性，利用油墨的触变性，在频繁的应力作用下，油墨粘度下降，有利于油墨打匀。油墨的粘性和丝头要恰当，粘性差，丝头太短，不能保证油墨的正常传递和合理分配；粘性大，丝头长，油墨在墨辊上打不匀，并且分配不均，容易产生严重飞墨现象。

着墨辊向印版转移油墨时，从有利于印刷质量提高的角度来看，对油墨的流变性能有如下的要求：粘度不能太小，流动性不能太大，原有的触变结构应在此时得到恢复，这样有利于控制网点扩大值。

此外，胶辊印刷适性对匀墨和着墨有重要的影响，本章的第一节已对此作了详细的讨论，在此不再重复。

第四节　转移行程

油墨的转移行程包括油墨从印版到橡皮布的转移过程和从橡皮布到承印物的转移过程。最佳的印刷是使印版上的网点尽可能忠实地传递到纸张上，但在转移行程的两次网点传递过程中，不可避免地存在网点大小和形状的变化，网点大小和形状的变化必然引起阶调、颜色和清晰度的变化，是影响印刷质量的最重要因素。本节概述性地介绍影响油墨转移行程图像转印质量的几项因素和可能出现的几种故障问题，其中一些重要问题在其他章节分别做详细的叙述。

一、油墨从印版到橡皮布的转移

(1)印迹墨层由印版向橡皮布转移时，在印刷压力作用下，网点上的墨层(印迹墨层)会发生第一次扩大，扩大的程度与墨层厚度、印刷压力、油墨流变性能及油墨乳化程度有关。墨层厚，印刷压力大，油墨流动性大，油墨乳化值高，都会使像素扩大值增加。

(2)由于印版滚筒和橡皮滚筒分别是刚性滚筒和弹性滚筒，它们滚压时，压印面存在着不可避免的滑移，滑移引起印迹和网点的变形，严重时还会引起重影。考虑到滚压过程中还存在弹性包衬变形所造成的展开长的伸长，应尽可能根据滚筒配置的异径包衬理论使两滚筒达到同步滚压。

(3)橡皮布在印刷过程中会产生物理吸附，影响其表面的亲油疏水性能，导致转移的网点受损。

(4)对于平版印刷来说，印版上的印迹墨层不应全部都转移到橡皮布上，必须保留一定的剩余墨层在印版上。印版表面如果没有足够的剩余墨层来保护，图文部分基础在摩擦和酸性润版液的作用下，很容易发生花版。而油墨的粘性如果过大，可能会破坏油墨正常情况下的中间断裂，导致剩余墨层不足。

(5)每一印刷周期，由印版转移到橡皮布上的像素必须和上一周期向橡皮布转移后剩余相应像素的位置保持一致，否则会发生重影的故障。

二、从橡皮布到承印物的油墨转移分析

(1)当图文部分的墨层由橡皮布转移到承印物上时，发生像素的第二次扩大(机械性网点扩大)，前后两次网点扩大值之和不可超过允差范围。否则，就要从墨层厚度、印刷压力、水墨平衡等方面来降低网点扩大值。

(2)印迹墨层由橡皮布向承印物转移时，从印刷工艺角度看，希望橡皮布上的印迹墨层全部转移给承印物，如果这样就从根本上避免了重影的可能性，但实际上不可能100%转移。胶印过程中，油墨从印版到橡皮布的转移率约为50%左右，由于纸张是吸收性材料，从橡皮布到纸张的转移率约为76%左右。提高油墨转移率，可以在达到承印物上合适的墨层厚度的前提要求下，减少橡皮布和印版上的墨层厚度，也就可以减少网点增大。因此，一般来说，总希望在一定条件下，获得高的、稳定的油墨转移率。油墨转移率受印刷压力、印刷速度、纸张的印刷平滑度、橡皮布的表面性能、油墨的粘度等因素影响。

橡皮布上的印迹墨层向承印物已有的墨层作叠印转移时，在印刷压力正常的前提下，有时还会发生以下两种可能导致印不上的现象：干式叠印时，因先印色油墨晶化而印不上；湿式叠印时，因先印色油墨粘性低于后印色墨，出现“逆叠印”现象。

(3)压印后的纸张，一方面被压印滚筒咬牙咬住，迫使它与橡皮滚筒分离，而橡皮布上印迹墨层的粘着力和橡皮布残余粘性的存在把印张粘在橡皮布表面。结果可能带来下列后果：

①如果将纸张从橡皮滚筒表面剥离下来的剥离张力足够大，使承印物表面强度无法承受时，则纸张表面的纤维、填料或涂料会被橡皮布上的油墨拉下，称为拉毛。严重时，甚至撕裂纸面，即承印物分层粘附，出现剥纸现象。

②如果压印滚筒的咬牙咬力不足以将纸张从橡皮滚筒上剥离下来，造成印张从咬牙中局部(或整体)发生移动，甚至整体拉出，产生局部或整体套印不准、弓皱、甚至纸粘橡皮。纸粘橡皮如果发现不及时很可能会压坏橡皮布，纸张还可能通过印版滚筒进入墨路中，而要从墨路中取出纸张则可能需要拆墨辊。

③纸张在咬牙咬力和橡皮布粘附力的作用下，被拉伸伸长，可能会引起纸张套印不准。

(4)印迹墨层转移到承印物上时，如果在印刷压力及而后的油墨自由渗透过程中，总的渗透深度(加压渗透和自由渗透之和)超过或等于承印物厚度时，就会发生透印。

(5)油墨的转移行程，希望油墨具有较大的触变性和屈服值，较小的流动性和较高的粘度，并希望油墨的丝头能短一些，以杜绝油墨断裂时的回缩现象，控制网点扩大和变形。

三、油墨的附着

油墨在纸张或其他承印材料上的附着，主要依靠所谓“机械投锚效应”和分子间的二次结合力。印刷方式不同，使用油墨和承印物不同，附着的效果有很大的差别。

(一)油墨在纸张上的附着

纸张的主要成分是纤维素、胶料、填料等。纸张表面存在着凸起和凹陷部分,纤维之间还存在空隙,橡皮布或印版上的油墨和纸张接触的瞬间,在印刷压力作用下,有一部分填入凹陷或空隙当中,犹如机械投锚作用一样,使油墨附着在承印物表面,这就是所谓的"机械投锚效应"。

纸张、油墨的主要成分均为非对称型分子,当它们的分子相互靠近时,产生分子间作用力,使油墨附着在纸张表面。对于平滑度较高的纸张,油墨的附着主要依赖于分子间作用力;较为粗糙的纸张,油墨的附着则更多地借助于机械投锚效应。

此外,纸张中所含的填料(氧化钙、氧化钛等)、涂料(白土、碳酸钙等),大部分是无机化合物。这些无机化合物,大大地提高了纸张的比表面能,因而纸张为高能表面。当低表面张力的油墨,覆盖在纸张表面时,使纸张的表面自由能降低,形成稳定的体系,故油墨能牢固地附着在纸张表面。

(二)油墨在金属箔上附着

真空镀铝纸是在普通纸张上进行真空蒸镀铝的方式制得,主要有金箔和银箔两种。其表面的铝膜具有金属光泽、质地坚韧、表面光滑的特性,用铝箔纸印刷的印品,与用其他纸张印金、印银工艺相比,视觉效果更加亮丽气派。铝箔纸的印刷适性主要取决于铝箔的印刷适性。

铝箔结构严密,没有空隙,其表层近于镜面效果,因此,它不具备像纸张那样的渗透吸附性能,油墨在其上的附着只能依靠分子间的二次结合力,即油墨与铝箔表面的分子间作用力。但由于金属表面是高能表面,比表面能比油墨的表面张力高得多,油墨附着时能大大降低金属的表面自由能,因而有较大的粘附功,有利于油墨的附着。胶印工艺进行铝箔印刷的难点主要是油墨固着不良和因干燥不良而引起的背面蹭脏问题。需要特别注意:

(1)控制环境的温、湿度,保持最少的润湿液供注液量,加快油墨的氧化结膜干燥。

(2)控制油墨的印刷适性。

①选择合适的油墨。其干燥机理必须以氧化结膜为主,与普通胶印油墨相比,铝箔纸专用油墨具有较好的转移性能;更强的着色力,可以较薄的墨层厚度获得足够的密度;较好的干燥性能;墨层结膜强度更大,印迹更牢固耐磨。

②油墨不宜过稠。由于铝箔纸表面光滑,吸附力差,所以需要通过增加油墨的流动性来降低橡皮布和油墨之间的吸附力,使之能在适当的压力作用下顺利转印到铝箔纸上。

(三)油墨在高聚物薄膜表面上的附着

和金属箔一样,表面平滑度很高的聚合物薄膜材料,油墨的附着也只能靠分子间的二次结合力,但是,高聚物的表面却是低能表面。油墨能否很好地附着,很大程度上取决于高聚物表面的能量。

高聚物表面的润湿性通常用临界表面张力来评价。对某种高聚物表面,测定一系列有机液体(同系物液体)的接触角 θ,然后以 $\cos\theta$ 对液体表面张力作图,可得一直线,将直线延长至 $\cos\theta=1$ 之处,相应的表面张力(γ_{LG})值,即为此高聚物的临界表面张力,以 γ_c 表示,如图 4-16 所示。凡是表面张力大于 γ_c 的液体,均不能润湿此固体表面。如果固体表面的 γ_c 愈低,则能润湿此固体表面的液体愈少,其润湿性愈差。

表 4-3 列出了几种高聚物的临界表面张力(γ_c)的数值,从所列的数据可以看出,高聚物的润湿性能取决于构成表面最外层的原子团的性质和排列情况。在碳氢键中加入其他杂原子,高聚物的润湿性能明显的改变。氟原子的加入,使 γ_c 变小,润湿性降低;而其他原子的加入则使 γ_c 变大,润湿性提高。高聚物表面的润湿性按下列次序增强:碳氟化合物<碳氢化合物<含其他杂原子的有机化合物。

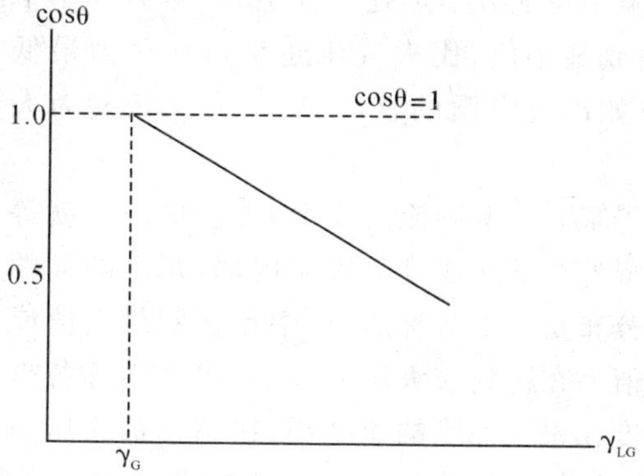

图 4-16　固体的临界表面张力

表 4-3　几种高聚物的临界表面张力(γ_c,单位 10^{-2} N/m)

高聚物表面	γ_c	高聚物表面	γ_c
聚四氟乙烯	1.8	聚乙烯醇	3.7
聚三氟乙烯	2.2	聚甲基丙烯酸甲酯	3.9
聚二氟乙烯	2.5	聚氯乙烯	3.9
聚乙烯	3.1	聚酯	4.3
聚苯乙烯	3.3	尼龙 66	4.6

聚四氟乙烯、聚三氟乙烯、聚二氟乙烯、聚乙烯等的临界表面张力 γ_c 都小于油墨的表面张力,油墨不能润湿这些高聚物的表面。即使在印刷压力的作用下,油墨分子和高聚物分子间的距离减小了,分子间的二次结合力有所增加,但高聚物均属非极性物质,分子二次结合力很弱,油墨的附着仍很困难。为了提高油墨在高聚物表面的附着效果,要对高聚物表面进行处理。一般是采用电虹冲击的方法,用电晕放电产生的游离基反应使高聚物发生交联,提高表面自由能,增加表面粗糙度,改善其对油墨的润湿性。表 4-2 中聚苯乙烯前的高聚物,不经处理是无法用来印刷的。

第五节　油墨传递过程的动力分析

一、油墨在墨辊间的传递

两个相互滚压的墨辊间的油墨,相对于墨辊来说,处于流动状态。图 4-17 表示一个弹性辊和一个刚性辊对滚的情形,两辊的外缘形成一个有双向喇叭口的间隙。两辊接触前各自附有一层油墨,汇合后进入间隙,通过间隙的最窄处之后,墨层内部开始出现微小的空隙(核),核逐渐长大成为空隙,在空隙长大过程中,空洞之间的油墨被拉丝,墨丝渐长,在一处或几处断裂,大部分油墨分别粘附在两根辊上,很少一部分油墨可能游离出来,形成墨雾。这就是油墨在墨辊间流动过程的一个概略描述。

两辊之间的油墨的压力变化情况是:汇合之前,各是大气压;汇合以后,压力开始增加,

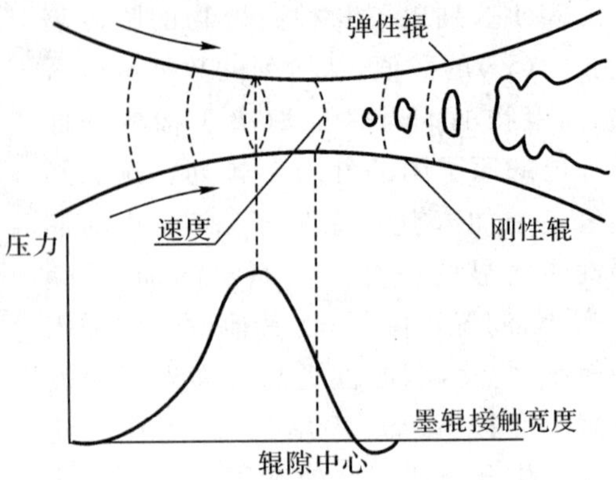

图 4-17　油墨在墨辊间的流动

到辊隙中央前方不远处达到最大，然后开始下降，直到最小值（比大气压还小），在压力最低处，开始出现空洞的核，之后压力又恢复为大气压。

墨辊表面上墨流的速度，理想情况下就等于墨辊外缘的线速度。墨流内部，每个断面的速度分布是上下对称的，在中点达到最大值或最小值。在达到最大压力以前，墨流内部各点的速度比墨辊外缘的速度小；在超过最大压力后，墨流内部各点的速度比墨辊外缘的速度大。就平均速度而言，沿着墨流的方向，在达到最大压力以前，是逐渐下降的；在超过最大压力以后，是逐渐上升的，直到最低压力处。每个断面上的速度梯度是油墨粘性剪切流动的结果。

油墨作为粘弹性材料，兼有流体的粘性和固体的弹性特征。如果拉力作用时间较长，油墨更多地表现为粘性特征，墨丝会被拉得很长，断裂后回弹也较慢；如果拉力作用时间很短，油墨则更多地表现为弹性特征，墨丝在拉得很短时就断裂，而且回弹较快。

二、油墨的转移过程分析

印刷过程实质上就是墨流在印版（或橡皮布）和承印物之间分裂并转移的过程，墨流的分裂是在张力和剪切力的综合作用下进行的。墨流进入两辊间的通道后，压力急剧上升；在到达通道最窄处以前，压力达到峰值；此后压力急剧下降，在压力下降过程中，墨流受到张力的作用。如果剪切速率保持不变，则张力在通道的中间达到最大值。张力最大值大于油墨的内聚力时，此时墨膜内部开始形成空洞，空洞越来越大，逐渐长出墨丝，油墨便在此处分裂为两部分。

图 4-18 为油墨转移过程的力学模型，设有一个压印滚筒，半径为 R，压印在平版上，压印滚筒上的纸张表面到印版表面的最小距离为 h_0。如图所示建立坐标系 oxy，则在通道任

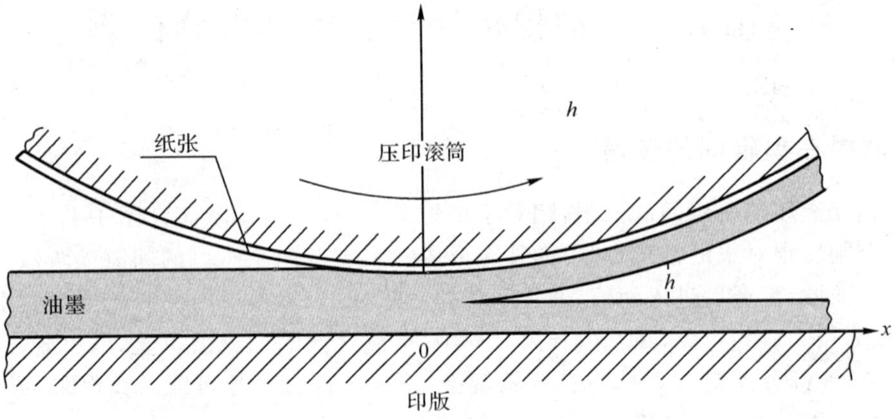

图 4-18　油墨转移的力学模型

意处高度 h 可表达为 x 的函数：

$$h=h_0+\frac{x^2}{2R} \tag{4-33}$$

同时还假定，通过通道的墨流中的压力分布按下式变化：

$$\frac{\mathrm{d}P}{\mathrm{d}x}=\eta_P\cdot\frac{\mathrm{d}^2u}{\mathrm{d}y^2} \tag{4-34}$$

式中 p 代表墨流中任一点的压力，η_p 代表油墨的塑性粘度，u 表示该点沿 x 方向的速度，且认为 u 与 x 无关而仅为 y 的函数，$\frac{\partial u}{\partial y}$代表剪切速度。

对上式进行积分，可得剪切速率在通道的 y 轴方向上的值：

$$\frac{\partial u}{\partial y}=\frac{1}{2\eta_p}\left(\frac{\partial p}{\partial x}\right)(2y-h) \tag{4-35}$$

根据上式，可得在 $y=\frac{h}{2}$处，即通道高度方向的中点处，剪切速率$\frac{\partial u}{\partial y}=0$，而离中点越远，剪切速率越大。图 4-19 表示在纸张和印版间（沿 y 轴方向）墨流剪切速率的分布情况。曲线 A 表示对应于通道中压力上升段的剪切速率分布，由两条斜线组成，在 $y=\frac{h}{2}$处，剪切速度等于 0；曲线 B 表示通道中压力达到峰值时，此时$\frac{\partial p}{\partial x}=0$，剪切速率恒为 0；曲线 C 表示对应于通道中压力下降段的剪切速率分布，也是由两条斜线组成。

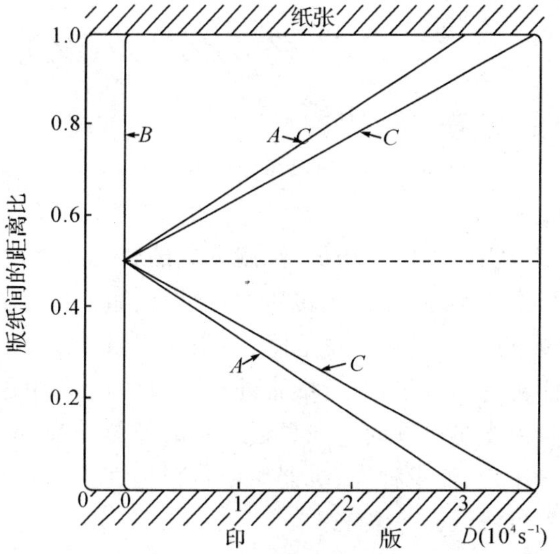

图 4-19　印版与纸张间隙墨流的剪切速率

油墨是触变性流体，油墨的表观粘度明显受剪切速度的影响，实验证明，在靠近纸张或版面的地方，由于剪切速率远大于中间，使得油墨的表观粘度要比通道高度方向中心线处小 10％左右。油墨的表观粘度还受温度的影响，温度上升粘度下降。纸张与油墨之间、油墨与油墨之间、油墨与印版之间的摩擦所产生的热量，使墨流内部的温度升高。但温度上升是不均匀的，由于纸张的传热性较差，在靠近纸张一侧的墨流中，温度上升显著；由于金属的传热性较好，在靠近金属印版一侧的墨流中，温度变化不大。考虑到受剪切速率和温度的影响，墨流中表观粘度的分布情况如图 4-20 所示。

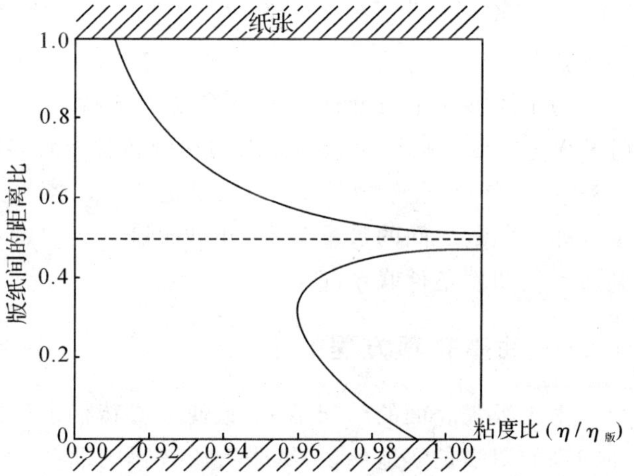

图 4-20　印版与纸张间隙墨流的粘度变化

在靠近纸张一侧的油墨连续料，有一部分被纸张吸收，致使这里颜料粒子的浓度上升，而在颜料粒子的表面,连结料与颜料粒子的结合比较薄弱。因此,在靠近纸张表面的墨流中,由于剪切应力较大,油墨的表观粘度较小,颜料粒子较多,因而作为墨流裂隙的核总是首先在靠近纸张表面的墨流中产生。核发生后,一方面随墨流一起向通道的出口移动,另一方面形成的空洞逐渐拉长拉大,并最终分裂,如图 4-21 所示。

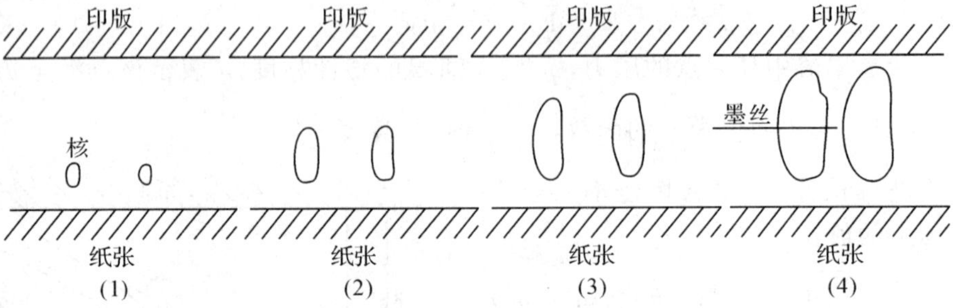

图 4-21　空洞的长大过程

当印刷速度增加,空洞发生的数量随之增加,但由于空洞生长的时间变短,各个空洞成长度变小,故在油墨转移中,没有向版面方面充分成长的机会,使油墨在靠近纸张的地方分裂,以致油墨转移率下降,在版面墨量不变的情况下,转移到承印物上的墨层颜色变浅。表面粗糙的纸张,靠近纸张处被吸收的连结料更多,使得该处空洞发生的几率大为增加,所以自由墨量更倾向于在靠近纸张的部位分裂,油墨转移率下降,因此在相同的印刷条件下(印刷压力、油墨种类、机器型号),粗糙度大的新闻纸比平滑度高的铜版纸,油墨转移率低,印刷墨色浅淡。

第六节　油墨转移方程

为了能够定量地分析油墨转移过程的特征,美国人沃尔克(W·C·Walke)和费茨科(J·W·Fetsko)于 1955 年提出的油墨转移方程,叫 W·F 油墨转移方程,用来表达油墨转移过程中,转移墨量与印版墨量及其他相关因素之间关系的解析表达式。它建立了转移墨量与印版墨量之间的数量关系,并且通过方程中的参数,将墨量转移优劣与纸张、油墨的印刷适性及印刷条件联系起来。

一、油墨转移方程的建立

由于纸张表面的凸凹不平,致使油墨转移过程中,纸张表面不可能与油墨完全接触。即便印刷的图案是实地色块,纸张上所获得的油墨层在高倍放大镜下却可能如图 4-22 所示,照片上露白的部位是纸面上不曾接触油墨的部位,但在印版上与之对应的部位却是有油墨的,因此,转移到纸张上的墨量 y,首先与纸张接触油墨的面积有关。

从图 4-22 还可以看出,照片上显黑的部位是纸面上接触到油墨的部位,这里墨色上浓淡差异,显示出转移到接触油墨的纸面上的墨量,数量上也有不同。因此,在接触油墨的纸张表面上,究竟有多少墨量从印版转移到纸张上,仍然与纸张、油墨的性能、状态,以至印刷条件有关。

设单位面积纸面上与油墨接触的面积为 $F(x)$，$F(x)$是个比值，与印版墨量 x 的大小有关，一般地说，$F(x)$随 x 的增大而增大。如果纸面与油墨完全接触，$F(x)=1$；如果纸面与油墨完全没有接触，$F(x)=0$。实际上，$F(x)$是在 0～1 的范围内变化的 x 的函数。

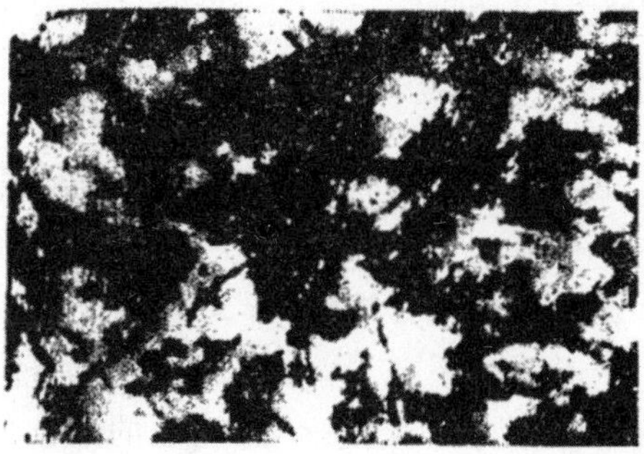

图 4-22　印张上着色部位的放大照片

如果在纸面上与油墨接触部分的面积为一单位，获得的转移墨量为 $Y(x)$，$Y(x)$也与印版墨量 x 的大小有关，是 x 的函数，则单位面积纸面上得到的转移墨量 $y(x)$等于 $F(x)$与 $Y(x)$之积，即

$$y(x)=F(x)\cdot Y(x) \tag{4-33}$$

纸张上获得的墨量可以看成是由两部分组成的。一部分是由于所谓“机械投锚现象”而填入纸张凹陷处的墨量；另一部分，则是由于油墨分子间二次结合力的作用，转移到纸张上的墨量，如图 4-23。

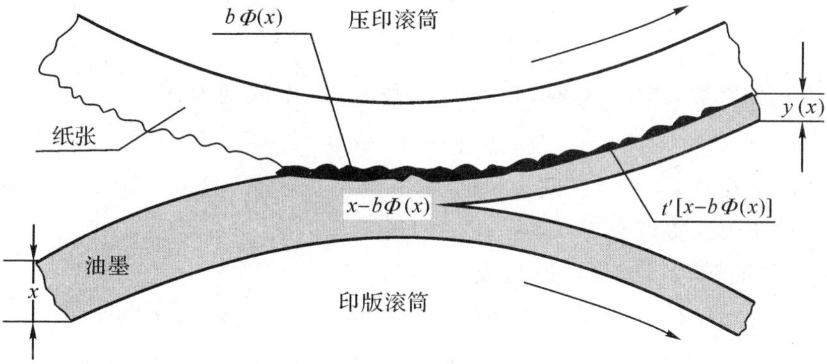

图 4-23　油墨转移中的墨量分配

纸张凹陷处在印刷瞬间可能填入的墨量，与纸张表面的粗糙程度、印刷压力、油墨流动性等有关，但总有一定局限性，有个极大值记作 b，b 与纸张、油墨的印刷适性以及印刷条件有关。实际印刷中填入纸张凹陷处的墨量不会大于 b，可表示为 b 与某个系数 $\Phi(x)$之积 $b\cdot\Phi(x)$，这便是由于机械投锚现象而转移的墨量。$\Phi(x)$的范围是 $0\leqslant\Phi(x)\leqslant1$；$\Phi(x)$与 x 有关，是 x 的函数。

除了在压印的瞬间填入纸张凹陷处的墨量外，印版上剩余的墨量为 $x-b\cdot\Phi(x)$，为自由墨量，由于分子间二次结合力的作用，仍有机会向纸张表面转移。设转移的墨量为 $r\cdot[x-b\cdot\Phi(x)]$，r 是一个小于 1 的比例系数，它与纸张、油墨的印刷适性以及印刷条件有关。综上分析可以得到：

$$y(x)=F(x)\{b\cdot\Phi(x)+r\cdot[x-b\cdot\Phi(x)]\} \tag{4-34}$$

如果单位面积纸张上与油墨接触的面积为 $F(x)$，则单位面积纸张上未与油墨接触的空白部分面积便是$[1-F(x)]$。根据经验有：$F(x)$对 x 的变化率 $\frac{dF(x)}{d(x)}$ 与$[1-F(x)]$成正比，即：

$$\frac{\mathrm{d}F(x)}{\mathrm{d}(x)}=k\cdot[1-F(x)] \tag{4-35}$$

式中 k 为比例系数。分离变量后，积分上式，得：

$$\ln[1-F(x)]=-kx+c \tag{4-36}$$

式中 c 为积分常数，当 $x=0$ 时，$F(x)=0$，故 $c=0$，(4-36)式变为

$$F(x)=1-\mathrm{e}^{-kx} \tag{4-37}$$

$F(x)$是在 $0\leqslant x\leqslant\infty$ 区间上的连续单调增加函数，且 $0\leqslant F(x)\leqslant 1$。实际上，当 x 相当大时，$F(x)$便很快接近于 1 了。

实际填入纸张凹陷处的墨量与凹陷处的极值容纳墨量 b 之比为 $\Phi(x)$，填入油墨后纸张凹陷处空出的容积与凹陷处极值容纳墨量之比便是$[1-\Phi(x)]$。根据经验假定：$\Phi(x)$对 x 的变化率$\frac{\mathrm{d}\Phi(x)}{\mathrm{d}x}$与$[1-\Phi(x)]$成正比，且与凹陷处的极值容纳墨量 b 成反比，则有：

$$\frac{\mathrm{d}\Phi(x)}{\mathrm{d}x}=\frac{1-\Phi(x)}{b} \tag{4-38}$$

式中比例系数假定为 1，分离变量，积分上式，得：

$$\ln[1-\Phi(x)]=-\frac{x}{b}+c \tag{4-39}$$

式中 c 为积分常数，当 $x=0$ 时，$\Phi(x)=0$，故 $c=0$，上式变为：

$$\Phi(x)=1-\mathrm{e}^{-\frac{x}{b}} \tag{4-40}$$

因此，$\Phi(x)$是在 $0\leqslant x\leqslant\infty$ 区间上的连续单调增加函数，且 $0\leqslant\Phi(x)\leqslant 1$，实际上，当 x 相当大时，$\Phi(x)$便很快接近于 1 了。

所以，$W\cdot F$ 油墨转移方程可以写成：

$$\begin{aligned} y(x)&=F(x)\cdot Y(x)=F(x)\{b\cdot\Phi(x)+r\cdot[x-b\cdot\Phi(x)]\}\\ &=(1-\mathrm{e}^{-kx})\cdot\{b\cdot(1-\mathrm{e}^{-\frac{x}{b}})+r\cdot[x-b\cdot(1-\mathrm{e}^{-\frac{x}{b}})]\} \end{aligned} \tag{4-41}$$

二、油墨转移方程参数的赋值方法

$W\cdot F$ 油墨转移方程建立了转移墨量 y 与印版墨量 x 的解析关系，但在方程中出现了 b、r、k 三个参数，必须确定这三个参数，才使得印版墨量和承印物上墨量之间确定对应关系。

（一）参数 b、r、k 及其影响因素

1. 参数 *b*

参数 b 是纸张（或其他承印材料）表面凹陷处在印刷瞬间可能填入的极值墨量，此时，由于压印时间极短，油墨还来不及渗入纸张的毛细管内。影响 b 值大小的因素：在纸张方面，主要是纸张表面的凹孔几率，凹孔的几率愈高，b 值愈大；在油墨方面，主要是油墨连结料的粘度，连结料粘度愈大，b 值愈小；在印刷条件方面，印刷压力愈大、印刷速度愈低，则 b 值愈大。在纸张、油墨和印刷条件一定的情况下，b 值也唯一确定。

按式(4-41)，印刷过程中实际填入纸面凹陷处的墨量 h 可写作：

$$h=b\cdot\Phi(x)=b(1-\mathrm{e}^{-\frac{x}{b}}) \tag{4-42}$$

若印版墨量足够大，即 x 足够大，则 $h=b$，可认为实际填入墨量就等于极值填入墨量。

2. 参数 r

参数 r 是自由墨量分裂率。所谓自由墨量指从印版墨量 x 中减去由“机械投锚效应”而填入纸张凹陷处的墨量 $b\cdot\Phi(x)$ 后，印版所剩余的墨量 $x-b\cdot\Phi(x)$。影响自由墨量分裂率 r 的主要因素是油墨流变特性。此外，r 还与纸张的表面性能和印刷速度有关，纸张表面粗糙、吸收性强，r 值有变小的趋势；印刷速度愈低，自由墨膜的分裂部位愈是接近墨膜的中间，r 值愈接近于 0.5。

若印版墨量足够大，即 x 足够大，则有 $(1-e^{-\frac{x}{b}})$ 趋于 1，$(1-e^{-kx})$ 趋于 1，代入式(4-41)，可以得到：

$$y(x)=1\times[b+r\cdot(x-b)]=r\cdot x+b\cdot(1-r) \tag{4-43}$$

等式两侧除以 x，得：

$$\frac{y}{x}=r+\frac{b(1-r)}{x} \tag{4-44}$$

等式的左边即为油墨转移率 f；等式的右边，当 x 足够大时，$\frac{b(1-r)}{x}$ 远小于 r，可以忽略，因此有：

$$f=\frac{y}{x}=r+\frac{b(1-r)}{x}\approx r \tag{4-45}$$

即在印版墨量很充足时，自由墨量分裂率 r 近似等于油墨转移率 f。

3. 参数 *k*

在印版墨量 x 一定的条件下，单位面积纸张上与油墨接触的面积为 $F(x)$，而 $F(x)=1-e^{-kx}$，因此，参数 k 决定了单位面积纸面上接触油墨面积所占的比率，因而间接地表示了印刷中墨膜与纸面接触的平服程度。影响 k 值大小的因素很多，在纸张方面，纸张平滑度愈高，质地愈是柔软，k 值愈大；在印刷条件方面，印刷压力愈大，印刷速度愈低，k 值愈大；油墨对 k 值的影响比纸张小，油墨稀薄，k 值有增大的趋势。总之，一切使纸张与油墨接触机会增加、接触时间增大的因素，都会使 k 值有增大的趋势。由于 k 值反映了多种因素对印刷过程中纸张与油墨接触状况的影响，用 k 值评价印刷中纸张的平滑度更全面、更符合实际，所以 k 值也被用来评价纸张的印刷平滑度。

（二）参数 b、f′、k 赋值的近似方法

$W\cdot F$ 油墨转移方程 $y(x)=(1-e^{-kx})\cdot\{b\cdot(1-e^{-\frac{x}{b}})+r\cdot[x-b\cdot(1-e^{-\frac{x}{b}})]\}$ 是个代数方程。在印版墨量十分充足的情况下，即在 x 足够大的条件下，若 b 和 k 都是有限值，则 e^{-kx} 和 $e^{-\frac{x}{b}}$ 两项都非常小，很容易地得到了线性化的油墨转移方程

$$y(x)=r\cdot x+b\cdot(1-r) \tag{4-46}$$

(4-46)式表明，在印版墨量 x 相当大的条件下，油墨转移曲线近似地成直线状态，这与实验结果是比较符合的。如果能设法找到这条直线，得到斜率 $\tan\theta$ 和截距 I（参看图4-24），则可得 b 与 r 值：

$$r=\tan\theta=\frac{y_2-y_1}{x_2-x_1} \tag{4-47}$$

$$b=\frac{y(0)}{1-r} \tag{4-48}$$

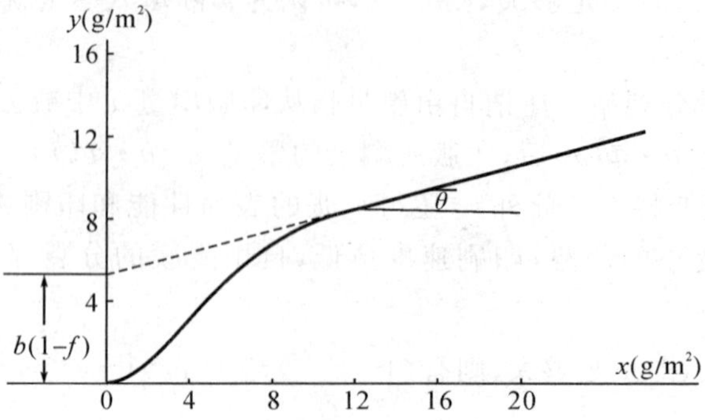

图 4-24　线性化的油墨转移方程

求得 b、r 之后，若给定一组 x、y，便可由式(4-53)解得 k：

$$k=-\frac{2.303}{x}\lg\left\{1-\frac{y}{b\cdot(1-e^{-\frac{x}{b}})+r[x-b\cdot(1-e^{-\frac{x}{b}})]}\right\} \tag{4-49}$$

为了提高赋值精度，可以选择若干组 x、y 值的实验数据，代入(4-52)式求得若干个 k 后，再求平均值。

[例题 4-1]实测的印版墨量 x 和转移墨量 y 的数据如表 4-4 所列。试依据表中所给数据，用线性油墨转移方程的方法，给参数 b、r、k 赋值。

表 4-4　实测一组印版墨量和承印物上对应墨量的数据

序号		1	2	3	4	5	6	7	8	9	10	11
墨量	x(g/m²)	0.300	0.545	0.792	0.985	1.260	1.545	2.120	3.220	5.680	9.050	12.250
	y(g/m²)	0.103	0.270	0.441	0.561	0.736	0.894	1.200	1.720	0.810	4.300	5.700

可采用如下方法确定参数 b、r、k 的值：

(1)先画出油墨量转移曲线 y—x，找出从何处开始曲线接近于一条直线。如果依据表中所给数据拟合出油墨转移曲线，则从中可以看出，在第 8 组 x、y 数据之后，$y-x$ 曲线很接近于一条直线了。以表中第 10、11 组 x、y 数据列直线方程。

(2)列方程 $\frac{y-y_1}{x-x_1}=\frac{y_2-y_1}{x_2-x_1}$，其中$(x_1\ y_1)(x_2\ y_2)$必须选自直线处的点。则有：

$$\frac{y-4.30}{x-9.05}=\frac{5.70-4.30}{12.25-9.05} \tag{4-50}$$

简化后，得：

$$y=0.44x+0.34 \tag{4-51}$$

式中斜率为 0.44，即为参数 r 值，由(4-48)可求得 b 值。

$$b=\frac{y(0)}{1-r}=\frac{0.34}{1-0.44}=0.61 \tag{4-52}$$

(3)如果以所得的 b、r 数据和表 4-3 中的前 3 组 x、y 数据代入(4-49)式，可算得 k_1、k_2、k_3 三个数据，取 k_1、k_2、k_3 的平均值表示参数 k

$$k=\frac{k_1+k_2+k_3}{3} \tag{4-53}$$

从上例中可以看到，在应用线性化油墨转移方程给 b、r、k 赋值的近似方法中，参数 k 的赋值精度，取决于参数 b、r' 赋值精度和 x、y 实验数据的选择；而参数 b、r 的赋值精度又取决于油墨转移方程线性化的近似程度，求 r、b 时，所选取的点必须是后部分，因为只有 x 很大时，$y(x)=r\cdot x+b\cdot(1-r)$ 才成立；但是，求 k 时必须选择前面的部分，因为 k 作为平滑度参数，只有在印版墨量较小时，才有明显的差别。

复习思考题

1. 怎样调节油墨从墨斗中的输出量？墨斗中墨量的多少对输出墨量有何影响？
2. 串墨辊在油墨传递过程中起什么作用，如何调节与控制？
3. 什么是匀墨系数、着墨系数、贮墨系数？系数的大小有何优点和缺点？
4. 墨量调节周期的长短和什么有关？
5. 什么是着墨率？着墨率的分配不同对印刷质量有何影响？
6. 油墨在墨辊间分配的特点是什么？
7. 油墨在纸张上、铝箔纸上和薄膜上附着各有什么特点？
8. 印刷中途为什么要尽量减少停印次数？使用过版纸有什么意义？
9. 根据你所学过的知识，简要说明为使印版获得厚薄均一的油墨膜层，输墨装置、墨辊、油墨应达到哪些基本要求？
10. 油墨依靠哪些作用附着在承印物表面？表 4-3 中，哪几种高聚物材料，不经过处理，使用普通油墨就能印刷？
11. 表 4-5 列出了 J2108 机的墨辊直径数据，若实际印刷面积为 880mm×615mm，墨辊长为 880mm，试计算着墨系数、匀墨系数和贮墨系数。

表 4-5　J2108 输墨系统墨辊数据

编号	1	2	3	4	5	6	7	8	9	10	11	12
辊名	出墨	传墨	上串	中串	下串	匀墨	匀墨	匀墨	重辊	着墨	着墨	着墨
数量	1	1	1	1	2	2	2	2	4	2	1	1
直径（mm）	80	60	86.15	115.85	86.15	50	60	70	50	60	70	80

12. 图 4-25 是东芝 B-B 胶印机的墨路图，试计算每根着墨辊的着墨率。
13. 平版印刷对输墨系统胶辊的性能有何要求？
14. 胶辊的粘弹性效应对油墨的传输有什么影响？为什么冷却串墨辊的温度，可以提高输墨效果？
15. 试说明建立 W·F 油墨转移方程所依据的数学模型的特点和方程建立的过程。
16. W·F 油墨转移方程的参数 b、f'、k 有何物理意义？受哪些因素的影响？
17. 由油墨转移实验测得印版墨量 x 和转移墨量 y 的数据如表 4-6 所列。试给油墨转移方程参数 b、f'、k 赋值，并写出 W·F 油墨转移方程。

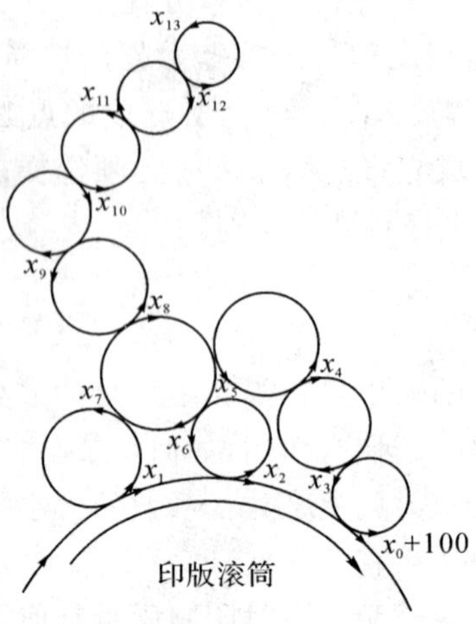

图 4-25　东芝 B-B 型胶印机墨路

表 4-6　实验测得的 x、y 数据

$x(\mu m)$	0.252	0.410	0.633	1.205	2.124	3.684	4.949	7.086
$y(\mu m)$	0.030	0.389	0.080	0.148	0.589	1.773	2.811	3.969
$x(\mu m)$	8.833	10.369	12.066	13.753	15.116	18.962	20.005	26.047
$y(\mu m)$	4.864	5.128	5.867	6.288	6.681	7.921	8.126	9.108

第五章　套印的控制

印刷版面上的各个元素，一方面要求在经过裁切和折叠的产品上准确定位，另一方面要求印刷的每一分色必须与前面印刷的分色精确对正，定位正确与套印准确是印刷的最基本要求。胶印生产过程中，一件多色印刷品从输出底片、晒版到印刷，由于工序复杂，应用的材料和设备较多，影响套印精度的因素很多，要想真正达到理想的套印准确是不可能的，所谓的套印准确，只是套印误差不超过规定的范围而已。即使是在允许的误差范围内，套印精度对彩色印刷的清晰度和洁净度也有重要的影响。所以应该在工艺实践中找出影响套印精度的众多因素并加以控制，尽可能使套印误差控制在最小的范围内。

第一节　套印不准的基本形式

印刷是将印版上的图像转移到纸张上的过程，多色套印是将大小相同的各单色图像（以规矩线为基准），印刷在纸张表面上相同的位置来实现的。由于经裁切得到的印张大小有尺寸误差，所谓纸张表面上的相同位置，指的是各单色图像（以规矩线为准）相对于纸张的咬口边两点和侧规定位板所对应的纸边一点有相同的位置。

造成套印不准的具体原因很多，看起来好像很复杂，但它是有规律的。从根本上讲，造成套印不准的原因有两种：一种是各色图像在纸张上的定位不准导致套印不准；另一种是印到承印物上的各色图像尺寸不同导致套印不准。

一、定位不准导致的套印不准

（一）图像在纸张上定位的方法

因为胶印过程最终是将纸张固定在压印滚筒表面完成的，所以图像印在纸张上的位置取决于图像相对于压印滚筒的位置和纸张相对于压印滚筒的位置两个方面的因素。而图像相对于压印滚筒的位置又取决于图像相对于印版、印版相对于印版滚筒、印版滚筒相对于压印滚筒等三个方面的因素，如图 5-1 所示。

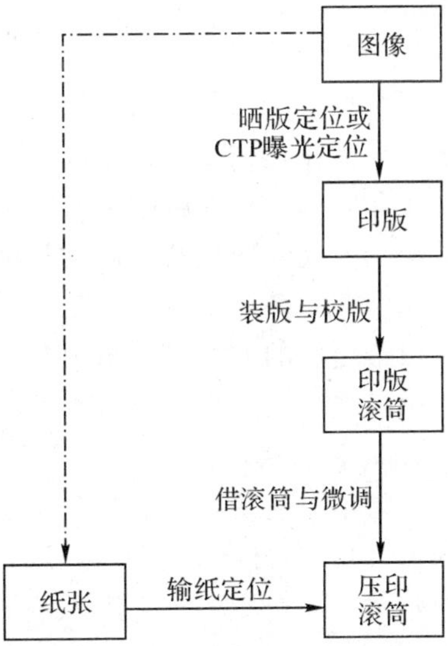

图 5-1　图像定位过程

1. 晒版定位或 CTP 曝光定位

图像相对于印版的位置取决于晒版曝光时底版

放置在印版上的位置，或 CTP 输出前设置的图像定位。为了更快地完成套印调节，节省印刷工序的校版时间，晒版或输出 CTP 版时，应根据图像相对于纸张的位置要求，确定图像相对于印版的位置，避免印刷不同产品需要借滚筒的麻烦，同时还要使各色图像相对于印版的位置尽可能地准确一致。

2. 装版与拉版

印版相对于印版滚筒取决于装版与拉版操作。印版装入印版滚筒的版夹并夹紧后，印版和版夹即连成为整体，但未绷紧的版夹连同印版是可以相对于印版滚筒的筒体移动的，通过调节装版时版夹所处的位置和装好印版后拉动版夹(拉版)，可以调节印版相对于印版滚筒的位置。由于拉版既麻烦又容易导致印版变形，所以要尽可能通过准确的定位配合来达到套印准确，减少拉版。生产中，歪斜调节往往需要通过拉版来完成，平行的上下、来去位置调节采用借滚筒或移动规矩更方便。

3. 借滚筒与滚筒微调

印版滚筒相对于压印滚筒的位置调节可分为两种：借滚筒和版位微调。

(1)借滚筒。借滚筒调节印版滚筒周向位置方法的实质是通过改变印版滚筒筒体与其传动齿轮的相对位置来改变印版滚筒与橡皮滚筒的周向位置，由于橡皮滚筒相对于压印滚筒的位置一般是固定不变的，所以可以使印版随着印版滚筒一起相对压印滚筒作周向的大范围移动，从而改变图文印在纸张上的上下位置，这种调节称为借滚筒。

(2)版位微调。一般只是多色机有此机构，能微量地改变印版滚筒相对于压印滚筒的位置，调节只能在机器运行中进行。版位微调包括周向微调和轴向微调，有的印刷机还能斜向微调。周向微调和轴向微调通常是通过周向和轴向移动印版滚筒筒体的位置来实现的；斜向微调有两种不同实现方法，有的机器通过拉动印版滚筒筒体作水平移动，使印版滚筒中心线相对于橡皮滚筒不平行来实现的，故不宜长期处于此状态；有的机器是不移动印版滚筒，而是通过拉动版夹一端的高低位置来实现的，原理类似手工拉版。

4. 输纸定位

纸张相对于压印滚筒的位置取决于纸张被递纸机构咬牙咬住前所处的位置，纸张一旦被摆动牙咬住，虽然纸张在后续传递过程中还需要在不同的机构间交接，但传递准确的话，它在压印时刻相对于压印滚筒的位置便已经确定下来了。纸张被递纸咬牙咬住前所处的位置取决于前规和侧规的定位，调节前规和侧规的位置就是调节纸张相对于压印滚筒的位置。

调节任一环节都会改变图像在纸张上的位置，合理地互相配合地调节这几个环节，可以达到以最便捷的方式完成图像在纸张上的精确正确定位和使各分色达到套准的目的。

(二)定位不准导致的套印不准的基本形式

1. 单面未套准

如果第二色图像在纸张上的定位和第一色图像在纸张上的定位不相同，虽然这两色图像的尺寸是一致的，但会出现第二色图像相对于第一色图像整体错位而导致套印不准，如图 5-2 所示。除了人为的因素，没有将各色图像经调整印刷到纸上相同的位置，这种误差通常由以下几方面因素引起的：

①纸张在前规和侧规处的定位误差；

②纸张从规矩处经递纸机构传送到压印滚筒的过程中出现位置误差；

③压印滚筒咬牙咬住纸张在印刷过程中的位置误差；

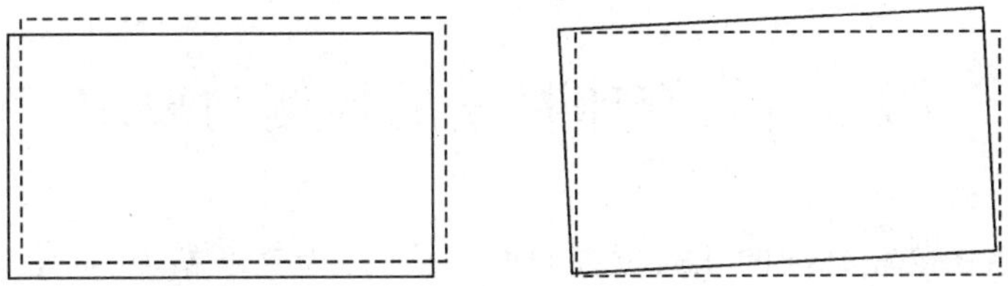

图 5-2 定位不准导致套印不准

④纸张在机组间传递过程中出现位置误差。

定位不准引起的套印不准主要是由于机械精度差、工艺操作不当等原因造成的。

2. 正反面未套准

对正反面图像的套准要求一般低于单面的各分色图像之间的套准要求，这种套印不准常见于纸张翻转印刷时，定位基准改变所引起的。单张纸单面印刷机印刷完正面后，印刷反面时，应该保持纸张的咬口边不变，采用左右翻转，利用另一侧规定位，保持侧规定位基准也不变，可以保证准确的正反面套准。如果采用前后翻转印，或者采用左右翻转印，但印刷机只采用单边侧规定位，印刷第二面时，纸张的咬口边或侧规边就和印刷正面时不是同一边，如果纸张的尺寸严格地一致，则依旧能保证正反面套准，但由于裁纸误差，纸张尺寸不一致就会引起正反面套印不准。

所以，正反面印刷的产品，应该优先选择采用左右翻转印。如果一定要采用前后翻转印或左右翻转印但不打算改换前规定位，则裁切纸张时一定要保证纸张的尺寸有足够精度。

二、图像变形导致的套印不准

理想情况下，以规矩线为基准，各分色图像的尺寸是严格一致的。但在印刷复制过程中，分色图像可能会发生变形，导致印在纸张上的各分色图像的尺寸变得不相同了。如果分色图像尺寸不一，即使定位准确，也会导致彩色印刷套印不准。可能导致分色图像尺寸不一的原因有：

①印前制版原因；

②印版的变形；

③纸张的变形；

④印版滚筒衬垫厚度的改变；

⑤橡皮布的变形。

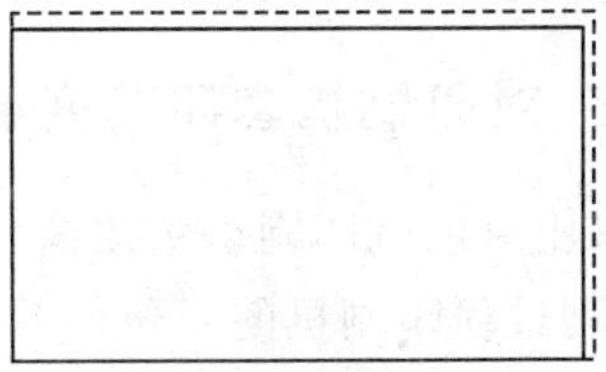

图 5-3 图像变形导致的套印不准

由于图像大小不一致导致的套印不准表现为整个画面套印精度分布是不均匀的，有的部位套印比较准，在套印规定的误差范围内，而另一些部位套印精度比较差，超出套印规定的误差范围，整体上表现为局部的套印不准，如图 5-3 所示。

第二节　套印精度的检测与要求

印刷品上各色图文轮廓线的几何位置的偏差值，称为套准精度，通常用长度单位（毫米或丝）来计算。套印不准会使图文呈现多重轮廓，对单色印刷机而言，在误差允许范围内套印精度差，虽然不影响印刷品的阶调和色彩再现，但会影响图像的清晰度；对多色印刷机来说，机组间的套印精度差，更为重要的影响是引起图像阶调和色彩的改变，所以套印准确是所有印刷品的共同的要求，套印精度是产品质量的一个指标。

一、胶印对印刷品套印精度的要求

一般具有正常视力的人，能分辨物体细节的视角 $\alpha=1'$，那么在标准视距 $D=25\text{cm}$ 时，具有正常视力的人所能分辨物体的大小为：

$$A=\alpha\cdot D=250\times\left(\frac{1}{60}\right)^{\circ}\times\frac{2\pi}{360^{\circ}}=0.072\text{mm} \qquad (5\text{-}1)$$

也就是说人眼在正常的观察距离上，识别细微线条的能力可达 0.072mm，印刷过程中当套印误差超过 0.072mm 时，人眼能看清未重合的图像边缘。在实际生产中，撇开不同的客户对不同的产品的特定要求，一般来说，人们把 0.10mm 的误差作为考虑套印精度的基准。

CY/T5-1999《平版印刷品质量要求及检验方法》行业标准要求精细印刷品的套印误差不大于 0.10mm；一般印刷品的套印允许误差不大于 0.20mm。由于套印精度越高，对图像清晰度越有利，所以有条件的企业应努力创造条件，提高套印精度，使产品质量更优。

二、套准精度测定方法

用带刻度的高倍放大镜观察图文上要检测的部位，如果规矩线和待检测的图文部位具有同样的套准精度，也可以观察规矩线的套准精度作为图文上要检测部位的套准精度。

三、对印刷机套印精度要求

采用单色机印刷多色图像，油墨以湿叠干的形式叠印，对印刷机的套印精度的基本要求是：印刷过程印刷机的定位误差（续纸误差）加上图像变形造成的套印误差之和不超过客户要求的印刷品套印误差即可。在此范围内，即使用放大镜观察网点的边缘有点模糊，但在整个印刷品上阶调值并没有多大的变化，不易被人眼察觉。

但是，采用多色机印刷彩色图像时，油墨以湿叠湿的形式进行叠印，前一色油墨印在纸上的湿网点，必然会在后色橡皮布上留下印迹，并且从这个部位再次转印到印张上。按照理想化的要求，上一印张留在后色橡皮布上的前色网点印迹必须和下一印张上的前色网点印迹完全重合。但在实际印刷中，如果两个机组之间存在着传纸误差，上一印张留在后色机组橡皮布的网点印迹，便会在下一印张的网点旁边印出淡淡的虚影。这种虚影使得先印色网点的面积和形状都发生了变化，从而造成再现网目调图像的颜色和层次的变化。由于人眼对颜色的变化比轮廓的辨别力更敏感，根据实验，机组间传纸误差超过 0.02～0.03mm，人眼就会发现颜色的变化，所以湿式叠印，允许的机组间传纸误差必须小于 0.03mm。因此，多色机的机组之间的传纸误差的要求远小于单色机续纸误差和多色机的第一色印刷前的续纸误差，机组间的传纸精度对于印刷高质量的彩色细网目印刷品极为重要，先进的印刷机传纸误差能控制在 0.01mm 以内。

经实验证明，由于印刷机制造精度等原因，造成的各色之间套印误差符合高斯正态分布规律。印刷过程中，出现较大套印误差是很少的，而没有套印误差，百分之百套准的印刷品实际上是没有的，如图 5-4 所示。

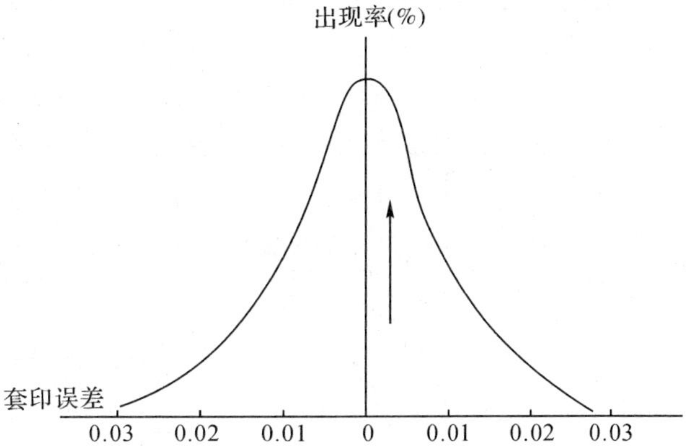

图 5-4　套印误差的正态分布规律

衡量正态分布的误差大小是用方差（标准误差）大小来表示的，具体的作法是，在印第一色时，就印上一条细线，此细线为测量标记。印第二色时，再印上另一条与第一色标记有一定距离的细线标记。如果印张上没有套印误差，每一条线在纸上的位置是固定的，它们之间的距离始终是相等的，用$\bar{x}$表示。由于误差的存在，它们的间距 x_d 每张各不相同，求出 n 次的平均值$\bar{x}$，即：

$$\bar{x} = \frac{1}{n}\sum_{d=1}^{n} x_d \tag{5-2}$$

那么标准误差 S 可用下式表示：

$$S = \sqrt{\frac{1}{n}\sum_{d=1}^{n}(x_d - \bar{x})^2} \tag{5-3}$$

实验证明，实际测量获得的套印误差有 68.26%是在单倍标准误差的范围之内，95.45%在双倍标准误差范围之内，99.73%处在三倍标准误差范围之内，即：

$\pm 1s$ 范围内的实际误差为 68.26%；

$\pm 2s$ 范围内的实际误差为 95.45%；

$\pm 3s$ 范围内的实际误差为 99.73%。

在印刷过程中，就套印来说，如果将标准误差定为 0.015mm，则$\pm 1s$ 限度就意味着所有印张中的 68.26%的套印误差小于或等于 0.015mm；$\pm 2s$ 限度意味着所有印张中的 95.45%的套印误差都小于或等于 0.03mm；而 99.73%到 95.45%之间的印张，也就是所有印张的 4.28%的套印误差为 0.03～0.045mm，其余 0.27%的印张的套印误差大于 0.045mm。

假如，同时遇到两个以上的套印误差因素的影响，则将每个套印误差均视为具有正态分布性质，而把它们相加到一起，产生一个新的正态分布，这个新的正态分布则有一个新的标准误差，可以用下式计算：

$$S_a = \sqrt{S_1^1 + S_2^2 + S_3^2 + \cdots + S_n^2} \tag{5-4}$$

式中 S_a 为新的正态分布的标准误差，S_1、S_2、$S_3 \cdots S_n$ 为单个正态分布的标准误差。

印刷机的套印误差，主要来自续纸套印误差和传纸套印误差。用单色印刷机进行四色彩色印刷时，要经过四次续纸，每一次续纸都是独立的，不受上一次续纸误差影响，如果续纸误差为 0.05mm,则印刷品上的任何两个印色之间的套印误差也就是 0.05mm。用四色胶印机进行彩色印刷时,经过一次续纸,三次传纸,续纸所产生的误差只会使整个彩色图像在纸上的定位产生误差,不会影响各色之间的套印误差。但是纸张在各个印刷机组之间的传递过程中,出现的套印误差之和,则是构成印张上各单色之间的实际套印误差。若每两个机组间的传纸误差都是 0.03mm,运用正态分布相加规律,就可以求出印张上的第一色和第四色之间的套印误差,即:

$$S_{1,4}=\sqrt{S_{1,2}^{1}+S_{2,3}^{2}+S_{3,4}^{2}}=\sqrt{0.03^{2}+0.03^{2}+0.03^{2}}\approx 0.54\text{mm} \tag{5-5}$$

印刷机的套印误差,不仅与机械制造精度有关,也与机器在使用过程中的磨损有关,是衡量机器质量好坏的重要指标,是对印刷机进行验收检测的一项重要项目。印刷速度越快,运行过程中的震动越严重,通常套印误差也越大。

第三节　图像变形导致的套印不准

一、印前制作对套印的影响

激光照排机从结构上可分为绞盘式和滚筒式两类。滚筒式激光照排机具有高重复精度的特点,绞盘式激光照排机结构和操作都较简单,价格也比较便宜,可以使用卷筒的胶片连续出片,但这一结构的激光照排机扫描记录的精度、套准精度偏低,因为输出原因导致套印不准基本上都出现在绞盘式激光照排机上。所以,选购激光照排机,如果是输出文字线条产品,滚筒式和绞盘式都可以;如果是以输出彩色图像为主,一般不要选择绞盘式激光照排机,最好选购滚筒式照排机。平时对激光照排机必须精心维护保养。在输出胶片时,要确保激光照排机处于绝对正常且良好的工作状态,一套四色底片尽可能一次连续输出完成。

输出的底片需要显影,显影的温度、时间和显影后的烘干条件要严格控制,一套底片应一次连续显影完毕,以保证显影和烘干的条件是相同的,引起的底片变形量也是相同的。

有时还需要用手工的方法把小张底片拼成大版,拼版过程拼贴位置不准会造成套印误差。分别由小张底片拼贴而成的一套大版,由于晒版时吸真空导致单层片基部位下凹,牵动底片位移可能会造成套印不准。

二、印版变形对套印的影响

印刷前必须把印版安装到印版滚筒上并拉紧,校版时还常常需要对印版进行拉版操作,装版和拉版的过程将使印版产生两种不同的变形:平版印版的纯弯曲变形和绷紧印版时的拉伸变形,这些变形都会可能影响套印准确。

(一)印版的弯曲变形

平版印版装到滚筒上后,就由原来的平面状的薄版成为近似圆筒状的曲面,如图 5-5 所示,由于印版具有一定的厚度,这样一弯曲,就会使印版正面和背面的实际周向长度 L 发生变化,那么版面上的图像尺寸也就跟着发生了变化,因此造成图像变形,可能导致套印误差。

印版具有一定的厚度,其弯曲变形可以近似地看作是一个有矩形截面的直梁的纯弯曲变形,如图 5-5 所示,按照材料力学理论,一根矩形直梁在纯弯曲时,它的中性层长度不变,

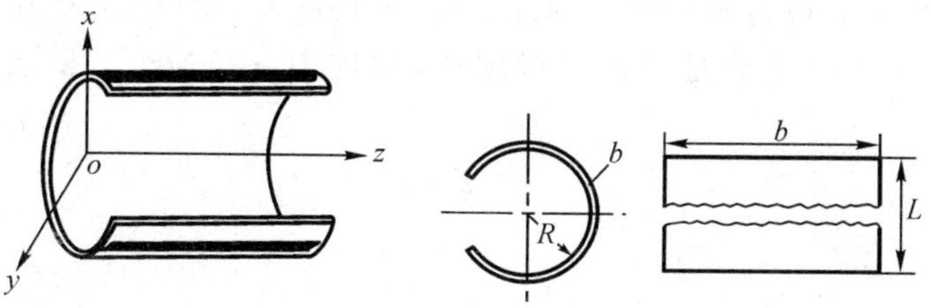

图 5-5　印版的弯曲变形

凹的一面长度将缩短，凸边长度将伸长。对于印版来说，印版中间层的长度将等于弯曲前印版的长度，而它的印刷面将被拉长。如果将水平放置时长为 a、厚为 h 的印版弯曲成圆形，刚好包在半径为 R 的滚筒表面，其外表面和中间层的半径分别用 $R_{凸}$ 和 $R_{中}$ 表示，因为印版的中间层在弯曲过程保持原来的长度不变，有：

$$a = 2\pi \cdot R_{中} = 2\pi\left(R + \frac{h}{2}\right) \tag{5-6}$$

印版的外表面周长因拉伸而伸长，伸长量用 Δa 表示，有：

$$\Delta a = 2\pi \cdot R_{外} - 2\pi \cdot R_{中} = 2\pi(R+h) - 2\pi\left(R + \frac{h}{2}\right) = \pi h \tag{5-7}$$

实际上，印版往往不会完全包裹整个印版滚筒表面，印版上需要套准的图文长度也只占印版周向长度的一部分，那么平放时印刷面上长度为 L 的两点，包裹在半径为 R 的印版滚筒表面，因弯曲伸长的变形量为 ΔL_1，有

$$\Delta L_1 = \Delta a \cdot \frac{L}{a} = \pi h \cdot \frac{L}{2\pi\left(R + \frac{h}{2}\right)} = \frac{h}{2R+h} \cdot L \tag{5-8}$$

例如，有一印版，其厚度为 0.28mm，其上的周向图文长度为 600mm，装在印版滚筒半径为 150mm 的胶印机上印刷，则印版在未紧固时，仅由于印版的弯曲造成了原周向长为 600mm 的图像发生了伸长，伸长量设为 ΔL_1，有：

$$\Delta L_1 = \frac{0.28}{(2 \times 150 + 0.28)} \times 600 = 0.56\text{mm} \tag{5-9}$$

即原周向长度为 600mm 图像伸长为 600.56mm。

印版上图文的弯曲伸长量和印版厚度、滚筒半径和图文周向长度有关。当印版厚度相同、印刷机滚筒半径相同时，多色印刷的各色因弯曲变形造成的伸长相同，虽然图像伸长了，但不会产生套印不准现象。但是如果多色印刷品的各色分别晒在厚度不同的印版上，或者虽然印版厚度相同但由滚筒半径不同的印刷机印刷，则可能会因为印版弯曲变形量不同而导致套印不准。柔性版由于版材较厚，滚筒直径较小，因印版弯曲造成的变形量更大，需要印前预先进行适量的补偿。通常在制版前设计原稿或分色时考虑到印版的伸长量，在原稿的周向长度尺寸中减去相应值以作补偿。

（二）印版的拉伸变形

印版安装到胶印机的印版滚筒上，必须利用版夹使其张紧固定，校版时还需要进行拉版操作。由于胶印 PS 版的厚度较薄，强度较差，延展性大，在拉版张力作用下，印版必定产生拉伸变形。

对于长为 L，横截面积为 S 的理想弹性体，沿着长度 L 的方向在外力 T 作用下，发生变形，变形量为 ΔL_2。如果变形是在弹性极限内，则应力 σ 与应变 ε 的关系由虎克定律来描述：

$$\sigma = E \cdot \varepsilon \tag{5-10}$$

即：

$$\frac{T}{S} = E \cdot \frac{\Delta L_2}{L} \tag{5-11}$$

得：

$$\Delta L_2 = \frac{T \cdot L}{E \cdot S} \tag{5-12}$$

式中 E 为材料的弹性模量，因此，理想弹性体的应力作用下的伸长量正比于材料的长度和施加于材料上的张力，反比于材料的横截面积和弹性模量。由此可见，绷紧印版时张紧力不宜过大，以固定住印版，使其在印刷过程中不会滑移为度。小幅面印版可以做得薄一些，以节省材料成本，但大幅面的印版不能做得太薄，否则会因横截面积的减少，使印版产生过量的拉伸变形。

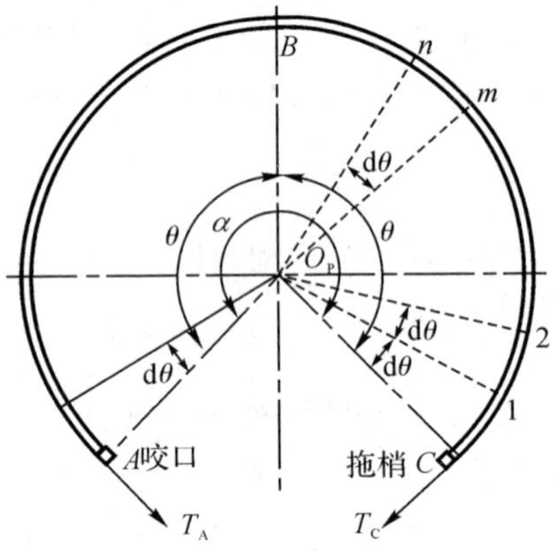

图 5-6　平版印版紧版时的受力情况

由于滚筒是圆形的，印刷生产过程中，印版包裹在印版滚筒拉伸绷紧，印版受到绷紧张力的作用后，总有一部分转化为对滚筒的正压力，同时印版在绷紧或被拉动时，还存在印版凹缘面与滚筒（或衬垫）之间的摩擦力。这就使印版沿圆周方向的拉力（张力）分布不可能均匀，张力的大小分布和印版滚筒包角、摩擦系数以及施加在咬口处或拖梢处的张力值有关。

如图 5-6 所示，弧 ABC 代表包裹在滚筒表面的印版，在印版上取任一微小的弧段 mn，弧 mn 所对应的圆心角为 $d\theta$，如果施加在印版上 A 段的作用力为 T_A，则 n 和 m 点所受的拉力 T 和反作用力 T' 的大小和方向如图 5-6 所示，二者之差为 dT，即

$$dT = T' - T \tag{5-12}$$

设弧 mn 内表面的摩擦系数为 f，正压力为 dN，则在图中所示的 X 轴方向，当力处于平衡状态时，有：

$$T \cdot \cos\frac{d\theta}{2} = T' \cdot \cos\frac{d\theta}{2} + f \cdot dN \tag{5-13}$$

则：

$$dT \cdot \cos\frac{d\theta}{2} + f \cdot dN = 0 \tag{5-14}$$

在图中所示的 Y 轴方向，当力处于平衡时，有：

$$T \cdot \sin\frac{d\theta}{2} + T' \cdot \sin\frac{d\theta}{2} = dN \tag{5-15}$$

即：

$$2T \cdot \sin\frac{d\theta}{2} + dT \cdot \sin\frac{d\theta}{2} = dN \tag{5-16}$$

考虑到 $\sin\frac{d\theta}{2}\approx\frac{d\theta}{2}$，$\cos\frac{d\theta}{2}\approx1$，$dT\cdot\sin\frac{d\theta}{2}$远小于 $2T\cdot\sin\frac{d\theta}{2}$，则由式(5-16)和式(5-14)可得：

$$2T\cdot\frac{d\theta}{2}=-\frac{dT}{f} \tag{5-17}$$

分离变量并积分，得：

$$\int_A^n\frac{dT}{T}=\int_0^\theta-f\cdot d\theta \tag{5-18}$$

$$\ln\frac{T_n}{T_A}=-f\cdot\theta+c_1 \tag{5-19}$$

所以：

$$T_n=T_A\cdot e^{-f\theta}+C \tag{5-20}$$

式中 C 为积分变量，当 $T_A=0$ 时，$T_n=0$，故 $C=0$，式 5-20 简化为：

$$T_n=T_A\cdot e^{-f\theta} \tag{5-21}$$

例如，$J2108$ 的包角 $\alpha_P=270°$，若摩擦系数 $f=0.5$，当对印版咬口或拖梢一端施加拉力 T_A 时，则在滚筒空档所对应的正中点 B，所受的拉力为：

$$T_B=T_A\cdot e^{-f\theta}=T_A\cdot e^{-0.5*\frac{135}{360}*2\pi}\approx0.3079T_A \tag{5-22}$$

在印版的另一端 C 所受的拉力为：

$$T_C=T_A\cdot e^{-f\theta}=T_A\cdot e^{-0.5*\frac{270}{360}*2\pi}\approx0.0948T_A \tag{5-23}$$

如图 5-7 所示，对 A 端施加一个单位的拉力，则从 A 端到 B 端的拉力随着相对于 A 端的弧度增加而下降。

印版面积越大(例如全张、双全张印版)，绷紧或移动印版所需要的拉力 T_A 也越大，才能克服和该面积成正比的背面摩擦力，尤其需要注意印版拉伸变形造成套印不准的后果；印版面积相同时，所需要的绷紧力又和滑动摩擦系数 f 值有关，如果印版背面和其他衬垫材料之间的表面过于毛糙，f 值偏大，拉版所需的拉力大，印版变形大。

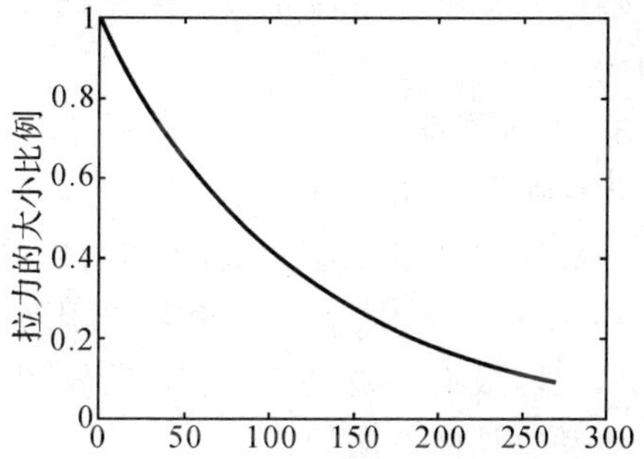

图 5-7　印版在背面摩擦力阻挠下的轴向变形

装在滚筒上的印版，在拉版时，圆周方向上的各质点所受的张力是不同的，越靠近咬口或拖梢，其张力值越接近所施加在咬口边或拖梢边的拉力，反方向则越少。拉版时，印版沿滚筒圆周方向的变形量是不均匀的，由于印版拉伸变形而导致的套印不准，主要发生在靠近咬口边和拖梢边的部位。

(三)印版的其他变形

印版在安装、绷紧及校版过程中，主要发生弯曲和拉伸变形。如果操作不规范，还可能引起印版其他不正常的变形。

1. 周向移动印版

周向移动印版时，必须把另一端的拉力撤除后才能开始拉版，否则会产生过量的拉伸变形，并集中于被拉动的版夹附近。

周向平行移动较多时，宜用借滚筒来解决；少量周向平移印版，多色机宜用印版滚筒周向微调解决，一般只在单色机上采用拉版。

2. 轴向移动印版

轴向移动印版时，必须先行撤销对印版的周向张紧力，印版周向的张紧力消除后，才可能使衬垫对印版的摩擦力消失或减小到足够的程度。否则，如图 5-8 所示，印版靠近版夹的两端在轴向顶力 F 发生移动，而印版中间部位在背面摩擦力 f 的严重阻碍下没有移动或移动很少，印版成为双曲边的平行四边形，造成套印不准。

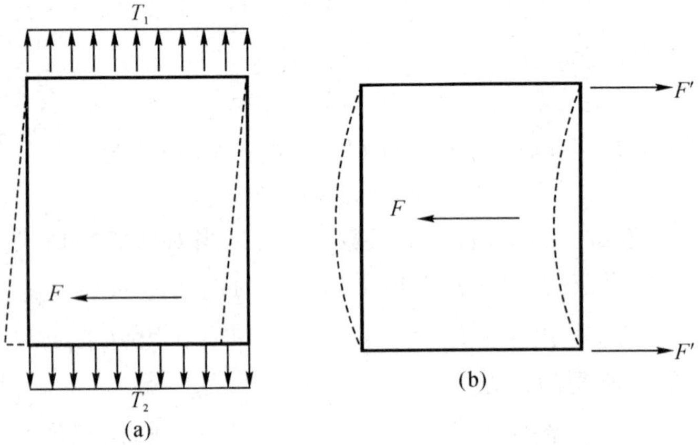

图 5-8　印版在背面摩擦力阻挠下的轴向变形

轴向平行移动应优先考虑采用调节侧规矩或印版滚筒轴向微调，既方便操作又不会引起印版变形。

3. 歪斜校正

当印版图文需要作歪斜校正时，必须将轴向移动和周向移动配合进行，周向移动距离与轴向移动距离之比等于印版长宽比（一般是 5∶4），让印版沿端点转动，才能用较少的力使印版移动。具体方法如下：

歪斜调节应该配合借滚筒、印版滚筒周向轴向微调和前规矩调节，转换为一侧保持套准，只在另一侧拉高或拉低，以达到更有效率的完成定位调节。例如，有一块印版（如图 5-9 所示），需要将右边拉下，而左边保持不变。拉版方法如下：

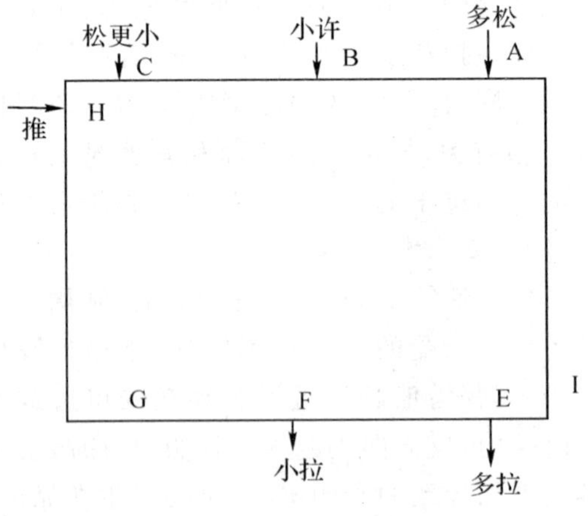

图 5-9　印版的歪斜调节

①先松开相反方向的拉版调节螺丝，松开量根据需要拉动量的多少而定，如图 5-9 中 A、B、C 点所示。

②将松开较少一侧的轴向的版夹顶版螺丝轻轻拧出，顶向肩铁，将版夹顶向另一侧移动，推动量根据需要拉动量而定。（有的幅面较大的胶印机，版夹分为两段，需先拧紧中间的

顶版螺丝，将两段版夹连成一体。）

③在拉版方向拧动拉版螺丝，使印版移动，E 点根据需要拉动量拉动，F 点拉动量减半，G 点不拉。

④拧紧相反方向的拉版螺丝 A、B、C。

⑤拧紧螺丝 E、F、G。

F 点的推动量不要一次推动太多，如果感觉 E 点已拉紧但拉动量还不够，不能硬拉，应再次推动 F 点，也可以配合推动 I 点，然后再拉动 E 点。

（四）印刷定位系统

从原稿到印刷品，需要经过分色、拼版、拷贝、晒版、印刷等生产过程，为了保证分色图像在各个工序的生产中都以最快捷的方式达到套印准确，可以利用定位销和定位孔的配合，通过一系列操作来达到目的，这套系统叫印刷定位系统。由于现在普遍采用桌面排版系统进行版面制作，能自动输出套印准确的分色底片，因此定位系统主要在晒版和印刷过程中使用。

多色胶印机的定位系统，包括印版打孔机和装版的定位系统。

印版打孔机的主要功能有两个：打孔功能和调校功能，其目的是使各色图像相对于定位孔的位置高度一致，通过和装版定位系统的配合，使图像相对于印版滚筒的位置尽可能一致。目前常用的打孔有两类：

①机械式打孔机。如图 5-10 所示，一般采用两块滑块居中定位，只能调节左右方向的对称性，上下方向不能调节，因此只具有打孔功能，不具备调校功能。使用时，先将未晒印版打孔，再用空白的片基打孔，然后利用定位销将多张片基套合后，将各色底版十字线对准后分别贴在各片基上，再用定位销将贴有底版的片基和印版套合，然后曝光晒版。

图 5-10　机械式印版打孔机

②光电式打孔机。如图 5-11 所示，使用前先输出 CTP 印版或用常规的方法晒版，再用打孔机的两个 CCD 摄像头采集印版上的十字规矩线，并用荧光屏放大显示，通过自动或手动的方式转动调节旋钮，校正上下、左右偏差，使印版十字线与荧光屏上内置的十字规矩线对正，再对印版进行打孔。

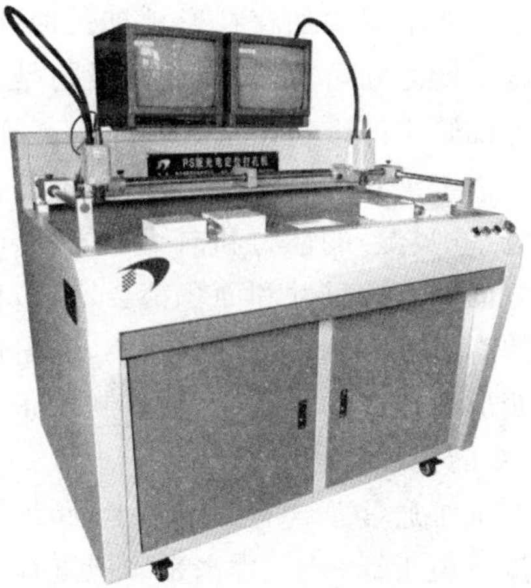

图 5-11　光电式印版打孔机

装版定位系统，是使印版准确地固定在印版滚筒所设定的位置上。定位销安装在胶印机印版滚筒设定的位置上，装版时，只需将印版上的两个 U 形孔挂在定位销上，利用观察孔调整版位，印版很快即可装好。

三、纸张变形对套印的影响

纸张具有敏弹性变形、滞弹性变形和塑性变形的特点。敏弹性变形对印刷是有利的，提高了油墨和纸张的接触面积，增加了油墨转移率，而离开压印区后又迅速恢复，不至于影响下一色印刷。纸张的塑性变形包括垂直方向和水平方向的变形，垂直方向的变形影响到印刷压力的控制，印刷生产中引起套印不准的主要原因通常是纸张的平面方向塑性变形。平面方向的塑性变形主要是由于纸张含水量的变化引起的，此外印刷压力、剥伸张力也会引起纸张变形，印刷过程中纸张的变形使得先印色和后印色无法套准。

- 纸张变形
  - 敏弹性变形
  - 滞弹性变形
  - 塑性变形
    - 垂直方向塑性变形
    - 水平方向塑性变形
      - 含水量变化引起变形
      - 印刷压力作用引起变形
      - 剥伸张力作用引起变形

图 5-12　纸张在印刷过程中的变形

(一)含水量变化引起的纸张变形

纸张是由天然植物纤维交织成的薄层材料。植物纤维包括纤维素、半纤维素、木质素等成分。纤维素是由许多葡萄糖分子聚集而成的，每个葡萄糖基都含有多个羟基(半纤维素的分子结构近于纤维素，同样含有许多个羟基)，因此，纸张具有很强的亲水能力。而且，由纤维交织而成的纸张，有无数粗细不同的毛细孔，对水有毛细吸附作用，所以，纸张是吸水性很强的材料。

水在纸张中的存在形式有三种，即化学键结合、吸附和结构渗透。化学键结合是指纤维素分子键之间可以形成水桥；吸附是指水的单分子层覆盖在纤维表面；结构渗透是指水在纸张毛细管中的渗透。

由于纸张的特殊结构，纸张不仅在同纸张接触时能够吸收水分，而且具有从潮湿的空气中吸水(吸湿)的能力和向干燥的空气中排水(脱湿)的能力。纸张在吸水后发生膨胀，纸张各方面的直线尺寸和面积都会增加，机械强度有所降低。纸张在脱水后发生收缩，纸张各方面的直线尺寸和面积都会缩小，变得僵硬发脆。这些变化都是由纸张含水量的变化引起塑性变形所造成的。因此，要控制纸张变形，必须控制纸张的含水量，并且使纸张的含水量均匀，才能保证套印的精度。

纸张通常总含有一定的水分，纸张中所含水的重量与该纸张的重量之比叫做纸张的含水量。由于纸张吸、排水是缓慢进行的，当存放的纸张其吸湿速率与脱湿速率相等，并保持动态平衡时，该纸张所含有的水分便叫纸张在该条件下的平衡含水量。

1. 影响纸张平衡含水量的因素

(1)纸张的品种。在同一温湿度条件下，不同品种的纸张具有不同的平衡含水量，由于环境条件的变化引起的含水量变化和产生的变形量也不同。越是富有亲水性和吸收性的纸，其平衡含水量就越高。如在20℃、65%相对湿度的空气中，某种凸版纸的含水量为8.1%，新闻纸的含水量为9.05%。

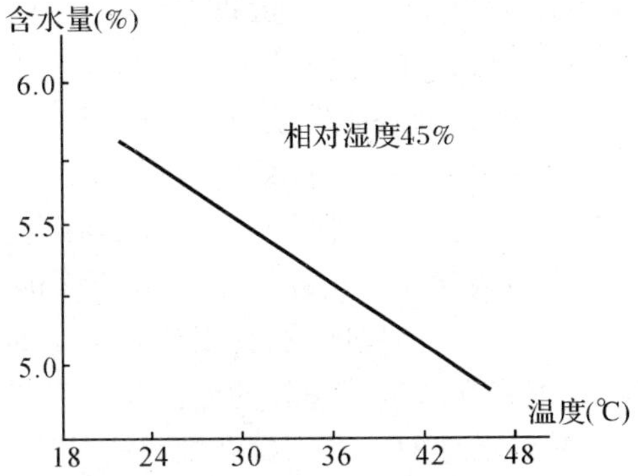

图5-13　胶版纸含水量与温度的关系

(2)环境温度。同一纸张在一定的湿度下，纸张的平衡含水量与温度成反比，如图5-13所示。大多数纸张，在一定相对湿度下，温度每变化±5℃，纸张的含水量约变化±0.15%。在多色印刷中，纸张的含水量变化若超过±0.1%，就会影响套印精度。因此，印刷车间的温度要严格控制，一般变化不得超过±3℃。

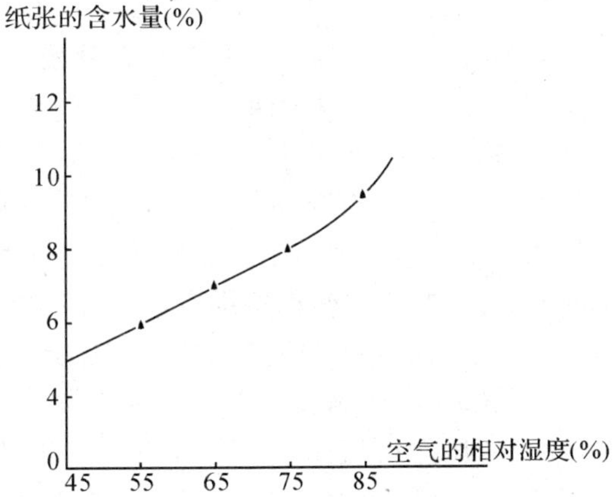

图5-14　胶版纸含水量与湿度的关系

(3)环境湿度。纸张含水量随着相对湿度的升高而增加，并且在高湿度的条件下纸张含水量随相对湿度的变化加剧，如图5-14所示。相对湿度低于80%时，每变化10%，平衡含水量约变化1%，若相对湿度大于80%，则变化更敏感。也就是说，纸张在高湿度的条件下，微小的湿度变化将能引起纸张很大的变形，故印刷宜在中湿度条件下进行，并严格控制车间的湿度变化。

(4)纸张的滞后效应

图5-15是在一定的温度($t=20$℃)下，纸张的含水量与相对湿度的关系，图中曲线A表示吸湿过程，曲线B表示解湿过程。曲线B与曲线A并不重合，而是构成一个封闭的回路。这就表明，如果有两张同样的纸张，在同样的相对湿度下(如60RH)达到平衡，但纸张甲原来的含水量较高，是经解湿过程达到平衡的；而纸张乙原来的含水量较低，是经吸湿过程达到平衡的，那么，平衡后甲纸张的含水量总要比乙纸张的含水量高。这种现象就叫做纸张含水量的滞后效应。

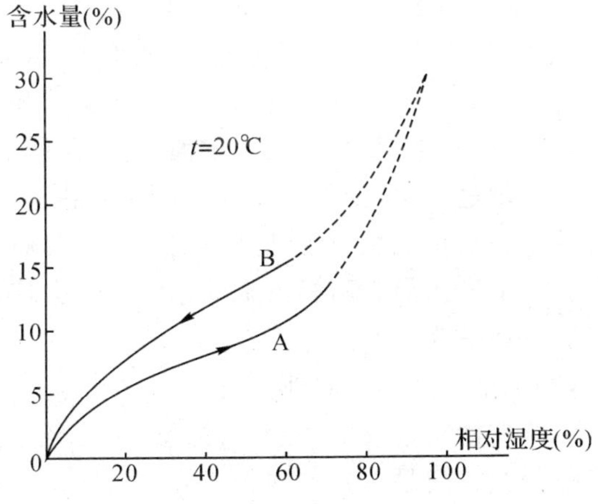

图5-15　纸张含水量的滞后性

由于纸张的含水量有滞后效应，所以，某一纸张经吸湿和解湿过程重又回到原来的湿度时，纸张的含水量便比原来的高；反之，经解湿和吸湿过程重又回到原来的湿度时，纸张的含水量便比原来的低。纸张经过多次吸、解湿的来回变化后，环境湿度对纸张含水量的变化将逐渐减弱，而印刷过程总是希望环境的湿度变化对纸张含水量的变化影响越小越好。

对纸张含水量滞后效应的一种解释是：在高湿度下，纸张纤维中大多数羟基都吸收水分，纸张脱湿后，一部分羟基因纤维收缩而重新排列，而相邻分子链上的羟基相互吸引着，若再使纸张吸湿，首先能吸水的是表面游离的羟基，虽然水分子之间的作用力能使一些羟基活化，但这种羟基的活化程度远不如原来的羟基。所以再度调湿后的纸张，羟基吸水能力下降，对水分的敏感程度减弱，纸张含水量的变化也趋于减小。

2. 纸张含水量不均匀的原因及变形特点是，整垛纸在存放过程中，只有四边与周围空气充分接触，纸堆的中部则接触的机会甚少。因此，可能会出现纸张含水量不均匀现象。

(1)纸垛四周与中部含水量不均匀

“紧边”：堆放的纸垛，当纸张的水蒸气压低于外界空气的水蒸气压时，纸张四边因放出水分而收缩，而中间因为未能和空气充分接触，含水量基本保持不变，整张纸因为形变不均匀而出现“紧边”现象，如图 5-16 所示。

“荷叶边”：当周围环境空气的水蒸气压高于纸张的水蒸气压时，纸张的四边因从空气中吸收水分而伸长，中间保持不变，于是四边呈现波浪形变形，称为“荷叶边”，如图 5-16 所示。

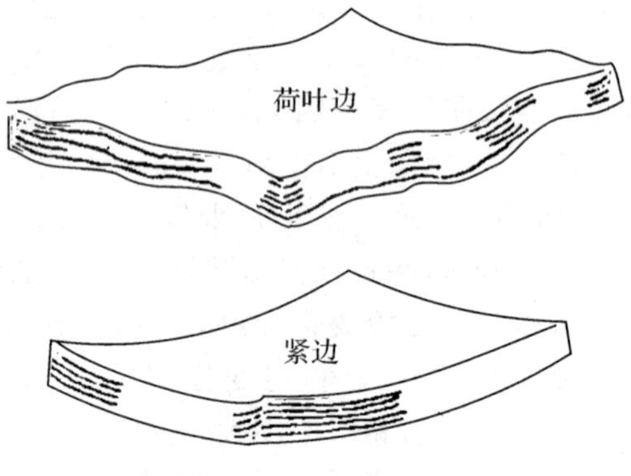

图 5-16　紧边与荷叶边

如果纸张在印刷前已有少量的“荷叶边”或“紧边”时，压印后纸张表面因变形所获得的图文印迹就无法同印版一致，套印时即使不产生弓皱，也会套印不准；如果在多色套印印刷，半成品突然因周围湿度变化而产生“荷叶边”或“紧边”时，纸上已印图文必然会发生变化，造成套印误差。

(2)纸张的正、背面含水量不均匀

纸张正、背面含水量不均匀，使纸张正、背面直线尺寸产生差异，形成卷曲。

①正、背面材料性能不一，含水量不同。如单面施胶纸或正、背面施胶有明显差别的纸张，如单面涂料纸，复合纸或者单面上光、贴膜的纸。

②印刷过程中，纸张正面吸水过多而卷曲。

除了含水量变化引起纸张卷曲以外，印刷过程中，图文面积大、墨层厚，压印滚筒的咬牙把印张从橡皮滚筒表面剥下来的过程中也会使纸张卷曲。卷曲的纸张对输纸、定位、套印及收纸整齐都极为不利。

(3)纸张变形的方向性

纸张在抄制过程中，纤维有把本身与造纸机的丝网运行方向平行对正的趋向，因此纸张大多数纤维方向是沿着丝网运行方向的。对于所有的纸卷来说，纸张的丝缕方向都是周向的，而对于矩形的单张纸来说，如果纸张大多数纤维排列的方向与纸张的长度方向一致，就叫“纵丝缕纸”；如果纸张大多数纤维的排列方向与纸张的宽度方向一致，就叫做“横丝缕纸”，如图 5-17 所示。

纸张含水量变化引起的尺寸变化情况与纸张的丝缕方向有关，垂直丝缕方向的相对变化率远大于沿丝缕方向的相对变化率，如图 5-18 所示。

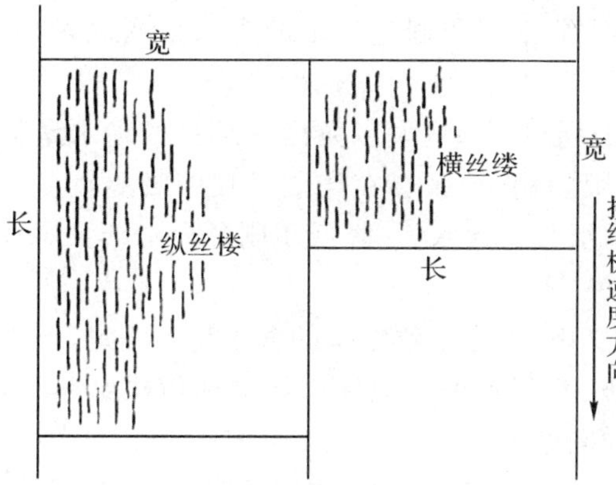

图 5-17　纵丝缕纸和横丝缕纸

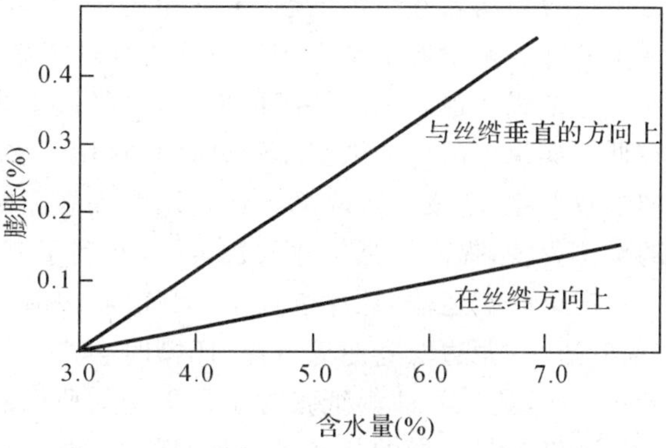

图 5-18　含水量增加时纸张在沿丝缕方向和垂直丝缕方向上的膨胀

3. 纸张的处理

(1)温度调节

当纸张从较冷的库房被送到温暖的印刷车间时，如果直接把较低温度的纸张的外包装打开，水分会在纸张边缘处冷凝，造成“荷叶边”的故障；反之，当纸张从较高温度的地方送到印刷车间时，纸张本身温度高于车间的温度，周围空气就会变暖，其相对湿度被降低，此时如果把纸张的外包装打开，纸张的暴露边缘就会把水分遗失于大气中并收缩，造成“紧边”故障。为了预防纸张变形，上机印刷之前，纸张应该保持紧密包裹状态，等到纸张与印刷车间的温度相同之后才能打开包装。如果购买的纸张库存在印刷车间里，它的温度已等于车间的温度，则不需要进行温度调节；如果纸张被保存于单独的库房或其他区域，应该把需要印刷的纸张提前移到印刷车间，使其温度和印刷车间的温度相一致，温度调节所需要的时间和纸垛堆积量及温差大小有关，如图 5-19 所示。

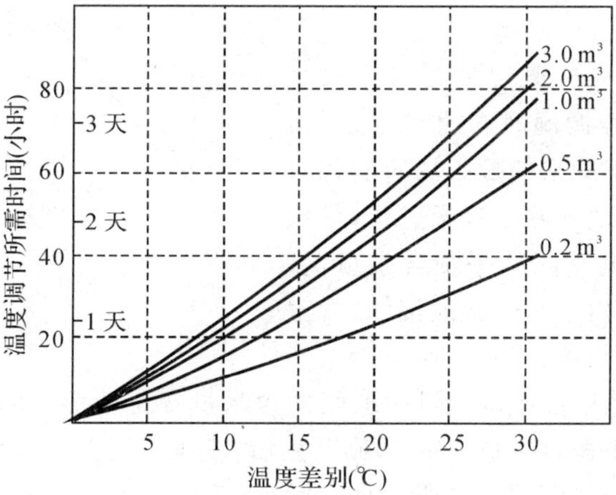

图 5-19　纸张的温度调节表

(2)纸张的调湿处理

由于纸张含水量变化具有滞后效应,如果在印刷之前人为地提高纸张含水量,使纸张的含水量分布均匀并与环境温、湿度相适应,可以降低纸张在印刷过程中的含水量变化,称为调湿处理。调湿通常是出于以下几方面的考虑:

①纸张在抄制和涂料工序以后,再经过干燥、压光出厂,绝大多数出厂纸张的含水量都较低。如果把出厂的纸张不经处理直接用于多色版印刷,纸张会在印刷过程中吸湿较多而伸长较严重,造成套印故障。通过调湿提高印刷前纸张的含水量,降低印刷过程中纸张对水的敏感程度,提高纸张尺寸的稳定性,有利于套印。

②纸张在运输、贮存过程中,因气候和环境的变化,可能导致纸张的含水量不均匀,产生"荷叶边"、"紧边"、卷曲等现象,印刷时会产生褶皱、套印不准等故障。调湿能解决纸张"荷叶边"、"紧边"、卷曲等纸张含水量不均匀所引起的问题。

③纸张在干燥的状态下是良好的绝缘体,当纸经过压光机加工、或搬运时因纸张之间的摩擦等而带上静电,将会发生双张进纸、收纸不齐等弊病。通过调湿增加纸张的含水量,能解决纸张带静电的故障。

调湿的方法一般有自然调湿法和强迫调湿法两种。自然调湿法,是将纸张吊晾在印刷车间里,使纸张的含水量与印刷车间的相对湿度相平衡;强迫调湿法,则是将纸张吊晾在晾纸间的圆形晾纸机架上,再向它吹送调温调湿的空气。吹送的空气一般温度比印刷车间高 10~15℃,相对湿度比印刷车间高 10%~20%,一方面加快调湿处理的速度,另一方面人为的使纸张的含水量超过印刷车间的平衡含水量。

图 5-20 是未经调湿的纸张和用不同方法调湿的纸张,在多色印刷过程中含水量的变化曲线。

图中 A 曲线表示未经调湿的纸张含水量的变化情形。纸张未经调湿时含水量很低,由于车间的相对湿度高于原来的贮纸场所的相对湿度,纸张进入车间后便开始了吸湿过程,但纸张含水量尚未达到印刷车间的平衡含水量,就开始印刷,印刷过程中由于与润湿液接触,含水量继续增大,套印精确很难控制。

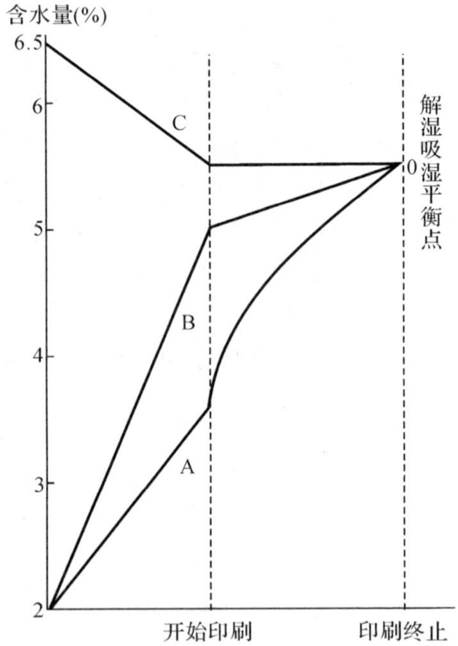

图 5-20 多色胶印中纸张含水量的变化

B 曲线表示用自然调湿法调湿过的纸张的含水量变化情形。印刷开始前,纸张含水量已经达到印刷车间的平衡含水量 5%;印刷开始后,纸张与润湿液接触,含水量还会增加,但含水量的增长率都比未经调湿的纸张为小,对保证纸张尺寸稳定性是有利的,但仍未从根本上消除印刷过程中纸张因含水量变化导致的尺寸改变。

C 曲线表示用强迫调湿法调湿的纸张在印刷过程中的含水量变化情况。调湿时的相对湿度比印刷车间高 8%,经过这样调湿处理的纸张,含水量较高,约为 6.5%,再运到印刷车间或与印刷车间温、湿度相等的晾纸间进行平衡，因为滞后效应的作用，一方面脱湿后的纸张仍比原纸的含水量高，另一方面，由于纸张的相对湿度高于印刷车间的相对湿度 8%左右，一般来说具有这样相对湿度差的情况下，纸张把水分散发到印刷车间环境的速度，与它从印刷机上吸收水分的速度大致相当，在多次印刷过程中水分变化是最小的，因而精细的套印就比较容易实现。

不管是自然调湿还是强迫调湿，都需要大量的场地和人工，受生产条件的限制和生产效率的要求，生产中很难做到，那么在订购纸张时应该尽可能地考虑到纸张的相对湿度和车间的相对湿度的平衡问题。如果购买的纸张，其相对湿度高出印刷车间的相对湿度 5%～8%左右时，对高质量、需要一次以上印刷的精细套印来说是很理想的。

四、印刷压力对套印的影响

纸张在印刷过程中通过压印区时受到挤压，同时纸张的咬口边又被咬牙固定住，造成它向尾端边角延伸的扇形变形。如果所印的图像是矩形，第一次压印时，图像及纸张形状如图 5-21(a)所示。当纸张在第一次压印后离开压印区，扇形变形部分会放松收缩，造成压印时呈矩形的图像尾端向上变窄，变成上窄下宽的梯形，如图 5-21(b)所示。当第二次压印时，纸张在第一色压后已扩展的基础上，进一步扇形扩展，每一色压印时呈矩形的图案，在第二色压印时该图像扩展成上宽下窄的梯形，如图 5-21(*c*)实线所示，因此得到的结果是第一色的尾端比第二色宽，如图 5-21(*c*)实线虚线所示，出现套印不准现象。

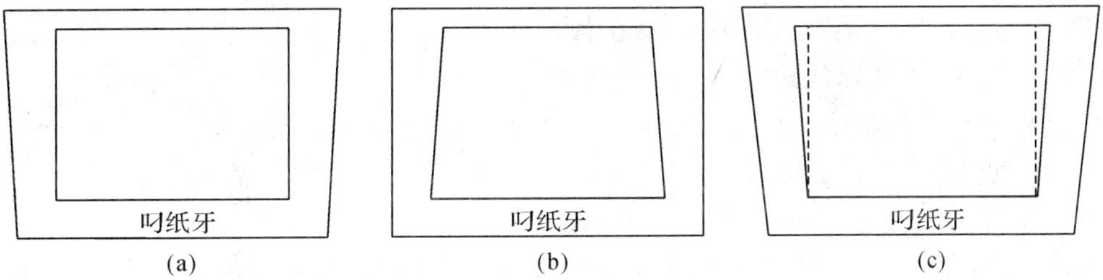

图 5-21　纸张在印刷压力作用下变形

印刷压力作用引起的变形量的大小，取决于纸张的变形特点(内因)和印刷压力的大小(外因)。印刷压力越大，纸张变形量越大；纸张的幅面越大，整张纸总的变形量越大；纸张含水量增大，抗张强度会变小，其受压变形变大。

为了减轻印刷压力作用引起的纸张扇形变形导致的拖梢边两角套印不准，首先在印前制作时，就要尽可能地把套印精度要求较高的主题部位安排在咬口边，容易套准；其次控制好印刷压力不要过大。有的印刷机具有叼纸牙弓形弯曲装置，常常能够把扇形变形减到最小。

如图 5-22 所示，(a)图指压印滚筒的叼牙呈直线型，不对纸张施加校正作用；(b)图指压印滚筒的中间部位叼牙向前移动，强制纸张在压印时尾部横向收缩；(*c*)图指压印滚筒的中间部位叼牙向后移动，强制纸张在压印时尾部横向扩散，使扇形变形更加夸大，第一色压印完成后，纸张尾端的图像变得比通常情况更窄些。在第二个压印滚筒上不让叼纸牙呈弓形弯曲，而是呈直线分布，在第二色压印时，纸张仍然有扇形变形，但是由于第一色图像比通常情况窄了些，所以第一色图像能与第二色图像在尾端相适应。

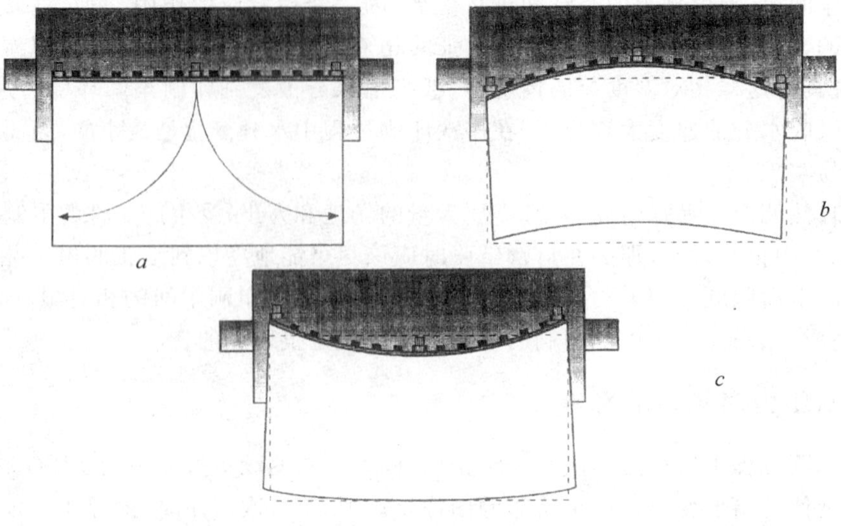

图 5-22　利用叼纸牙的弯曲装置来控制扇形变形

五、剥伸张力对套印的影响

1. 剥伸张力和剥伸形变

处于压印状态的纸张，一方面被压印滚筒咬牙咬住，迫使它与橡皮滚筒分离，而另一方面，橡皮布上印迹墨层的粘着力和橡皮布残余粘性的存在把印张粘在橡皮布表面。结果如图 5-23 所示，在压印线边缘 C 点，已结束压印，但纸张在 CD 之内，承印物仍粘附在橡皮布上，只有到 D 点在压印滚筒咬牙咬力作用下（对于单张纸胶印机而言），或纸带张力作用下（对于卷筒纸胶印机而言），才使印张与橡皮布分开。作用在 CD 纸面上，使印张和橡皮布分开的力称为剥离张力。如果这个力使承印物垂直方向表面强度无法承受时，就会发生拉毛甚至剥纸现象。作用在 ED 上并与 ED 方向一致的力称为剥伸张力，纸张在剥伸张力作用下，水平方向发生剥伸形变，对套印准确带来不利的影响。剥离张力和剥伸张力大小相等，只是作用在不同位置而已。

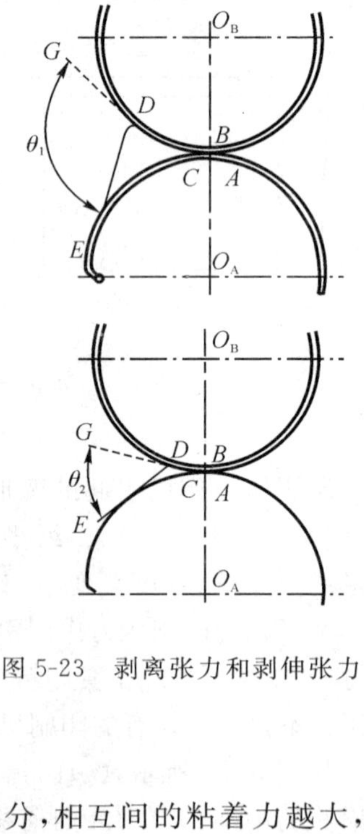

图 5-23　剥离张力和剥伸张力

纸张在剥伸张力作用下发生的剥伸形变取决于剥伸张力的大小及均匀性（外因），及纸张的抗拉强度及塑性变形的大小（内因）。

2. 影响剥伸张力大小的因素

（1）印刷压力越大，压印时间越长，印张与橡皮布接触越充分，相互间的粘着力越大，剥伸张力越大；

（2）橡皮布本身的粘性越大、印迹墨层厚度越厚、图文面积越大、油墨的粘性越大和润湿液的用量越少，则剥伸张力越大。

（3）印刷速度越高，纸墨分离的加速度越大，剥伸张力也越大。

六、滚筒衬垫厚度对套印的影响

印版滚筒衬垫厚度的改变，会让印刷品的图文周向长度发生变化，一方面可能造成套印不准，另一方面也可以利用这一特点，有意改变衬垫厚度来弥补因其他因素造成的周向套印误差。

（一）滚筒半径和图文尺寸的关系

对等径滚筒胶印机而言，滚筒系统的传动比必为 1∶1∶1，即三滚筒以等角速度转动，假定印版滚筒、橡皮滚筒、压印滚筒实际印刷时的半径分别为 $R_{版}$、$R_{橡}$、$R_{压}$，三滚筒印刷表面相互转印的图文宽度分别为 $L_{版}$、$L_{橡}$、$L_{压}$，由于在相互转印过程中各印刷角 α（图文在滚筒上的包角）必定相等，有如下的关系式：

$$\alpha=\frac{L_{版}}{R_{版}}=\frac{L_{橡}}{R_{橡}}=\frac{L_{压}}{R_{压}} \tag{5-24}$$

$$L_{印}=L_{版}\cdot\frac{R_{压}}{R_{版}} \tag{5-25}$$

所以，承印物上得到的周向图文宽度 $L_{压}$ 并非一定和印版上的图文宽度一样，而是与印版滚筒半径 $R_{版}$ 和压印滚筒半径 $R_{压}$（压印滚筒筒体半径加上纸厚）、印版上的图文宽度 $L_{版}$ 有关，但与橡皮滚筒转印的图文宽度和橡皮滚筒的半径无关，即橡皮滚筒仅起转印图文的作用（在此没有考虑因橡皮布变形所引起的滚筒实际运转半径增加的问题）。

（二）衬垫厚度增减和图文尺寸之间关系

当印版滚筒的半径从原来的 $R_{版}$ 增加 ΔR，那么承印物上印迹周向长度将发生变化，从原来的 $L_{压}$ 改变为 $L'_{压}$，有

$$L'_{压}=\frac{L_{版}}{R_{版}+\Delta R}\cdot R_{压} \tag{5-26}$$

则承印物上周向印迹改变量：

$$\Delta L=L'_{压}-L_{压}=\frac{L_{版}}{R_{版}+\Delta R}\cdot R_{压}-\frac{L_{版}\cdot R_{压}}{R_{版}}=L_{版}\frac{R_{压}}{(R_{版}+\Delta R)\cdot R_{版}}\cdot(-\Delta R) \tag{5-27}$$

对于等径胶印机来说，在印刷过程中，三滚筒半径是近似相等的，故有

$$R_{压}\approx(R_{版}+\Delta R) \tag{5-28}$$

则上式可近似地简化为：

$$\Delta L\approx L_{版}\cdot\frac{-\Delta R}{R_{版}}=-\alpha\cdot\Delta R \tag{5-29}$$

$$\Delta R\approx-\Delta L\cdot\frac{R_{版}}{L_{版}} \tag{5-30}$$

上式中的 α 代表印刷角，当印版滚筒衬垫改变 ΔR 后，承印物上印得的图文周向宽度比印版上原有的图文宽度改变 ΔL，其值受图文所对应的印刷角 α 和印版滚筒衬垫改变量 ΔR 所影响。式中负号表示随着印版滚筒的半径增加，会引起印迹图文周向缩短；反之，印版滚筒的半径减少，印迹图文会伸长。

例如，J2203 胶印机的滚筒标准半径为 150mm，当印版上图文的周向长度为 500mm 时，若印版衬垫比标准半径时减少了 0.1mm，计算印张上的图文周向尺寸增加值为多少毫米？

解：根据公式

$$\Delta L\approx L_{版}\cdot\frac{-\Delta R}{R_{版}}=500\times\frac{-(-0.1)}{150}\approx0.33\text{mm} \tag{5-31}$$

从计算结果可知，印张上的图文周长尺寸约增加 0.33mm。

通过以上的分析，可以得出，在生产中需要注意以下几点：

(1)正常情况下，多色产品印刷时，各印版滚筒的衬垫厚度要严格一致。考虑到纸张受印刷压力作用、剥伸张力作用而引起变形，以及纸张的吸水变形，两者都会引起纸张伸长，这种伸长变形在第一色印刷时最为严重，后印色的纸张变形增加量趋小，容易造成第一色印迹的周向宽度比后印色长，所以有时根据需要故意将第一色的滚筒衬垫厚度稍微增加一点，以缩短第一色的图文长度，这对于提高多色机的套印精度是有益的。

(2)生产中为了弥补纸张的周向变形所引起的套印不准，常常采用改变印版衬垫厚度的方法。例如，当咬口边图像套准时，拖梢边的周向套印误差为 ΔL，根据已知的图像周向宽度和印刷滚筒半径，由式 5-30 可以算出衬垫厚度需要改变的量 ΔR，然后对衬垫厚度进行调整，以达到套印准确的目的。但印版滚筒衬垫厚度的改变必须考虑以下三个问题：

①三滚筒半径的大小受滚筒配置理论制约，所以印版滚筒包衬的可调范围一般都很小，低速胶印机的印版滚筒衬垫改变量宜控制在 0.1mm 之内，中速胶印机的改变量宜控制在 0.05mm 之内，高速胶印机的范围更小，否则将破坏三滚筒之间的同步滚压状态，使网点严重变形，印版耐印力下降。

②印版滚筒半径的改变必然会引起对橡皮滚筒的压力改变，所以还必须改变橡皮滚筒和印版滚筒之间的中心距或橡皮滚筒的半径，才能保证印版滚筒对橡皮滚筒的印刷压力保持稳定。

③印版滚筒半径的改变还会影响印版滚筒和着墨辊、着水辊之间的接触压力，必须重新调节着墨辊靠版压力和着水辊靠版压力。

七、橡皮布变形对套印的影响

在理想情况下，橡皮布仅仅起到转印图像的作用，橡皮布半径的变化不会影响图像的尺寸，但实际上，由于橡皮布在压印时的变形容易引起套印不准。

(一)橡皮布的松紧对套印的影响

由橡皮布的变形规律可知，橡皮布在压印区和另一刚性滚筒之间存在速差，速差导致橡皮布表面滑动。当橡皮布表面速度滚压半径小于印版滚筒的半径，则橡皮布表面速度小于印版表面速度，会在压印区域形成前凸包，产生潜进变形，将使橡皮布表面从印版表面所获得的图文在离开压印区后，在周向的尺寸略大于印版上的值；反之当橡皮布表面速度滚压半径大于印版滚筒的半径，则橡皮布表面速度大于印版表面速度，会在压印区域形成后凸包，橡皮布表面的周向尺寸会略小于印版上的值。

当橡皮布的前凸包出现在橡皮布与压印滚筒的对压区域时，情况正相反，将使承印物获得的图文在周向略小于橡皮布上的值；当橡皮布的后凸包出现在橡皮布与压印滚筒的对压区域时，周向印迹将会拉伸。

橡皮布出现凸包现象的严重与否，和滚筒半径配置、橡皮布压缩特性、松紧程度、周向伸缩率等因素有关，为此，在生产中要注意：

(1)合理配置滚筒的半径比例，尽量保持同步滚压；

(2)选用周向伸长率小的橡皮布，并注意橡皮布的方向性，保证橡皮布的经向与滚筒轴线平行；

(3)多色机各机组橡皮布的绷紧程度应一致，在印刷中途更换橡皮布或改变橡皮布的松紧程度会使图文的周向尺寸发生变化，导致套印不准。另外，还要防止橡皮布局部松紧不一致，使局部图文的周向尺寸发生变化，造成局部套印不准。

(二)橡皮布的扭转变形对套印的影响

当橡皮滚筒和印版滚筒或压印滚筒的轴线不平行时，或者当橡皮布因裁切或安装操作不当而出现局部松紧不同时，橡皮布表面会发生扭转变形，印迹随之也发生了扭转。于是出现周向和轴向的套准无法兼顾，总有一侧套印不准，所以一定要防止橡皮布在使用中出现扭转变形。

第四节　印刷机械引起的套印不准

纸张从到达定位装置进行定位开始，直到被最后一色的压印滚筒叼牙咬住，印刷完全结束为止，如果各个机械构件精度不够，相互动作不协调，或机件磨损等，都有可能造成印刷品的套印不准。此外，纸张本身裁切不合格也会产生套印不准。

一、纸张定位对套印的影响

单张纸胶印机印刷时，每一张输入的纸张都需要先经过前规和侧规定位，然后由叼牙咬入纸张的咬口边输入机器进行压印。如果纸张定位不准，影响叼牙咬住纸张的位置，进而影响了纸张相对于压印滚筒的位置，就会造成套印不准。因前规、侧规和毛轮的调节不当所带来的纸张定位故障是导致套印不准的常见原因之一。

纸张在印刷机上，是靠流水式传送带送到前规的，当纸张的前端到达这一位置时，前规就由下往上升起，阻止纸张前进。由于传送带是用相当高的速度输纸的，因此，纸张碰到前挡规时，往往容易发生反弹和前端翘起现象。为了防止纸张因反弹或翘起引起的定位不准，一般用毛轮阻止纸张的反弹，如果毛轮的位置不当或毛轮的压力太小，不能有效地阻止纸张的反弹，就会引起定位不准；为了防止纸张碰到前规后翘起，利用前规的压纸舌控制纸张的翘起，一般印刷薄纸时要求前规压纸舌距输纸台面高度相当于 3 张纸的厚度，印刷厚纸时，前规压纸舌的高度调整到纸厚加上 0.2mm 比较恰当，如果太低也有可能影响纸张顺利地进入到前规，也会影响定位。

纸张碰到前规后就停止前进，此时，侧面由侧规把纸张拉到定位的位置，这样纸张在印刷机上左右的位置也被固定，这就是说，侧规是纸张定位的第二道关卡。侧规也有压纸舌来防止纸边翘起，压纸舌太高或太低都会影响纸张的正确定位；侧规的拉力太大或太小也影响纸张的正确定位。

纸张前规边和侧规边应该垂直。前规边和侧规边不垂直的纸张在定位时，纸张的前缘和前规定位板是线接触，而侧边和侧规定位板是点接触，如图 5-24，容易出现接触点变形而导致套印不准。

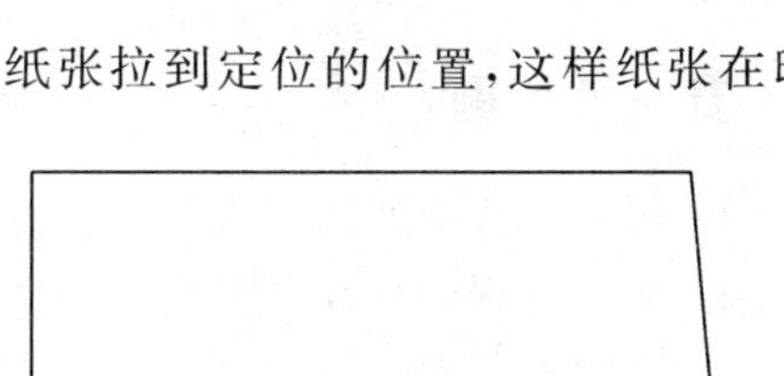

图 5-24　纸张裁切不引起定位不准

二、递纸对套印的影响

纸张在胶印机上经前规和侧规定位后，需要把在输纸板上处于静止状态的纸张送入旋转的印刷滚筒。这一过程中要经过两次交接，递纸机构要经历静止和高速运动的状态变换，也是比较容易引起纸张定位的变化而导致套印误差的。

当叼牙咬住纸张取纸时，纸张表面应该是平直的。如果纸张的叼口边在印刷时存在波浪形，纸张离开压印区后，叼牙撤除了对纸张的控制，塑性变形大的纸张就不能恢复原来的尺寸，使印张上的图文长度相对于印版或橡皮布，有一定的增量，造成各色版之间的套印不准。

有荷叶边的纸张或经过敲纸处理的纸张，咬口呈现波浪形，咬牙咬住的纸张的直线长度是变化的，就会造成套准困难。

递纸机构的递纸牙垫高度调节不当也会引起纸张的咬口边呈波浪形。递纸牙垫和输纸板、压印滚筒三者之间应保持一定的间距，这个距离的最大值以纸张被咬牙咬住，纸张的咬口边不出现波浪形变形为限度；其最小值以不触动已经定位好的纸张为极限。当印刷纸张厚度变化较大时，递纸牙垫的高度必须按照纸厚的不同调节恰当，一般为所印薄纸厚度的3倍或所印厚纸厚度加0.2mm，如果它们的间距太大，则各递纸牙垫所对应的部位，因咬牙的作用使纸张抬高，但前规挡纸舌却阻止纸张上抬，结果纸张咬口边出现波浪形变形，导致套印不准。如果它们之间间距太小，牙垫落下时会碰到已定位好的纸张，导致纸张定位不准。

三、压印滚筒咬牙对套印的影响

如图5-23所示，若咬牙总的咬力为 N，剥伸张力为 T，则有：

(1)若 $N<T$，则将使整个印张在压印过程中，在咬牙中移动或从咬牙中脱出，导到整体的套印不准甚至纸粘橡皮布。

(2)若 $N>T$，且咬牙咬力是均匀的，印张在咬牙控制下，不发生位移，但印张将发生一定的剥伸变形；如果 $N>T$，但有个别咬牙的咬力小于相对位置的剥伸张力时，则会发生该处纸张局部在咬牙中移动或脱出，造成图文的局部套印不准、弓皱。

因此，必须严格控制咬牙的咬力，使之都满足大于相对位置的剥伸张力的要求，并尽可能地均匀一致。

复习思考题

1. 印刷过程中如何实现套印？

2. 印前过程的套印误差是如何产生的？印中过程的套印误差如何产生？

3. 印版安装到平版印刷机上，一般要发生哪两种变形？它们的变形有哪些规律？为提高平版印刷的套印精度，对印版版基的物理性能有哪些最基本的要求？

4. 把两块厚度和长度均相同的PS版，分别安装在印版滚筒半径不相同的印刷机上。如果印版所受的张紧力相同，在 A 印刷机上的包角为 α，在 B 印刷机上的包角为 β，且 $\alpha>\beta$，试问印版在哪一种印刷机上的伸长量大？说明理由。

5. 纸张在印刷压力作用下产生哪几种变形？哪种变形对纸张尺寸的稳定性有影响？

为什么？

6. 温湿度的变化和纸张的含水量之间有何关系？为什么印刷车间需要控制温湿度？多少为宜？

7. 什么是纸张的滞后性？有一种印刷用纸，原来存放在相对湿度为45%的纸库中，后来垛放在相对湿度为65%的印刷车间，发现纸张边缘出现波浪形弯曲的纸病。试问采用什么措施，才能使纸张平整？说明理由。

8. 什么是剥伸张力？它对纸张变形有何影响？

9. 什么是纸张的丝缕？纸张的丝缕对印刷品的套印精度有何影响？如何从纸张丝缕方面提高印刷品的套印精度？

10. 印版滚筒衬垫厚度的改变量和印迹周向长度之间有什么关系？

11. 橡皮布的形变对套印有何影响？

12. 某一印刷机的续纸误差为0.04mm，传纸误差为0.03mm，试计算在保证套印精度的条件下，图文信息处理及制版过程中，允许的套印误差不得超过多少毫米（印刷品的套印精度误差不得超过0.1mm）？

13. 将版长为600mm，版厚分别为0.5mm、0.28mm、0.15mm的PS版，分别安装在印版滚筒半径为150mm的印刷机上，试计算印版未紧固时，各印版的伸长率。从计算的结果中，你能得出什么结论？

14. 某印刷机滚筒的标准直径270mm，若印版图文包角为265°，印版衬垫在标准直径时，减少了0.08mm，计算印张上图文尺寸的增长量。欲使印张上的图文尺寸减小0.35mm，印版衬垫在标准直径时应增加多少毫米？

第六章　油墨转移过程控制

油墨从印版或橡皮布转移到承印物的过程是整个印刷过程的最核心环节，在此环节出现的问题都会直接影响印刷质量，本章讨论油墨转移过程的几个重要问题。

第一节　油墨的叠印

在彩色印刷中，后一色油墨在前一色油墨膜层上的附着，叫做油墨的叠印。彩色印刷品上的颜色，是通过面积大小不同的黄、品红、青、黑等色的网点叠合或并列而呈现的。因此，印刷品的色彩再现效果，不仅与原色油墨光学性质、印刷网点的面积有关，还与叠印色的呈色有关。

一、干式油墨叠印

根据后印色印刷时先印色墨膜是否已干燥，叠印分为干式叠印和湿式叠印。如果先印的油墨固着在承印物上已接近干燥时，后一色油墨才叠印在其上，称为干式叠印。使用单色机进行多色印刷，每一色印刷完成后再印下一色时，前后套色的时间间隔较长，这种在已经干燥或接近干燥的墨膜上叠印属于干式叠印。承印物上附着油墨以后，表面原有的性质因被油墨覆盖而改变，墨膜表面性质就成了影响油墨叠印的主要因素。

印刷过程是墨膜分裂并转移到相应物面上的过程。油墨的分裂位置取决于在分离力的作用下，哪个位置结合强度最弱。由于先印色墨已干，先印色墨在承印物上附着牢固，先印色墨本身已干结成固体，内聚力很大，所以叠印效果的好坏主要与后印色的粘着性和两色界面上的附着力有关。如果界面上的附着力大于第两色油墨的粘着性，第两色油墨能够附着在第一色墨膜上，而且附着力越大，叠印效果越好；相反，如果第两色油墨的粘着性大于两色界面上附着力，第两色油墨的叠印便无法实现。而两色墨之间的附着力会随着先印色墨层干燥程度而变化，也即随着干燥时间的长短而变化，附着力起初随油墨干燥时间的增加而增加，达到某一最大值，随后便随着干燥时间的增加而缓慢的减小，叠印率则随着附着力的变化而变化，如图 6-1 所示，纵坐标表示叠印率的大小，横坐标表示叠印间隔时间。

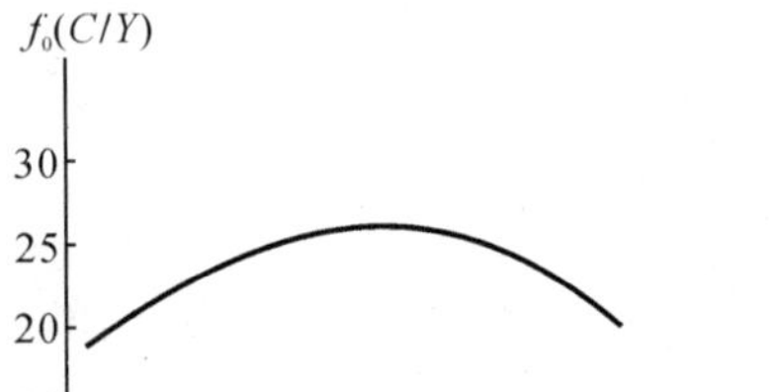

图 6-1　叠印率与印刷间隔时间的关系

印刷总希望叠印效果尽可能地好，由于干式叠印的叠印效果会随着一、二色印刷的间隔时间而变化，那么，叠印率最大时的时间间隔是最佳叠印时间，叠印效果最理想。在生产实际中，一方面需要预测最佳叠印时间，尽可能地在此时间叠印后印色；另一方面，为了生产上的方便，叠印间隔时间往往取决具体生产需要，如印刷一批产品，常常是第一色全部印完，才叠印第二色，那么需要通过控制催干剂的投放量，在一定程度上，控制最佳叠印时间出现的早晚。

同一批印张先印色的印刷顺序应该和后印色的印刷顺序保持一致，使每一印张印刷先印色和印刷后印色的时间间隔尽可能地相似，那么每一印张的叠印率才处于相对稳定的值，印刷品的墨色才会保持一致。

若两色油墨的印刷间隔过长，先印的印迹彻底干燥固化，表面光亮平滑，先印色、后印色墨间的界面附着力小于后印色墨的内聚力，则后印色墨层的油墨难以附着上去，造成所谓的"油墨晶化"现象，它是一种印刷故障。出现油墨晶化现象，一种可能是先印色的墨膜中含有蜡成分，因此在选择先印色墨时需要注意避免油墨中含有油脂和蜡成分；另一种可能是油墨干燥过度，注意不要在先印色油墨中加放过量的燥油，也不能使先后两色的印刷间隔时间过长。过去印刷较多地使用油脂型油墨，主要依靠氧化聚合干燥，比较容易出现晶化现象，现在我们都用树脂型油墨，一般不会出现晶化现象，但如果在油墨中添加过量催干剂，因为催干剂会促进氧化聚合干燥，要慎重。

二、湿式油墨叠印

先印上去的油墨来不及干燥，后一色油墨就要往上叠印，墨膜在湿的状态下相互附着，称为湿式叠印。使用多色胶印机印刷时，每色之间的印刷间隔时间极短，一般不超过 1/4 秒，油墨的叠印是以湿压湿的方式进行的，属于湿式叠印。双色机印刷四色印刷品，一、二色之间和三、四色之间是干式叠印，而前两色和后两色之间是湿式叠印。

干式油墨叠印中，后印的油墨是向已经固着并逐渐干燥的先印墨膜上转移，如果界面附着力良好，理论上，后印的油墨在后印色墨膜的中间分离，即一半转移到前一色墨膜上，另一半仍留在印版表面，如图 6-2(a)所示。若叠印前，印版表面的墨膜厚度为 A，油墨在 $A/2$ 处分裂。湿式印刷则不然，理论上，如果先后两色油墨性质一样，则后一色油墨是在两色油墨叠合的墨膜中间分裂。若叠印前，印版表面的墨膜厚度为 A，承印物的墨膜厚度为 B，后印油墨在 $(A+B)/2$ 处分裂，如图 6-2(b)所示。当墨层厚度 $A>B$，断裂发生在后印色上，印版上油墨少部分转移到前一色湿的墨膜上，大部分油墨仍然留在印版表面，如图 b 所示。当墨层厚度 $A<B$，断裂发生在先印色墨膜上，即产生逆叠印现象。因此，一般来说，干式叠印

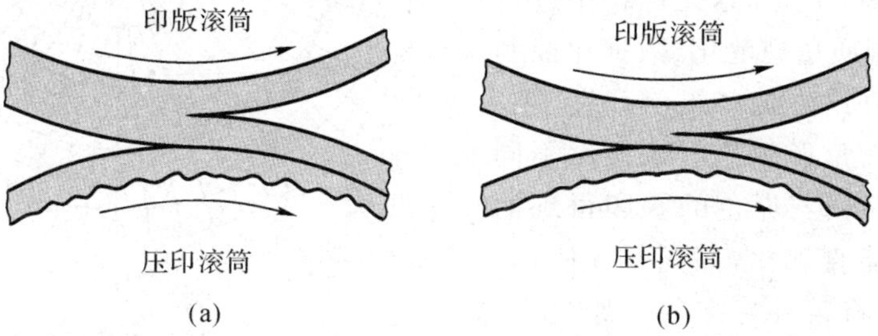

图 6-2　叠印中的油墨转移

的效果要优于湿式叠印，湿式叠印要求后印色的墨层厚度要大于先印色。

单色机是干式叠印，多色机的机组间叠印属于湿式叠印，叠印效果不同。同一彩色产品，前后两次印刷分别使用单色机和多色机，即使色序相同，得到的色彩也是有差距的。单色打样机和多色机也分别属于干式叠印和湿式叠印，也会因为叠印率的不同影响复制色彩的一致性。

按油墨的粘性恰当地安排色序对确保叠印效果至关重要，先后印刷的油墨粘着性相差越大，叠印效果越好，在单张纸胶印机上低于75%的叠印率被认为是不可接受的。反之，如果后印色油墨的粘着性比先印色油墨的粘着性大，则不仅后印色油墨无法在先印色墨膜上附着，反而会被后印色油墨剥走，称为逆叠印，使得印刷无法进行下去。

除了油墨的粘性以外，印刷油墨墨膜的厚度对叠印效果也有重要的影响，如果从一个色组到后一色组的墨膜厚度有少量增加就可改善叠印状况。油墨的密度和墨膜厚度有一定的关系，一般随着密度值的增大，墨膜厚度也逐渐的增加。国际上许多国家都制定了印刷品密度的标准。我国行业标准CY/T5-91中规定：精细产品（一般用铜版纸印刷）的密度范围黄是0.85～1.15，品红是1.25～1.55，青是1.30～1.60，黑是1.40～1.80。若都按最高密度值计算，实验结果表明：黄墨密度为1.15，墨膜厚度约1.0μm，青墨厚度为1.6，墨膜厚度约0.85μm；黑墨密度为1.8，墨膜厚度约0.75μm。采用上述密度的油墨，按黑→青→品红→黄的顺序印刷，其叠印效果良好。但是，如果印刷顺序改成黑→青→黄→品红时，墨膜厚度的顺序依次变成0.75μm→0.85μm→1.5μm→1.0μm。显然品红油墨的叠印不良，若增加品红墨膜的用量，叠印情况虽然有所好转，但会出现色偏，印刷品上的灰平衡被破坏，而且墨量的增加，也加剧了网点的扩大。

三、印刷色序

在干式叠印中，先印色油墨干燥膜层的表面能将影响后印刷的湿油墨的附着特性。在湿式叠印中，色序的影响更明显，一般来说，印刷在纸面的油墨比印在湿墨层表面的油墨占有优势，两种颜色的油墨只要颠倒一下顺序，叠印色的色相、明度和饱和度就可能不同。

最好的色序应该是能提供最大呈色范围的色序。确定色序，这是印刷中进行色彩管理和印刷质量规范化、数据化控制的第一步。*GATF*协会多年前开发了一个简单的彩色六角形颜色图来显示不同的三原色墨以及由三原色的叠印得到的间色的呈色性能直观化，如图6-3所示。*GATF*色轮图，将某种特定的三原色墨，以各种色序印刷得到的三原色和三间色，根据其色相误差和灰度值定位在色轮图

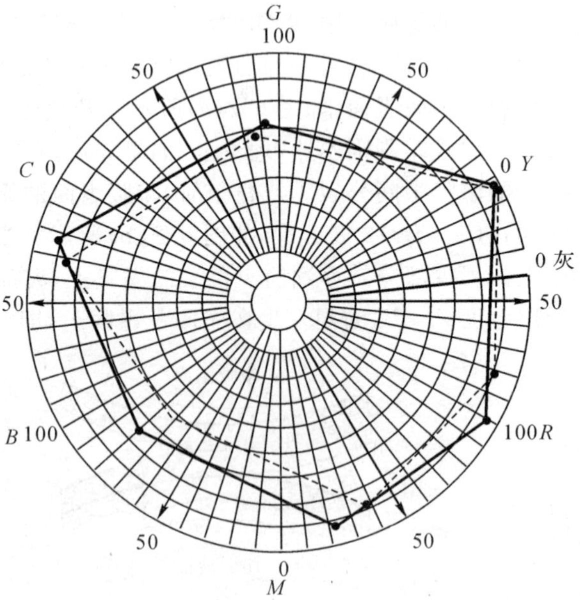

图6-3　A、B两组油墨呈色性能比较

上，通过比较六边形图案的覆盖的面积大小，可以判断各种色序的优劣，当然，六边形图案面积越大越好。在确定最优色序后，再根据这种色序的呈色性能对原稿进行分色，打样和印刷时必须严格地根据这种色序对各分色进行叠印合成，这样才能最大限度地再现原稿的颜色。这是确定色序的规范化做法。

生产中，色序受各种问题制约，完全实现数据化有很大的困难，需要结合具体的生产条件和产品的不同要求综合考虑，从而确定一种比较合理的色序，色序安排一般需要综合考虑以下几方面因素：

1. 遮盖力（透明度）

对于叠印成色，如四色印刷，要求后印色的油墨透明度尽可能地高，这样才能达到正确的减色混合；透明度差的油墨，遮盖力较大，两色相叠后，不能显出正确的色彩，所以，安排的色序是透明度最差的先印，透明度好的后印。

2. 叠印工艺方式

叠印率的大小影响到四色印刷所能再现色域范围，是衡量色序安排是否恰当的重要条件。合理的色序，一般应是叠印率最大的色序。

对于湿式叠印，为了达到良好的叠印效果，必须遵循油墨的粘性先大后小；油墨粘度先大后小；墨层厚度先薄后厚的原则。四色原装油墨，其粘着性和粘度的顺序是：黑＞青＞品红＞黄，因此，按黑→青→品红→黄的顺序印刷，其叠印效果良好。印刷时，先印色油墨膜一旦与纸张结合，油墨中的低粘度的成分会被纸张吸收，留在纸张表面的油墨其粘性和粘度会迅速提高。虽然，就原装油墨而言，青色墨的粘着性和粘度略大于品红色油墨，但其值比较接近。尽管湿式叠印中，两色间隔时间很短，就青、品红两色而言，不管哪色先印，在后印色叠印瞬间，由于先印色墨膜的渗透干燥，其粘着性和粘度都已大于后印色，叠印效果都还不错。所以，对青、品红色的色序安排的要求，不像黑、黄那样严格。近些年来，底色去除和非彩色结构工艺在制版、印刷中的应用，使得黑版在彩色印刷品的复制中，就不只是起到弥补色相误差和提高图像轮廓再现性的作用，由原来的辅助印版转变成对图像阶调色彩再现具有重要作用的印版。如果以黑版为主，四色胶色机采用青→品红→黄→黑的印刷顺序较好。但是油墨的粘着性、粘度、墨膜厚度的变化，仍应符合多色胶印机湿式印刷所应具备的基本要求。遇到这种情况，需要在油墨中加入某种助剂，调节油墨的粘着性、粘度，控制墨膜厚度，使叠印顺利进行。

干式叠印从叠印率的角度考虑，主要取决于先印色墨膜的表面状态，色序的宽容度比较大。实践证明，快固着油墨固着规律为：黄墨比品红墨快近两倍，品红墨比青墨快一倍，黑墨固着性最慢。一般单色印刷机，为防止纸张表面墨迹晶化，总是最后印黄色，以利于迅速结膜干燥，有光泽，不沾脏。所以色序排列应是干性慢的油墨先印，干性快的油墨后印。

3. 油墨明度

明度高的油墨，颜色鲜艳。把明度高的油墨放在最后一色印刷，能使整个画面色彩鲜艳明亮。黄、品红、青、黑四色油墨，其中黄油墨的明度最大，黑油墨的明度最小。如果在四色胶印机上，第一色印黑色油墨，最后一色印黄油墨，便能得到色泽艳丽的印刷品。

4. 产品的主色调

由于实际使用的油墨并非完全透明，后印色总会对先印色有遮盖效果，把画面的主色放在后面印。每幅画都有各自的特点，以暖调为主的先印黑、青色，后印品红、黄色，如人物画；

以冷调为主的先印品红色，后印青色，如冰川、雪景、风景画等。

5. 着墨面积

根据着墨面积先小后多原则。一般网点覆盖面积小的先印，网点覆盖面积大的后印。平网和实地叠色，先印平网后印实地，这样叠出的颜色平服。而且，大面积印刷实地时，如果纸张较薄，还可能造成纸张卷曲，为了预防背面蹭脏，还可能需要喷粉，这些原因要求大面积实地色要后印。

6. 套准要求

由于在印刷过程中纸张一般会吸水伸长；纸张还会在印刷压力和剥伸张力作用下伸长。尤其是印刷第一色时伸长最多，后续色印刷时变形量趋缓，造成第一色最难和后印色套准，因此第一色先印套准要求不高的颜色。

由于纸张含水量的变化是相对缓慢进行的，而湿式印刷的两色是在瞬间完成的，因此纸张含水量变化引起的套印误差对湿式叠印影响很小，但干式叠印先后色之间间隔时间较长，纸张含水量变化往往是造成套印误差的最大原因。对双色机印刷四色产品来说，前两色是湿式印刷，套印误差小，后两色也是湿式印刷，套印误差也小；但前两色之间和后两色之间是干式叠印，套印误差大，因此，双色机印刷多色产品时一般是将套准要求高的两色放在一起印刷。

上述各点是单独因素考虑的，实际生产中各因素互相共存，彼此牵制，需要综合考虑各方面的因素，以达到最佳的产品质量。

第二节 油墨的渗透

纸张是由纤维交织成的多孔薄片，表面分布着许许多多大小不同、深浅不等的孔隙。印刷过程中，当纸张进入压印区时，油墨在印刷压力的作用下，被压入纸张的较大的孔隙中，称为加压渗透；当纸张通过压印区之后，印刷压力消失，油墨渗透主要依赖于纸张毛细管作用，进行自由渗透。油墨在纸张上的渗透有利于油墨的干燥和固着，但控制不当则可能出现“透印”、“粉化”等现象。

一、油墨渗透对印刷的影响

油墨的渗透对印迹墨层的固着、干燥及墨层结膜后的色调再现、光泽性、耐摩擦性等有着重要的意义。

图 6-4 牛顿流体在圆管中流动

当油墨渗透过大时，连结料过量渗入纸张内部，留在纸面上的连结料过少，使连结料干燥后不能形成牢固的皮膜，颜料和填充料颗粒裸露在表面，印刷墨层由于缺少连结料干燥膜的保护作用，致使颜料颗粒脱落，降低了印品的耐摩擦性，使印迹粉化脱落；另外油墨渗透过强，印迹表面平滑度降低，印品无光泽，色彩鲜艳程度下降；对于较薄的纸，油墨过度渗透可能穿过纸张到达背面，出现“透印”现象。

当油墨的渗透量过小时，印刷后连结料保留在纸面上的量较多，固着速度慢，干燥时间较长。在平滑度较高的纸张上配用渗透性小的油墨，印刷品堆放时易产生背面蹭脏现象，所以油墨渗透过大或过小都会影响印刷质量。书刊、报纸一类的印品一般采用非涂料纸，以渗透干燥为主，要求油墨的渗透性强一些，以保证印品干燥速度；而以网线为主的彩色印刷品，为保证印品色彩鲜艳、光泽度好，一般要求油墨渗透性小一些。

二、渗透深度

油墨的渗透主要是指油墨中的连结料向纸张的渗透。渗透过程中油墨的连结料一般可以看作是牛顿流体。为了求出油墨在纸张孔隙中的渗透深度，先要了解牛顿流体在圆直管中的流动情况。如图 6-4 所示，有一段牛顿流体在圆管中，因为两侧的压力不同而做定常流动，则其流量可用下式表示：

$$Q=\frac{dV}{dt}=\frac{\pi r^4\cdot\Delta p}{8\eta l} \tag{6-1}$$

式中 η 为流体的粘度，l 为圆管的长度，Δp 为压力差，r 为圆管的半径。

假定纸张毛细管为一圆直管，圆管半径为 r。设想油墨中的连结料向纸张作自由渗透，即假定没有印刷压力，且忽略连结料本身的重力，则连结料仅靠管壁的吸附力，即毛细管作用力 F，沿管渗透一定的深度 h，如图 6-5 所示。若以 γ 表示油墨连结料的表面张力，θ 表示油墨连结料对纸张毛细管壁的接触角，则有

$$F=2\pi r\cdot\gamma\cdot\cos\theta \tag{6-2}$$

$$\Delta p=\frac{F}{S}=\frac{2\pi r\cdot\gamma\cdot\cos\theta}{\pi r^2}=\frac{2\gamma\cos\theta}{r} \tag{6-3}$$

因为

$$\frac{dV}{dt}=\frac{d(\pi r^2\cdot h)}{dt}=\pi r^2\cdot\frac{dh}{dt} \tag{6-4}$$

由式 6-1 和 6-4 可得：

$$\pi r^2\cdot\frac{dh}{dt}=\frac{\pi r^4\cdot\Delta p}{8\eta\cdot l} \tag{6-5}$$

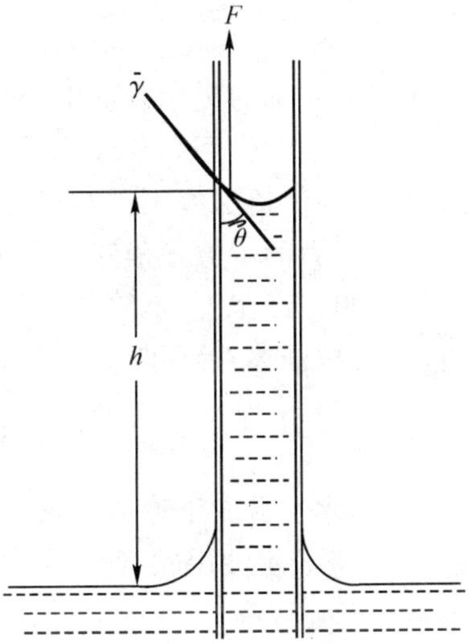

图 6-5　油墨在毛细管作用下渗透

所以

$$\frac{dh}{dt}=\frac{r\cdot\gamma\cdot\cos\theta}{4\eta h} \tag{6-6}$$

$$2h\cdot dh=\frac{r\cdot\gamma\cdot\cos\theta}{2\eta}dt \tag{6-7}$$

考虑到时间 t 对应深度有 h_1，则有：

$$\int_0^{h_1}2h\cdot dh=\int_0^t\frac{r\cdot\gamma\cos\theta}{2\eta}dt \tag{6-8}$$

所以自由渗透深度可用下式表示：

$$h_1=\sqrt{\frac{r\cdot\gamma\cos\theta}{2\eta}t} \tag{6-9}$$

如果纸张完全润湿，即接触角为 0，则 $\cos\theta=1$　有：

$$h_1=\sqrt{\frac{r\cdot\gamma}{2\eta}\cdot t} \tag{6-10}$$

在印刷压力作用的时间内，假设印刷压力为 P，则总压力是印刷压力和毛细管作用所产生的压力之和，有：

$$\Delta p_2=\Delta p_1+p=\frac{2\gamma\cos\theta}{r}+p \tag{6-11}$$

将式(6-11)代入式(6-5)，则有：

$$h_2=\sqrt{\frac{2r\gamma\cdot\cos\theta+pr^2}{4\eta}\cdot t} \tag{6-12}$$

因为实际印刷过程中，印刷压力远大于毛细管作用力，即 pr^2 远大于 $2r\gamma\cdot\cos\theta$，所以在印刷区，虽然同时存在毛细管作用和印刷压力引起的渗透，但毛细管作用引起的自由渗透量可以忽略不计，所以加压渗透量可以近似地用下式表示：

$$h_2=\sqrt{\frac{pr^2}{4\eta}t}=\frac{r}{2}\sqrt{\frac{p}{\eta}\cdot t} \tag{6-13}$$

式(6-13)称为奥尔森(Olsson)公式，公式表明，在高印刷压力的情况下，纸张一定，则油墨在纸张毛细管作用力和印刷压力的双重作用下进行渗透，其中印刷压力的作用是主导的。此时，油墨的渗透深度不仅与渗透时间的平方根成正比，与油墨的粘度的平方根成反比，而且与印刷压力的平方根成正比。

油墨印在纸张上后，除了在压印区以加压渗透为主以外，通过压印区后还发生相对缓慢的自由渗透，油墨在纸张上总渗透深度就是两者之和，可用下式表示：

$$h=h_1+h_2=\frac{r}{2}\sqrt{\frac{p}{\eta}\cdot t_1}+\sqrt{\frac{r\cdot\gamma\cos\theta}{2\eta}t_2} \tag{6-14}$$

式中 h_1 表示加压渗透深度，h_2 表示自由渗透深度，r 表示纸张纤维毛细管孔径，p 表示印刷压力，η 表示油墨粘度，γ 表示油墨连结料的表面张力，θ 表示油墨连结料对纸张毛细管壁的接触角。

加压渗透时间 t_2 即印刷压力作用的时间，亦即纸张通过压印区的时间，由印刷速度决定。自由渗透时间 t_1 并非无限地延长，由于油墨颜料粒子间也存在着细微的空隙，这些空隙构成的毛细管作用则是阻止油墨渗透的。当承印物的毛细管作用和油墨颜料粒子间的毛细管作用相平衡时，油墨中的连结料便停止了向承印物内部的渗透，同时油墨中高沸点煤油大量减少，树脂浓度变大、增稠，也使渗透不易发生，最终停止渗透凝固在纸面上。

例如，在印报用的高速轮转印刷机上，采用平均毛细管半径为 26μm 的新闻纸，粘度为 0.6Pa·s 的油墨进行印刷，印刷压力是 4.9×10^6 Pa，$r\cdot\gamma\cdot\cos\theta$ 为 10^{-10} N，油墨的加压渗透时间是 0.002s，油墨自由渗透的时间是 0.2s，则油墨的渗透深度为：

$$h_1=\sqrt{\frac{r\gamma\cdot\cos\theta}{2\eta}t}=\sqrt{\frac{10^{-10}}{2\times0.6}\times0.2}=4.09\mu\text{m}$$

$$h_2=\frac{r}{2}\sqrt{\frac{p}{\eta}\cdot t}=\frac{0.26\times10^{-6}}{2}\times\sqrt{\frac{4.9\times10^6}{0.6}\times0.002}=16.51\mu\text{m}$$

$$h=h_1+h_2=20.6\mu\text{m}$$

即如果新闻纸的厚度是 100μm，则油墨渗透深度约为纸厚的 1/5，这与实验结果是符合的。

三、透印

用薄而且吸收性强的纸张印刷时，油墨的总渗透深度 h 可能超过或等于印张厚度，即油墨渗透穿过纸张，到达纸张的背面，造成背面出现脏痕现象，叫透印。

透印是由于油墨中连结料过度渗透引起的，避免它的方法是抑制连结料在纸张上的渗透深度。根据渗透深度的公式，应注意以下几点：

(1)连结料的渗透深度和纸张毛细管孔径的大小有关，所以，印刷薄的非涂料纸，应选用纸质不是太疏松的纸张。

(2)因为渗透的深度和油墨粘度的平方根成反比，油墨粘度越小，同样条件下渗透越深，所以应控制油墨的粘度，不能将油墨调得太稀。

(3)由印刷压力引起的加压渗透深度和压力大小及压力作用时间的平方根成正比，所以要采用合适的印刷压力印刷，压力太大易引起透印。

(4)因为渗透深度与渗透时间的平方根成正比，添加催干剂，加快油墨的氧化结膜干燥速度，缩短油墨的自由渗透时间，对缓减油墨的透印有利。

四、粉化与墨色暗淡

粉化指印刷半成品或成品干燥后，用手轻轻一擦，它表面的颜料颗粒就像粉一样掉下来的现象。

由植物纤维交织而成的纸张，有无数毛细孔。不同的纸张毛细孔径不同，同一张纸中的毛细管孔径也并非粗细均匀的，而是大小不一，大量实验结果表明，各种纸张毛细管半径的分布概率如图 6-6 所示，近似地符合对数正态分布。图中横坐标为纸张的毛细管的半径 r，单位是 μm，纵坐标是各种半径的毛细管出现的概率 $\Phi(r)$，是半径 r 的函数。

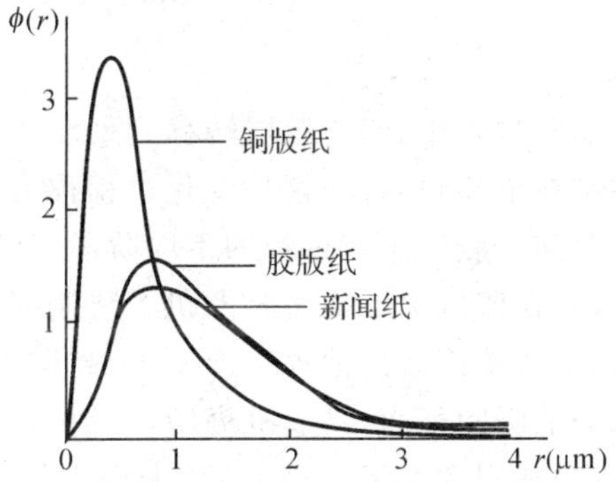

图 6-6 纸张毛细管的分布

油墨中的颜料粒子也不是大小均匀的固体颗粒，其颗粒大小也近似于正态分布。不同的纸张和颜料，它们的正态分布曲线形状各不相同，峰值的位置也各不相同。

油墨在纸张上的渗透，主要是油墨中的连结料在纸张中的渗透，但油墨中颜料粒子也参与其间，向纸张作不同程度的渗透。只有颜料粒子的大小小于纸张某个毛细管的孔径时，颜料粒子才有可能随同油墨中的连结料一起“渗入”这个毛细管；如果颜料粒子的大小大于纸张某个毛细管的孔径，则颜料粒子“滞留”在这个毛细管的顶部。由于颜料粒子大小不等，形状不一，纸张毛细管的半径也各不同，所以油墨渗透过程中，颜料粒子的渗入和滞留在数量上便有很大差别。

如图 6-7(b)所示，如果小于纸张毛细管孔径的颜料料子较多，渗入纸张毛细管中的颜料粒子过多，则印刷品会因为纸张表面颜料浓度过低而显得墨色暗淡；只有渗入纸张中和存留在纸面上的颜料粒子数量适中，才能保证印刷的质量。

如图 6-7(a)所示,如果大于纸张毛细管孔径的颜料料子较多,渗入纸张毛细管的颜料粒子过少,而同时连结料渗入过多,则颜料粒子会过量地存留在印刷品表面,造成粉化;因此,选用合适的纸张和油墨是避免油墨粉化的关键。油墨粉化现象主要发生在使用涂料纸印刷时,因为涂料纸毛细管孔径大都很小。

连结料的过量渗透导致墨膜表面存留的连结料过少是引起油墨粉化的另一要素。为减少连结料的过度渗透,需提高油墨的粘度、减小印刷压力、加快油墨氧化结膜干燥的速度。

此外,如果淡色墨是以白墨为主冲淡调配而成,由于白墨颜料密度小,易浮在墨层表面,印刷后也容易出现油墨粉化现象。

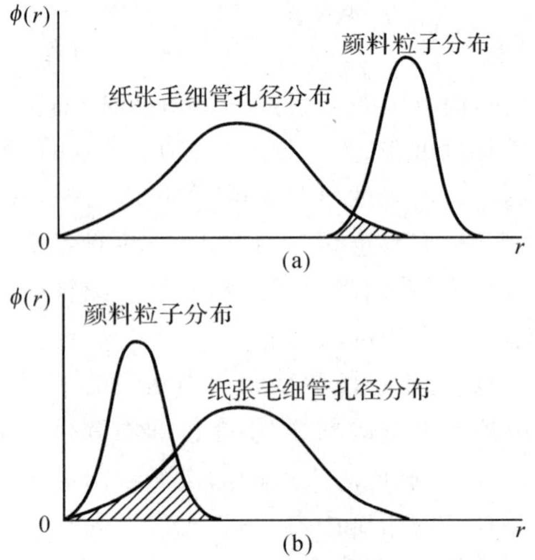

图 6-7 纸张毛细管孔径与油墨颜料粒子大小的分布

第三节 油墨的干燥

印刷过程中,印迹墨层转移到承印物表面后,由液态的胶状物变为固态的墨膜,并牢固地粘结在承印物表面,这一变化过程称为印迹的干燥,完成这一过程所需的时间叫做印迹的干燥时间。胶印生产过程的不同阶段对油墨的干燥特性有两种相反的要求:

(1)在印刷作业或短时停机等待期间,油墨干燥过快,干结在墨斗、墨辊、印版及橡皮布表面,会致使而后的油墨传递不下,越印越浅。或者油墨在机上变稠,粘性剧增,增加了对空白部分的吸附能力,易起脏糊版以及拉毛。

(1)油墨印在承印物上后,干燥太慢,不能快速干燥和固化,最常见的弊端是容易出现“背面蹭脏”;此外,油墨干燥速度过慢,连结料的自由渗透量增加,会导致墨色暗淡,缺乏光泽。欲获得墨层厚实、层次丰富、色彩鲜艳、印迹光泽的印刷品,必须使印刷后的印迹尽快地干燥。

一、油墨的干燥形式

根据使用油墨的成分,干燥可以通过化学反应(氧化或聚合)、物理过程(渗透、挥发)或者两者结合来完成。通过化学反应方式完成干燥的机理是液态连结料在特定的条件下发生固化交联反应,生成高分子化合物,具体的方式有氧化聚合型干燥、*UV* 干燥和电子束干燥等。通过物理方式完成干燥的机理是通过向空气中挥发或向承印物中渗透除去部分液态连结料,使墨层增稠凝固,具体方式有挥发型干燥和渗透型干燥。为了加快挥发,可采用热风辅助干燥;为了加快油墨的渗透干燥,可采用红外线照射辅助干燥。

1. 渗透型干燥

纸张是由纤维交织成的多孔薄片，表面分布着许许多多大小不同、深浅不等的孔隙。油墨在纸张上存在着渗透现象，它包括加压渗透和自由渗透。在印刷压力作用期间，油墨被压入纸张孔隙中，称为加压渗透；压力取消后，依靠纸张纤维孔隙的毛细现象，进行自由渗透，直至油墨中的颜料颗粒之间空间不断缩小，其产生的毛细吸附力与纤维对连结料的吸附力相等为止，同时油墨因固体含量增加(流动性大的连结料减少)变稠厚直到结膜。油墨在纸张上的总渗透深度就是两种渗透引起的渗透深度之和。印刷压力越大，油墨黏度越小，单位面积内纸张的孔隙数目越多、孔隙平均直径越大，油墨对纸张的润湿性越好，则油墨越容易渗透，干燥越快。

在报纸印刷过程中，只采用渗透干燥方法(冷凝固化)。渗透过程在油墨分离的几秒钟内进行，并同时完成干燥过程。

2. 挥发型干燥

油墨连结料中具有较大能量的有机溶剂分子，克服了油墨中分子间的相互引力逸向空气，剩余的树脂、颜料等其他成分迅速增稠、固结而干燥。凹印、柔印、热固型胶印轮转机主要依靠挥发来干燥。挥发干燥的油墨连结料中含有挥发性强的溶剂，如水、苯、二甲苯、酯、低碳链的醇类。

影响挥发干燥速度的因素：

(1)溶剂的沸点，蒸发潜热(一定量的溶剂全部变成气体所需的热能)。沸点低，蒸发潜热低，蒸发快，油墨干燥快；但在油墨中，溶剂分子和树脂分子、颜料分子之间有较强牵引力，使溶剂分子难以向空气中逸出，故油墨的挥发速度要比纯溶剂挥发慢，并且不同的树脂对溶剂挥发的减缓程度不同。

(2)外界的温度及蒸汽压。蒸汽压越大，温度越高，挥发越快。通常采用热风干燥方式加快溶剂的挥发。

3. 红外(IR)干燥

通过对转移到承印物表面的墨层照射红外线，以加快油墨的干燥。红外线是波长大于780nm的电磁辐射，人眼看不见，但具有很强的发热性能。红外干燥的作用机理是：

(1)通过加热降低油墨的黏度，其结果是渗透加快，这是红外干燥的主要效应；

(2)此外，红外照射使纸张、墨层和环境的温度升高，有利于油墨发生氧化聚合反应而干燥。

红外干燥的优点是：促进油墨的快速干燥，减少或者省却印刷时所需的喷粉量，减轻喷粉对印刷质量的影响和对车间环境的污染。不足之处是：安装红外干燥系统，需要高投资，增加成本；需要消耗更多的能量；红外干燥过程的热量会升高印刷车间温度。

4. 氧化聚合干燥

氧化聚合干燥的机理是油墨连结料中的干性植物油，与空气中的氧发生氧化聚合反应，变成立体网状结构的巨大分子而干涸在承印物表面。

干性植物油的氧化聚合反应速度比较慢，一般需要几小时到十几小时，这是因为干性植物油含有微量磷酯类有机抗氧剂，会阻止氧的吸收。因此干燥过程必须从破坏抗氧剂开始(破坏过程干性植物油基本上不起变化)，使干性植物油吸收空气中的氧，形成过氧化物，以过氧化物为媒介，引发双键聚合反应。

在以干性植物油为连结料的油墨中，加入催干剂，可以加速油墨的干燥。它的作用一方面是与抗氧物质相结合生成沉淀，去除抗氧剂对氧化聚合反应的干扰；另一方面也具有促进聚合作用。不过要注意的是，相对于每一种油墨与承印物的组合来说，都有一个最佳的催干剂添加量。添加过多的催干剂会造成油墨在输墨单元中墨辊上干燥，并且催干剂同时也是强乳化剂，过量的催干剂会大大地促进油墨乳化。

5. UV 干燥

通过一定波长的紫外线照射，使 UV 油墨（或 UV 上光油）中的光敏材料分子分解成高活化原子或高活化原子团。这些高活化原子和原子团诱导含有不饱和键的油墨组分发生一系列光引发链发应，最终达到分子交联聚合固化成膜的干燥。UV 干燥速度很快，不到 1 秒钟就完成，但由于黑墨能阻止 UV 辐射渗透墨层，因此固化效果比彩色和上光油差。

UV 干燥的优点是：干燥速度快；没有溶剂挥发；不受承印材料及润版液的 pH 值影响；可以适应多种承印物，特别适合非吸收性材料上印刷；经固化后的墨膜手感好。UV 干燥的缺点是：干燥设备投资较大；产生臭氧；墨辊材料受到限制；需使用专门的洗涤剂；油墨成本高。

影响 UV 油墨干燥的因素主要有以下几方面：

(1)UV 辐射功率。UV 灯管随着时间的推移，UV 灯管的功率逐渐下降，当 UV 辐射功率不够，即使增加辐射时间，也不能彻底固化，因此必须定期检查维护 UV 固化系统，以确保 UV 辐射功率足够大。

(2)UV 辐射时间。若 UV 辐射时间过长则会造成干燥过度，反之，则会造成干燥不足，这要求印刷速度必须与 UV 辐射功率相匹配。

(3)UV 油墨与 UV 光源相匹配。就是要使 UV 油墨中的光聚合引发剂选择吸收的光量子是 UV 光源光谱中能量分布最高的那一部分。解决好 UV 油墨与 UV 光源的匹配问题，可提高能源的利用效率，加快油墨的干燥速度，提高生产效率。

(4)墨层厚度。UV 油墨层越厚，光固化速度越慢。光固化过程中，由于墨层表面的颜料吸收了一部分紫外光，因而影响了油墨的透光率，致使光固化速度降低；另一方面，UV 油墨经过紫外光照射后，表面固化成一层有光泽的墨膜，影响了油墨的透光率。一个色块如果需要多次叠印，应该每套印一色，及时固化干燥一色。

(5)油墨透明度。油墨透明度越高，油墨的透光率越高，固化速度越快，反之，固化速度越慢。

(6)胶印水墨平衡。如果润湿液用量过大，油墨乳化严重，会直接影响紫外光对 UV 油墨的辐射强度，从而降低 UV 墨的干燥程度。

5. 电子束固化干燥

在一定强度的电子束照射下，该油墨中的不饱和聚酯及不饱和的丙烯酸聚合物发生交联聚合，使颜料与连结料迅速交联结膜。但电子束油墨及其干燥系统的价格相对昂贵，多应用于特殊的印品印刷，例如食品包装，原因在于电子束干燥是一种高能量电离辐射干燥，能彻底干燥以及完全杀灭承印物内的微生物。

二、影响印迹干燥的主要因素

目前，单纸胶印最常用的是树脂型油墨，按照成分和制造工艺的差别又有普通型、亮光型等。树脂型油墨的连结料主要有合成树脂、干性植物油、矿物油。油墨的干燥是渗透型干燥和氧化聚合型干燥相结合的综合干燥形式。它的干燥机理是：当油墨印到纸张后，其中的部分连结料，主要是低黏度的矿物油在印刷压力和毛细吸附作用下，很快渗入纸张纤维中，剩余在纸张上粘稠的树脂部分迅速增稠、凝固，控制住油墨的铺展，完成油墨在纸张上的固着。接着剩余的连结料中的干性植物油，发生氧化聚合反应，牢固地粘结在纸张的表面。影响油墨干燥的主要因素有纸张、油墨及墨层厚度、润湿液及乳化程度、环境温湿度及生产工艺等。

1. 纸张

(1)纸张的结构。表面粗糙、结构疏松、施胶度小的纸张，对连结料的吸收性强，印迹干燥快；平滑的纸张堆成纸垛后，空气不易导入纸堆下部，影响氧化聚合干燥。因此，胶版纸印刷比铜版纸印刷容易干燥，不易出现背面蹭脏。

(2)纸张的酸碱度。纸张的 pH 值越低，其中的酸性物质会和油墨中的催干剂反应，延缓油墨的干燥，如表 6-1 所示：

表 6-1 纸张 pH 值、环境温湿度与油墨干燥的关系

纸张的 PH 值(胶版纸)	不同相对湿度和温度条件下的油墨干燥时间(h)	
	65%(18℃)	75%(20℃)
6.9	6.1	12.4
5.9	6.6	14.1
5.5	6.7	23.3
5.4	7.0	30.1
4.9	7.3	38.0
4.7	7.6	60.0
4.4	7.6	80.0

(3)纸张的含水量。含水量高，纸张纤维处于松弛状态，毛细管作用减弱，部分毛细管被水分子堵塞，纸张对连结成分料的吸收性减弱，对氧的吸收能力也减弱；而且，纸中水分子的蒸发，也要从有印迹墨层部分逸出，因此延缓了油墨的干燥时间。

2. 油墨的性质及墨层厚度

(1)连结料的成分和比例。连结料中的不同成分干燥方式不同，干性植物油以氧化聚合方式干燥，干燥速度慢，矿物油和合成树脂以渗透、增稠凝固的方式干燥，干燥速度快，所以油墨中含干性植物油含量大则干燥慢。其中的干性植物油又含有多种不同的成分，油料的不饱和程度越大，即碘值越大，氧化聚合干燥越快。

(2)颜料的成分不同。通常由无机颜料制成的油墨干燥比有机颜料制成的油墨快。因为各种无机颜料大多是金属盐类和氧化物，对干性植物油有催干作用，干燥速度快。但采用炭黑作颜料的黑墨，因为炭黑无催干作用，因此黑墨干燥比较慢。制造彩色油墨的有机颜料没有催干作用，有时还会起抑制氧化干燥作用，干燥速度慢。

(3)辅助剂的影响。

催干剂：油墨中本身即含有催干剂，印刷适性调节时，为了加快干燥速度有时还要再添加催干剂。但催干剂过量会使油墨乳化严重，反而不利于干燥。

维利油：透明冲淡剂（维利油）的主要成分是 $Al(OH)_3$ 和连结料，氢氧化铝不仅吸湿性强，遇水易离解，促使油墨乳化、慢干，还会吸附催干剂，使其失效，不利于干燥。

白油：白油是白色不透明乳化物，质地松，浮于墨层表面，阻碍了油墨的氧化聚合结膜干燥，并且会加剧油墨乳化。

去粘剂：当纸张出现拉毛现象时，加入一定量的去粘剂可以降低油墨的粘性。但是，去粘剂是不干性辅料，又含有蜡类物质，密度小，会浮于墨层表面，阻碍连结料的氧化聚合结膜，使印迹墨层干燥慢。

（4）墨层厚度。墨层越厚，墨膜下部的连结料渗入纸张，但纸张中所能允许渗入的连结料有一定的限度，中上部只能依靠氧化结膜干燥，墨层过厚会减少墨层中间部分与空气接触的机会，尤其是墨膜表层结膜后，就会阻碍空气中的氧进入膜层下的印迹油墨中，影响油墨的干燥。因此，在工艺操作中，务必防止和避免由于各种错误的判断所造成的墨层过厚。

3. 润湿液及乳化程度

（1）润湿液的酸性越强，油墨的干燥就越慢。因为润湿液的 pH 值过低时，润湿液会和油墨中的催干剂反应，使催干剂失效，影响油墨的氧化结膜。

（2）油墨乳化越严重，干燥越慢。乳化越严重，墨膜中含有的水分越多，水分子在油墨中的存在能够阻隔和抑制油墨的氧化聚合成膜，所以干燥变慢。大幅面印刷机印刷小幅面纸张的实地底色时，背面蹭脏最容易出现在纸张的轴向两边和印版的轴向两端，这是因为轴向纸张以外的区域，既没有油墨和水乳化，也没有纸张的空白部分吸收水分，结果过量的水分会随着水辊的串动进入纸张的轴向两端所对应的印版位置，导致纸张轴向两端的所对应部位油墨乳化过重，干燥变慢。解决办法是尽量使用水路吹风装置或在水斗辊上贴纸条的方法，减少印版轴向两端的供水量，如果印数不大，也可以考虑让纸张裁切得稍大一些，让纸张的两端空白部分吸收走部分水分。如果胶印印版上图文分布很不均匀，图文面积越小的部分，油墨乳化值就越大，越容易发生印迹墨层不干。因此，更要采取吹风、贴纸条等办法严格控制版面水量，降低油墨乳化值，以便印迹油墨及时干燥。

4. 环境温湿度

（1）环境温度升高，化学反应的速度加快，因此氧化聚合干燥加快，而氧化聚合干燥是放热反应，放出的热量又促进了印迹的干燥。夏天，一般亮光快干油墨，不加燥油也能很快干燥，而冬天需要加些催干剂。因此，根据环境温度调节催干剂的加放量，对控制印迹干燥是十分必要的。红外（IR）干燥主要是利用红外线照射，使油墨温度升高，黏度降低，加快渗透干燥，此外，也使温度升高，加快氧化结膜。

（2）环境湿度升高会延缓乳化油墨中的水分蒸发；会使纸张的含水量升高，而水分子会抑制油墨的氧化反应；湿度升高会使空气中氧分子的活动性降低，植物油对氧的吸入量减少，因此延缓了氧化聚合干燥速度。由表 6-1 可知，对于 pH 值接近 7 的胶版纸，相对湿度由 65％升到 75％时，印迹墨层的干燥时间延长一倍多；对于 pH 值为 4.4 的胶版纸来说，相对湿度由 65％增加到 75％时，干燥时间延缓了十余倍。因此，车间温、湿度的控制，对于掌握印迹干燥速度来说是十分重要的。

5. 印刷压力、印刷速度和机器类型

增加印刷压力，能促进油墨的加压渗透；减少印刷速度，可以增加压印时间，也能促进油墨加压渗透，同时，印刷速度降低后，在后一张叠放在前一印张之前，前一印张有更长时间进行毛细管的自由渗透，因此印刷没有网点的大面积实地时宜适当地加大印刷压力，既能促使墨色更加厚实、均匀，又能加快干燥速度，如果印数不多，还可以减少印刷速度，都能起到预防背面蹭脏的作用。高台收纸比低台收纸也有更长的自由渗透时间和与氧接触机会；红外烘干装置能大大加快油墨的干燥速度。

6. 印张堆放方式及喷粉

印刷好的成品堆码成垛以后，印张干燥所需要的氧分子，只能从印张边缘渗入的空气中获取，如果印张面积较大，承印物表面光滑，印张堆码较高，空气很难渗入纸垛的下部中间，由于供氧不足，这部分印张很难干燥。而面积小，纸面粗糙，少量地叠放，则有利于和空气的充分接触。因此，为防止干燥过慢和背面粘脏，加强印刷后的半成品管理十分重要。印刷不易干燥的产品，一方面堆垛不宜过高；另一方面，在墨层固着后，间隔一定时间，要将印张轻轻抖动使之透气，增加墨迹和空气的接触，以加速油墨的干燥。

喷粉是将专用的粉末喷洒在印张上，利用粉末的支撑作用，增加印张之间的距离，有利于空气流通，加快氧化结膜干燥。

三、背面蹭脏

在胶印生产中，前一印张的墨迹未干，后一印张即叠放在其上，前一印张上的油墨就有可能部分转移到后一印张的背面，称为背面蹭脏。背面蹭脏和透印都表现为印张的背面有脏痕，但它们形成的机理完全不同，如图 6-8 所示。背面蹭脏容易发生在印刷涂料纸、墨层厚、叠印色数多时，纸张中间无脏痕；透印容易发生在印刷非涂料纸、第一色印刷和油墨直接印在白纸上的背面，而不是多色墨叠印处的背面，纸张中间有脏痕，不能擦去。

印品产生背面蹭脏有两个重要阶段：一是油墨固着阶段的背面蹭脏，指印刷过程中纸张刚传到收纸堆上，有 3～5 张堆积就发生粘脏；二是油墨固化阶段的背面蹭脏，指油墨已固着但未固化前，尚停留在软化阶段，产生背面粘脏。

图 6-8　背面蹭脏和透印

（一）背面蹭脏的形成机理

印品的背面蹭脏从本质上讲是前一印张墨膜表层的油墨对后一印张背面的附着力引起的，这个附着力就是分子间二次结合力 F_b，如图 6-9 所示。表层的油墨同时还受到本身所在纸张对它的分子间二次结合力 F_a 和油墨本身内聚力 F_c 的作用，只有当 $F_b \geq F_a + F_c$，才会出现背面蹭脏。由于分子间的二次结合力的大小是随着距离的增大急剧减小，其中色散力、诱导

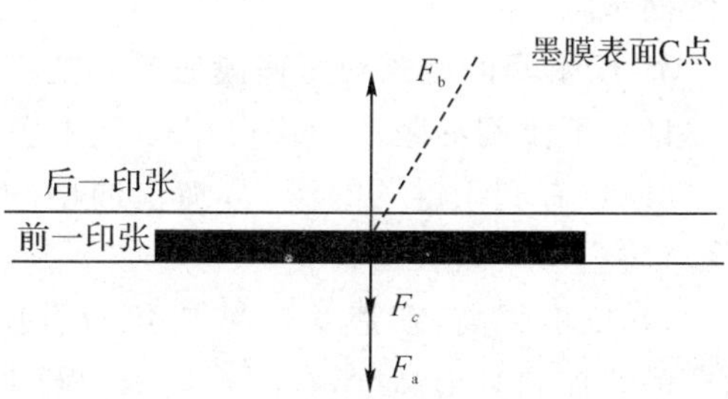

图 6-9　背面蹭脏形成的机理

力的大小与距离的6次方成反比。F_a 主要和墨膜的厚度有关，随着墨层的厚度增加即 C 点与本身所在纸面之间的距离增大而急剧减少，F_b 和墨膜表层油墨与后一印张间的距离有关，也就是前后两印张间的距离有关，并随着它们间的距离减少而急剧增大，油墨本身的内聚力 F_c 取决于油墨的性质和油墨的干燥情况。因为随着油墨的干燥凝固，内聚力会急剧上升。因此预防背面蹭脏的主要措施是控制墨层厚度、增大油墨本身的内聚力、加快油墨在承印物上的干燥速度和控制前后两张印张之间的距离不要太靠近。控制油墨的干燥速度是预防背面蹭脏的最重要手段，这部分内容已在第一章第二节作了详细讨论，在此不再重复。

（二）影响背面蹭脏的因素及预防方法

1. 油墨的性质对预防背面蹭脏的影响

不同类型不同颜色的油墨，连结料和颜料的成分和各成分所占的比例不同，干燥方式不同，干燥快慢差别极大。同时触变性大的油墨，在印刷过程中由于墨辊间的剪切作用，黏度下降，完成转印后，黏度又迅速上升，由于黏度是内聚力的外在表现，黏度的增加就表示内聚力的上升，有利于防止背面蹭脏。因此现代高速机印刷彩色产品，大都采用干燥快、触变性大的油墨。

为了调整油墨的印刷适性，有时需要添加调墨油，以降低油墨的黏度和粘性，黏度和粘性的减小即是内聚力的降低，容易造成背面蹭脏的故障，故印刷容易产生背面蹭脏的涂料纸时要严格控制去粘剂的用量，控制油墨的黏度和粘性。

2. 墨层厚度对背面蹭脏的影响

背面蹭脏多发生在印刷墨层较厚的部位。对于单张纸胶印常用的树脂型油墨来说，在油墨的干燥过程中，首先是通过连结料中高沸点煤油的快速渗透，剩余的连结料迅速增稠固着来完成的，油墨的完全固化则依靠缓慢进行的氧化聚合反应。对于某一种纸张，在一定的印刷压力下，连结料的渗透是有一定限度的，当墨层很厚时，底部的连结料渗入纸张后，表层油墨中的连结料的渗透量就大大减少，表层的油墨就无法依靠油墨快速增稠凝固来提高内聚力，易出现固着阶段的背面蹭脏。当墨膜表层结膜后，就会阻碍空气中的氧进入表面膜层下的印迹油墨中，中下部墨很难彻底固化，易产生固化阶段的背面蹭脏。

对于某一种纸张在一定墨层厚度以内，采取合适的印刷工艺，是不会出现背面蹭脏的。一旦墨层超过一定的限度，背面蹭脏就会迅速出现，而且墨层厚度的变化，对于背面蹭脏的严重程度很敏感。因此，印刷以暗调为主的彩色图像，宜采用底色去除的方法，减少墨层的厚度。印刷大面积实地时，虽然墨层越厚，墨色越厚实，但也要严格地控制墨层厚度在一定的范围内。如果调配的专色油墨色泽太淡，试图通过加大墨层厚度来加深色泽，就很容易引起背面蹭脏。

3. 印张间的距离对背面蹭脏影响的控制

增加纸张间的距离不仅可以降低墨膜表层的油墨和后一印张间的分子间二次结合力 F_b，同时也有利于空气的渗入，加快油墨的氧化结膜干燥。因此控制印张间距离不要太接近，对防止背面蹭脏很重要。

（1）纸堆越高，纸密度越大，在纸自重作用下，下部纸张靠得越近，因此印刷易背面蹭脏的产品要控制纸堆高度，有的工厂采用晾夹板来放置印张。

（2）目前，在单张纸胶印中普遍采用喷粉来预防背面蹭脏。喷粉就是将专用的粉末喷洒在印张上，利用粉末的支撑作用，增加印张之间的距离。其使用规律是：

①承印物越粗糙，使用的颗粒越粗糙。玉米粉颗粒极细、硬度相对低，适用于平滑度高的纸张进行四色印刷时使用，对印版和印刷品墨膜的磨损作用较小；由于印刷过程中，粉末会沉积在橡皮布上，加重对印版的磨损，因此采用硬度较大的碳酸钙粉末会相对降低印版的耐印率。

②墨膜越厚，需要的粉末越多。

但喷粉带来许多弊病，如弄脏印刷机、污染环境、危害工人健康等，喷粉更会降低图文区域的印刷质量(光泽度下降)，并对印后加工如覆膜、上光带来负面的影响。因此，应严格控制喷粉量和喷粉面积。

(3)在油墨中添加防蹭脏剂，防蹭脏剂由与油墨不可混溶的材料组成，印刷后，可浮在油墨层表面形成一层不可逆的“垫子”，从而减少印品的蹭脏。

(4)纸张间如果带有极性相反静电，纸张会因正负电荷相吸而紧密地靠在一起，导致背面蹭脏；在印刷之前，纸板如果已经吸水变形，也容易因为纸板变形的部位不同，而导致纸面上接触压力分布不均匀，接触压力大的部位在压力作用下密接在一起，导致局部位置背面蹭脏，如图 6-10 所示；印刷厚纸板时，收纸台上对称的理纸器之间的距离应该比纸张的宽度稍大一些。否则当理纸器向里串动时，由于纸板较硬，两端受压后，容易向下拱，如图 6-11 所示，给下一印张的墨层一个较大的作用力，导致背面蹭脏。薄纸印大面积底色后易弯曲，收纸不齐，也会导致背面蹭脏。

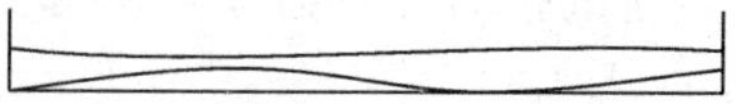

图 6-10　弯曲的纸张对背面蹭脏的影响

图 6-11　理纸器的调节对背面蹭脏的影响

第四节　印刷过程的拉毛

纸张的表面强度指纸张表面纤维、胶料、填料间或纸张表面涂料粒子间及涂层与纸基之间的结合强度，指单位纸面上垂直于纸面的抗分层、抗撕裂的能力。压印后的印张，一方面橡皮滚筒上的油墨以粘力把印张粘在橡皮布表面，而另一方面纸张被压印滚筒咬牙咬住，迫使它与橡皮滚筒分离，粘附在橡皮滚筒表面的纸张受到的垂直于纸张表面的把纸张从橡皮布表面拉下的剥离张力。如果这个剥离张力使承印物表面强度无法承受时，则纸张表面的纤维、填料或涂料会被橡皮布上的油墨拉下，堆积在橡皮布和印版表面，这种现象称为拉毛。严重时，甚至撕裂纸面，导致承印物分层粘附，出现剥纸现象。

一、拉毛对印刷的影响

剥落的纸屑掺和着油墨会在橡皮布和印版表面上逐渐堆积起来，改变了橡皮布和印版相应表面原来的亲油或亲水性能，油墨就不能均匀完整地吸附转移到纸张上，造成网点破损、小网点丢失，暗调并糊。印刷网目调图像时，出现高调花版、暗调糊版，层次丢失现象，图像变得粗糙模糊、清晰度下降；而印刷实地底色时，印迹发虚不实在。纸屑在印版和橡皮布上的堆积还会加速印版磨损，缩短印版耐印率；同时纸屑还辗转传到水斗中，影响润湿液的印刷适性。

拉毛加重时必须增加清洗橡皮布的次数，加大了印刷工人的劳动强度，严重影响生产效率。

印刷纸张是否掉屑取决于纸张的表面强度和印刷条件。如果印刷条件一定，即印刷使用的油墨、橡皮布、滚筒转速等一定，就必须要求纸张有足够的强度；反之，印刷使用的纸张选定，则对印刷条件必有相应的要求。由于拉毛现象不仅影响印刷质量，而且给印刷生产带来麻烦，选择合适的纸张、采用合适的印刷工艺来控制纸张的拉毛具有重要的意义。

二、纸张表面强度与拉毛速度

纸张的表面强度 T 是量度纸张表面的纤维、填料、胶料粒子间的结合力大小的物理量，但直接测量纸张的表面强度并不容易实现，只能采用间接的方法来反映纸张表面强度的大小。

对于任意的一种纸张，实际印刷过程或模拟实验的印刷过程中，当印刷压力和印版上的墨层厚度一定时，虽然发现各种不同的印刷速度或多或少都存在拉毛现象，只是在印刷速度高于某一最低临界值，才发生严重的拉毛现象。把纸张产生严重拉毛现象的最低印刷速度称为纸张的临界拉毛速度 $V_{拉}$，简称拉毛速度。实验研究发现，临界拉毛速度 $V_{拉}$ 与油墨的塑性粘度 η_P 之积为一常数 C，纸张的表面强度 T 又与此积成正比，即：

$$V_{拉} \cdot \eta_P = C \tag{6-15}$$

$$T = k \cdot C = k \cdot V_{拉} \cdot \eta_P \tag{6-16}$$

式中，C 对于确定的纸张是个常数，叫做纸张的 VVP 值；k 是比例常数。

如果印刷压力恒定，印版油墨量一定，印刷中使用的油墨一定，因而 η_p 一定；则纸张的表面强度 T 可用纸张的临界拉毛速度 $V_{拉}$ 来表征。国内外都是用印刷适性仪测定纸张的拉毛速度来表示纸张的表面强度。

在恒温、恒湿条件下，固定印刷压力，采用一定量的、特定的拉毛油（拉毛油属于牛顿流体，它的粘度与速度无关，这一点与印刷用油墨是不同的），以一定的加速度在印刷适性试验机压印，测量纸张开始连续出现起毛、起泡的距离，由于印刷适性低度的扇形盘的半径是固定的值，根据确定的加速度和测得的距离，计算出对应位置的速度，即为拉毛速度，单位为米/秒或厘米/秒，用来表示纸张的表面强度。如 A 等国产单面涂布白纸板的表面强度要求不小于 2.0 米/秒。

实验表明，纸张表面的某些粒子、纤维结合强度较小，故在印刷速度不很大的时候就会发生拉毛现象，但并不严重。而大部分粒子或纤维的结合强度相当，只是印刷速度在高于临界拉毛速度以上，才会发生比较严重的拉毛现象。因此，用纸张的临界拉毛速度表示纸张表面强度时，在拉毛纸样上，就应该以纸张表面连续出现填料点、涂料点、起泡、起毛的地方为准，才能比较精确的反映纸张的表面强度。

三、拉毛速度与印刷速度的关系

拉毛速度通常用印刷速度仪来测量，上面所说的拉毛速度指印刷适性仪上发生拉毛现象的最低印刷速度，即滚筒表面线速度，单位用厘米/秒或米/秒表示；而印刷生产中所说的印刷速度指某一印刷机每一小时的印刷张数。由于滚筒半径不同，速度表示方法不同，需要分析印刷适性仪所测得的拉毛速度与印刷机发生拉毛现象的最低印刷速度之间的关系。

图 6-12 表示印刷适性仪的两个滚筒，在印刷转动过程中，印刷盘上一点油墨，和扇形盘上包裹的纸张，各自具有指向圆心的加速度，油墨和纸张从压印区分离时，它们之间相对加速度可用下式表示：

$$a=|a_1-a_2|=\left|\frac{v^2}{r_1}-\left(-\frac{v^2}{r_2}\right)\right|=v^2\cdot\left(\frac{1}{r_1}+\frac{1}{r_2}\right) \qquad (6\text{-}17)$$

在印刷机上，设印版滚筒的半径为 R_1，压印滚筒的半径为 R_2，印刷速度为 V_p，则纸张与印版分离时的加速度 a_p 为

$$a_P=v_P^2\cdot\left(\frac{1}{R_1}+\frac{1}{R_2}\right) \qquad (6\text{-}18)$$

由于纸、墨间相对加速度（a 或 a_p）的存在，便形成了油墨对纸张的剥离力 F_Q。假定印刷机上的剥离力与印刷适性试验机上的剥离力 F_Q 相同，则对应的纸、墨间的相对加速度也相同，即 $a_p=a$，考虑到(6-17)、(6-18)两式，则有：

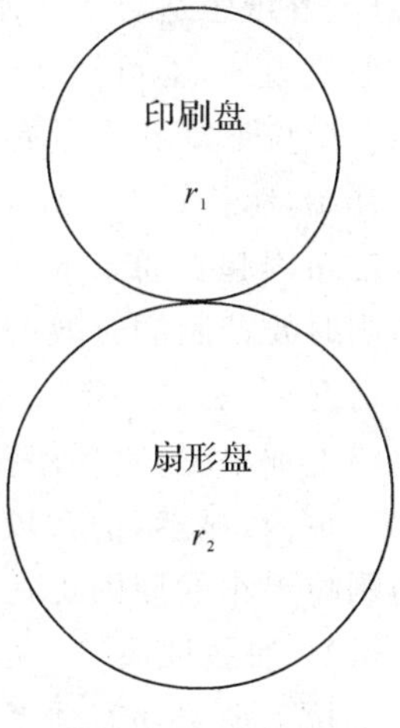

图 6-12　一对印刷滚筒

$$v_P^2\cdot\left(\frac{1}{R_1}+\frac{1}{R_2}\right)=v^2\cdot\left(\frac{1}{r_1}+\frac{1}{r_2}\right) \qquad (6\text{-}19)$$

如果使用荷兰 AIC2-5 型印刷适性试验机或长江造纸仪器厂制造的印刷适性试验机测定纸张的拉毛速度，因为试验机的印刷盘 $r_1=3.25\text{cm}$，扇形盘半径 $r_2=8.5\text{cm}$，代入(6-19)式得：

$$V_P=\sqrt{\frac{R_1\cdot R_2}{R_1+R_2}}\cdot V_{拉} \qquad (6\text{-}20)$$

由于实际生产中印刷机的印刷速度都是用每小时的印张数或每小时压印滚筒的转数来表示的，这就需要将印刷速度 V_p 的单位由线速度单位换算成印张/小时或转/小时。对于常见的单倍径胶印机来说，印版滚筒、橡皮滚筒和压印滚筒的直径近似相等，滚筒每转一圈，印刷一张，以张/小时为单位的拉毛速度可用下式表示：

$$V'_P(张/小时)=\frac{3600}{2\pi R}\cdot\sqrt{\frac{R_1\cdot R_2}{R_1+R_2}}\cdot V_{拉}=264\cdot\frac{V_{拉}}{\sqrt{R}} \qquad (6\text{-}21)$$

已知轮转印刷机的压印滚筒（或印版滚筒）的半径 R 和纸张的拉毛速度，如果在印刷适性仪上测得某种油墨和纸张的拉毛速度，则可按(6-21)式将纸张的拉毛速度换算成同样印刷条件下的印刷机印刷速度。

四、纸张拉毛的控制

纸张的表面强度和印刷时的剥离张力是决定纸张拉毛与否及严重程度的两个因素，而剥离张力的大小又取决于油墨性质、印刷速度等生产条件。

1. 纸张性质

不同纸张的原料和造纸工艺不同，表面强度相差很大，表面强度大的纸张不易拉毛、剥纸。生产时根据印刷设备和印品特点，选择表面强度合适的纸张是减轻拉毛的基础。

纸张拉毛有干拉毛和湿拉毛之分。多色胶印时，后印色是在空白部分已被润湿液润湿过的纸张上印刷，纸张被润湿后，表面强度下降，拉毛现象必然加重，称为湿拉毛。有的纸张

在无水参与的情况下抗拉毛能力很强，一旦遇水后表面强度下降厉害，湿拉毛现象变得很严重，这种纸张适合于无水参与的印刷但不适合胶印，所以抗干拉毛能力强的纸张不一定抗湿拉毛能力强，不可把凸版印刷纸或专供凸版印刷的涂布印刷纸用于胶印机上进行印刷。

湿拉毛既和水量有关，也和水在纸面上停留的时间有关。多色印刷机的湿拉毛从第二色开始，越往后的机组，空白部分沾附的润湿液越多，湿拉毛越严重。润湿液的供液量越多，橡皮布因起脏而亲水性增强，都会导致更多的水分传递到纸张上，加重纸张的湿拉毛。多色印刷时要控制润湿液的供应量，及时清洗橡皮布，以减轻纸张的湿拉毛现象。在用水量相同的情况下，迅速印上油墨的情形与稍隔一段时间后才印上油墨的情形也大不一样。前一情况印上油墨时，水还停留在纸的表面上，而后一种情况印上油墨时，纸面水分已大部分渗透到纸页内，显然，前者较容易发生湿拉毛现象。在单色机上进行多色印刷比在多色机上一次印刷拉毛小的原因正在于此。

2. 油墨性质

拉毛现象随着油墨的黏度、粘着性的增大而加剧，如图 6-13、6-14 所示。而油墨的黏度、粘着性受温度影响明显，在没有恒温设施的车间，早晚温度低时，油墨被冷却后黏度和粘着性明显增大，往往引起拉毛现象。通过在油墨中添加调墨油或去粘剂来降低油墨的黏度和粘性，是印刷表面强度差的纸张最常用的方法，但要适可而止，否则会引起油墨乳化加重、网点扩大增加和延长干燥时间等一系列问题。

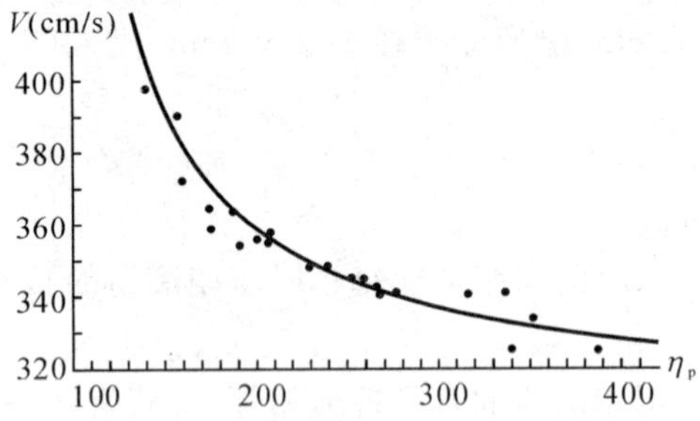

图 6-13　η_p 对拉毛速度的影响

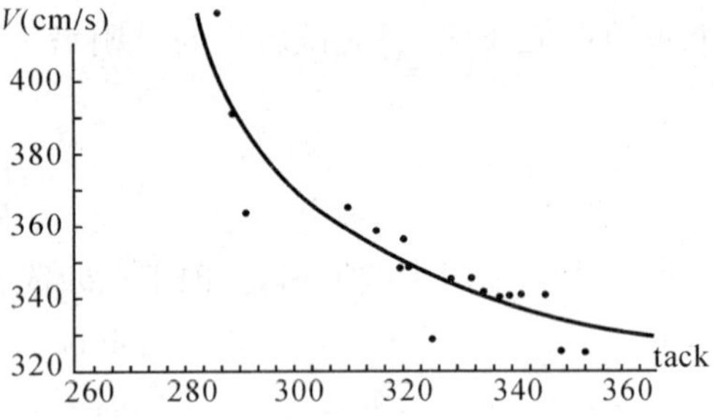

图 6-14　Tack 值对 $V_{拉}$ 的影响

3. 印刷速度

印刷速度越高，纸张和橡皮布剥离时的剥离张力越大，越容易拉毛。但是，纸张表面纤维、填料的结合力有大有小，并不均匀，某些粒子、纤维结合强度较小，故在印刷速度不很大的时候就会发生拉毛现象，但并不严重。而大部分粒子或纤维的结合强度相当，只是印刷速度在高于某一临界拉毛速度以上，剥离张力达到一定程度，才会发生比较严重的拉毛现象。随着印刷速度的继续增加，拉毛现象急剧加重。所以对于表面强度差的纸张，应控制印刷速度，以较慢的速度进行印刷。

4. 滚筒半径

从式(6-21)可以看出，同一纸张在印刷机滚筒半径不同，但其他印刷条件相同的情况下，以张/小时为单位的出现拉毛的印刷速度与滚筒半径的平方根成反比，因此，其他条件相同时，滚筒半径越大，纸张越容易拉毛。

5. 墨层厚度

墨层厚度对纸张拉毛速度的影响如图6-15所示，情况比较复杂。在墨层很薄时，拉毛速度随着墨层的增加急剧地下降，随后下降的趋势较为平缓，当墨层厚度越过某一定值后，下降的趋势变得很缓慢，即墨层厚度再增厚，拉毛速度也很少下降了。相对于其他印刷工艺，胶印的墨层较薄（一般不会超过 3μm），拉毛现象随着墨层厚度增加而急剧加重。

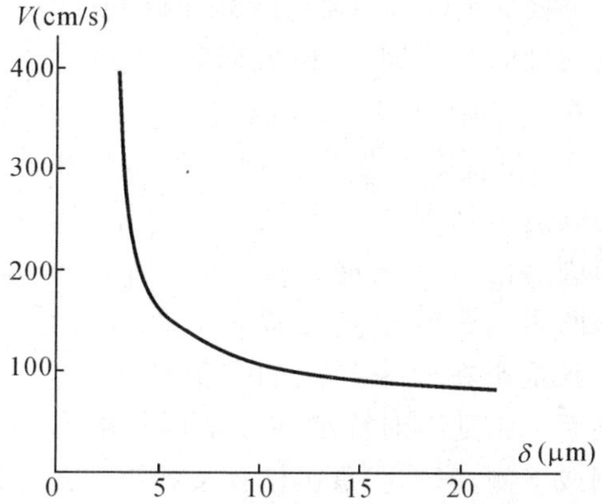

图 6-15　墨厚 δ 对 $V_{拉}$ 的影响

6. 橡皮布的残余粘性

橡皮布使用方法不当，橡胶中含有的硫会脱离，引起橡皮布表面发粘，加重拉毛、掉粉、剥纸现象。对于表面发粘的橡皮布要更换，或用滑石粉混合硫磺粉擦拭，降低橡皮布的粘性。

第五节　重　　影

重影指同一色的线条旁出现浅线条或网点旁出现浅侧影。重影不同于印迹滑移，因为一般的网点印迹滑移是网点形状发生了变化，网点扩大具有方向性，但变形后网点的墨色深浅基本是均匀的，而重影是一深一浅互相紧贴在一起，如图 6-16 所示。印迹滑移和重影都是印刷的故障，都使网点面积发生方向性扩大，但它们发生的机理不同，解决方法也不同。

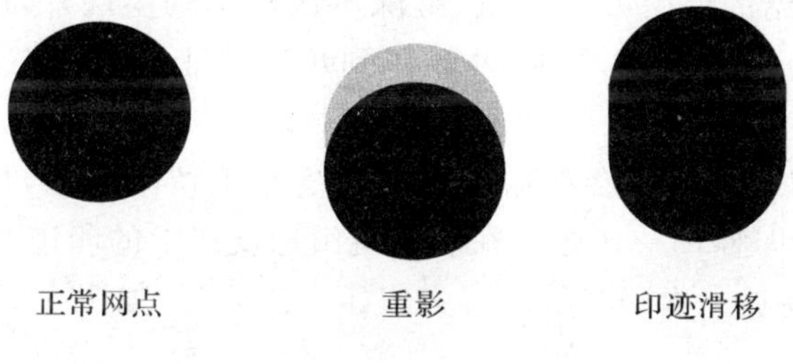

图 6-16　重影与印迹滑移

一、重影对印刷的影响

重影是一种常见的印刷故障，虽然视觉一般不能直接观察到侧影，但它使网点面积增大，边缘的锐度变差，影响图像的阶调和色彩还原，并且使图像的清晰度降低，严重影响产品质量。

二、重影的种类

多色机在印刷过程中产生的重影可分为三类，即横向重影、纵向重影和 *AB* 重影。

纵向重影指浅影出现在网点或线条的周向前后，其位置固定，重影有轻有重，分局部和整个版面两种，如图 6-17(a)所示。

横向重影指浅影出现在网点或线条的轴向左右侧，其位置固定，重影有轻有重，如图 6-17(b)所示。

AB 重影专指倍径滚筒胶印机在连续运转情况下所出现的印迹重影。印刷品的每一张都有重影，但前后相邻两张印张的重影位置是对称，若前一张重影在原来网点的左侧或上侧，则后一张重影对称地在原来网点的右侧或下侧，第三张重影位置又和第一张一样，如此周而复始。

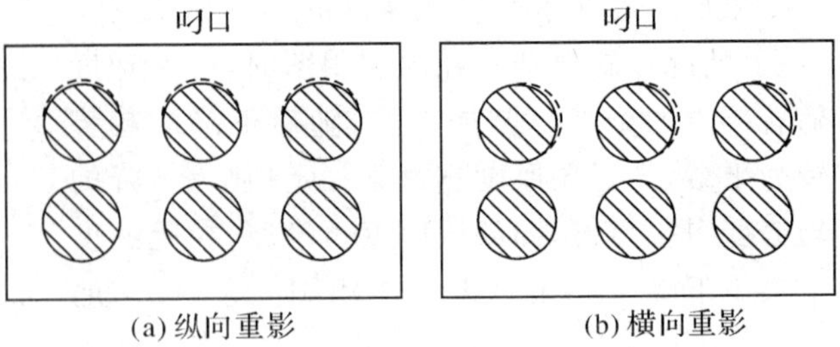

图 6-17　重影

重影可用高倍放大镜观察，区分是哪一种重影，然后针对具体情况查找原因并加以解决。重影可以用 GATF 星标检测，当星标的中心出现 8 字形时表示发生了重影的故障；也可以用纵横等宽的细线条来检测有无印迹的方向性扩展，这种方向性扩展可能是印迹滑移，也可能是重影造成的，区分印迹滑移和重影还需要用放大镜直接观察。

三、发生重影的原因

造成重影的具体原因很多，有机械方面、工艺操作方面和纸张方面的，但从本质上说，它的原因不外乎以下两种。

(1)由于橡皮布上印迹向承印物转印后，会有剩余墨层，剩余墨层转到和印版接触时再得到新的补充，这就要求一个机组的橡皮滚筒和印版滚筒每一次滚压时，相对应的质点必须重合。否则的话，对应于同一图像印迹，橡皮布上一次压印转移到纸张上后所剩余的墨层 *A*，不能与印版本次供给的墨层 *B* 完全重合，除本次转移的墨层外，还同时呈现剩余墨层的浅淡印迹，不相重合的深浅墨迹，再同时转印到承印物上，便形成了重影故障，如图 6-18 所示。

(2)湿式叠印的前一色印迹会在后一色的橡皮布上留下印迹，再从这儿转印到承印物上。对应于同一图像印迹，前一印张留在后一机组橡皮布上的印迹 *C*，如果和这一次印张的印迹 *D* 不相重合，便在这一次印张的印迹旁边印出浅侧影，如图 6-19 所示。

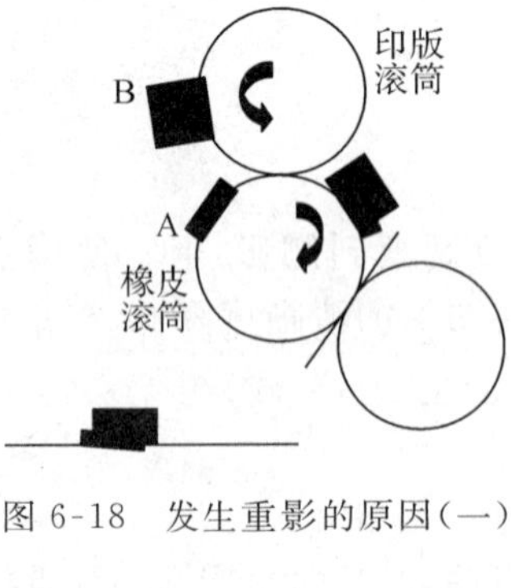

图 6-18　发生重影的原因(一)

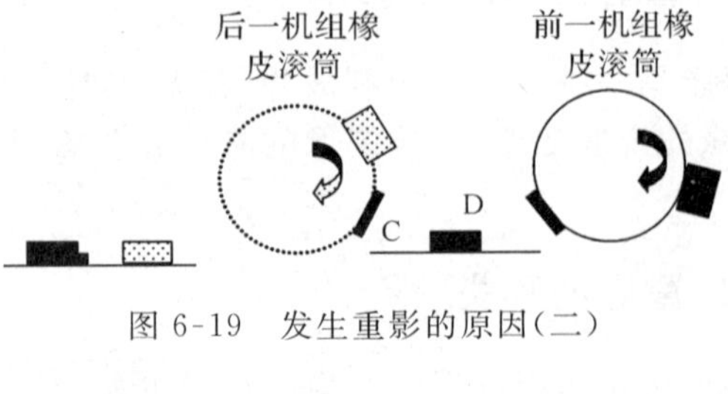

图 6-19　发生重影的原因(二)

（一）横向重影

1. 两滚筒在运转中发生轴向位移

胶印机滚筒的止推轴承是防止滚筒轴向串动的部件，如果止推轴承磨损或松动，有间隙，在斜齿轮轴向推力的作用下，滚筒发生串动而产生横向重影；多色机轴向微调机构松动，轴承磨损，会使印刷机在正常工作状态下印版滚筒与橡皮滚筒产生轴向相对位移，从而造成横向重影。

2. 轴向传纸误差

一般是由于叼纸牙轴的轴向串动。叼纸牙是安装在叼纸牙轴上的，叼纸牙轴的串动，造成传纸不准，产生重影。解决办法是调整滚筒叼纸牙轴两头紧圈和轴套端面的间隙。

3. 纸张荷叶边

荷叶边的纸张由于纸边较长，在第一色印刷压力作用下向拖梢边挤压并逐渐向里靠拢，经第一色压印后进入第二色时，在一段空隙时间内，原先被第一色挤压合拢的纸张又释放开来，这种合拢和释放量都带有随机性，导致前一张残留在下一机组橡皮布的印迹和当前的印迹不能完全重叠，从而造成重影。这种重影大部分发生在第一色拖梢边的两角，中间没有。解决办法是对纸张进行晾纸处理，使纸张变得较平整再进行印刷。

（二）纵向重影

1. 橡皮布在每次转印后不能完全复位

（1）滚筒之间压力过大或滚筒半径配置不当，橡皮布在压印面摩擦力的作用下，移量大，各次转印后不能完全复位，导致重影。解决办法是：合理调整印版滚筒和橡皮滚筒的包衬数据，使它们符合同步滚压的要求；在保证油墨转移的前提下，减轻印刷压力。

（2）橡皮布绷得不紧，滚压过程中位移量大，并且不能依靠绷紧力复位。橡皮布绷得不紧有两种情况：一是整体绷得不紧，引起面积较大的重影；二是橡皮布裁切歪斜或装铁夹板时装得不好，致使局部绷得不紧而造成局部重影。这种重影多产生于拖捎部分，一般重影只产生于刚开始的 50 张左右，以后如果不中断合压重影一般不会出现。解决办法是：如果橡皮布整体绷不紧，重新绷紧即可；如果局部绷得不紧，要检查是否橡皮布裁切歪斜或装得不好，找出原因并加以改正。

2. 印版压印过程中错位

印版没绷紧或印版裂开导致印版在运转过程中错位。解决办法是：绷紧印版；如果印版已裂开，则需要换版。

3. 两个滚筒的筒体运转中相对位置错位

因为机械制造精度差或机器在使用过程中磨损，滚筒轴颈与轴套，偏心套与墙板孔间的配合间隙过大；齿轮加工精度不够，齿轮磨损及齿侧隙过大；多色机纵向微调机构松动，轴承磨损等，使滚筒在运转过程中产生振动。这种振动多发生在印刷速度上升或下降时、滚筒离合压时和滚筒从空档部分转到印刷部位时，所以重影多发生于开始合压印刷和印刷速度变化时，重影位置一般在印张的咬口部位。

4. 周向传纸误差

（1）多色机的各机组相互交接不准。解决办法是仔细检查机组之间交接部件的性能及相互间交接关系，如有松动、磨损或交接量、交接时间不当，及时予以校正。

（2）由于剥离张力过大或压印滚筒咬牙牙垫光滑、咬力偏小，出现剥离张力大于压印滚筒咬牙咬力，迫使纸张从咬牙中微量拉出，但每次被拉出的量带有随机性，导致套印误差而产生重影。解决办法是减少剥离张力和增加滚筒咬牙咬力。

（三）AB 重影

双倍径滚筒胶印机的同一传纸滚筒或压印滚筒上的两副咬牙的制造或安装精度不够，或某一幅咬牙装置发生故障，导致分别由两副不同的咬牙传递过去的先后相邻纸张，其位置不相同，但同一幅咬牙传递过去的奇数纸张或偶数纸张位置相同，这样前一印张留在后一机组橡皮布上的印迹就不能和当前印迹相重合而产生重影。每一张都有重影，并且先后相邻两张印张的重影位置是对称。

A、B 重影的产生，有机器本身设计和制造的原因，也有工艺操作上的原因。机器的原因，主要是双倍径滚筒两副咬牙的制造和安装精度不够；工艺操作问题，主要是长期使用的牙垫被磨损，精度下降。

复习思考题

1. 如何提高单色印刷的叠印效果？如何避免"油墨晶化"故障的发生？

2. 单色胶印机和多色胶印机的油墨叠印有什么不同？要提高多色胶印机油墨叠印的效果，应该注意哪些问题？

3. 印刷色序的安排需要考虑哪些因素？

4. 油墨在纸张上的渗透是如何进行的？如何避免出现透印的故障？

5. 什么是粉化？影响粉化的因素有哪些？

6. 设印刷压力为 30kgf/cm^2，印刷速度为 2m/s，用粘度为 10P，表面张力为 28.9dyn/cm 的油墨印刷。第 1 色印刷 0.1s 后印第 2 色。试计算第 2 色印刷前油墨渗入纸张的深度（纸张与油墨的接触角为 0°，纸张平均毛细管半径为 $1\mu\text{m}$，印刷接触宽度为 0.4cm）。

7. 纸张的拉毛、掉粉、剥纸现象是如何发生的？对印刷有何影响？

8. 什么是纸张的拉毛速度？为什么纸张的表面强度用拉毛速度来表示？

9. 纸张在单色胶印机和多色胶印机上的掉粉、掉毛有什么相同之处和不同之处？为了减少纸张的掉粉、掉毛需要采取哪些措施？

10. 什么是背面蹭脏？产生背面蹭脏的原因是什么？喷粉为什么能起到预防背面蹭脏的作用？

11. 常见的印刷干燥方式有哪些？它们的干燥机理是什么？

12. 影响油墨干燥的主要因素有哪些？如何提高印迹干燥的速度？

13. 什么是重影？重影对印刷质量有何影响？产生重影根本原因是什么？

14. 油墨在 10℃，印刷速度为 30r/min 时发生剥纸现象，但温度上升至 20℃，印刷速度为 70r/min 时反而不剥纸。试问温度上升至 30℃，在不发生剥纸现象的情况下，印刷速度可达每分钟多少转？已知 20℃时油墨的塑性粘度为 $225P$（提示：纸张的破裂能密度 $D\upsilon=142\upsilon\eta p3/2$ 式中 υ 为印刷速度，ηp 为塑性粘度。先求 10℃时油墨的塑性粘度，待 $\eta p10°$，$\eta p20°$ 值均得知时，再利用安得体公式 $\eta p=ab/T$ 计算出 $\eta p30°$，由此即可求出对应的印刷速度）。

15. 设印刷适性试验机印版滚筒半径、压印滚筒半径各为 5cm、10cm，印刷速度为 3m/s 时开始剥纸，试问用印版滚筒、压印滚筒半径均为 40cm 的轮转印刷机，在不剥纸的原则下，每小时最多可印多少张？

16. AIC2-5 型印刷适性试验机，印刷盘的半径为 3.25cm，扇形盘的半径为 8.5cm，试推导轮转印刷机印刷速度（张/小时）和纸张拉毛速度（cm/s）的关系式。

17. 在 AIC2-5 型印刷机适性试验机上，测定某种纸张的拉毛速度是 250cm/s，若将该纸张用于滚筒半径为 150mm 的胶印机上印刷，试计算印刷速度低于每小时多少张，纸张基本不发生掉毛、掉粉的故障？

18. 某种胶版纸要用于半径为 175mm 的轮转机上印刷，印刷速度为 12000 张/小时，问此种纸张在 AIC2-5 型印刷试验机上的拉毛速度高于每秒多少厘米时，才不会发生掉毛、掉粉故障？

第七章　印刷过程的其他问题

影响胶印正常进行的变量很多，胶印过程常常会发生各种各样的问题，本章分析胶印生产中需注意的环境与安全问题，以及几种最常见的胶印故障的发生原因与处理方法。

第一节　环境与安全

一、车间温湿度

车间温、湿度的变化不仅影响纸张的含水量和几何尺寸，还会对印迹的干燥、油墨的传递、乳化和润湿液的用量产生影响，因此，理想的印刷车间应该把温、湿度控制在一定的范围之内。

(一)湿度

湿度指空气中含有的水分，亦即空气的潮湿或干燥程度。通常，衡量空气湿度的方法有绝对湿度和相对湿度。

1. 绝对湿度

绝对湿度指 $1m^3$ 空气中实际所含的水蒸气的质量，以克/立方米表示。在一定的温度下，空气中能够含有最大限度的水蒸气的数量，称为饱和量，超过饱和量就会凝结成水珠。空气中所含水蒸气的饱和量大小与空气温度的高低成正比，气温越高，饱和量越大。

2. 相对湿度

仅仅了解绝对湿度是不够的，它还不能全面地表达出空气的干湿程度。因为空气的干湿程度和空气中含有水汽的绝对量没有直接的关系，而是和空气中所含有的水汽量是否接近饱和的程度有关。所以把空气中实际所含有的水汽密度与同温度时饱和水汽密度的百分比叫做相对湿度 RH。

$$\mathrm{RH}(\%)=\frac{1\mathrm{m}^3\text{ 空气中实有水蒸气质量}}{\text{同温度下 }1\mathrm{m}^3\text{ 空气饱和状态时水蒸气质量}}\times 100\% \tag{7-1}$$

相对湿度越小，说明空气中所含的水蒸气的量远没有达到饱和量，也就是说空气还能容纳更多的水分，这时纸张中的水分就容易蒸发到空气中去。相对湿度越大，说明空气中含水蒸气的量越接近于饱和状态，也就是说空气中已经不能再接受更多的水分。我们平常生活中，以及印刷工业所关注的就是相对湿度，对印刷车间和库房的湿度要求也是指对相对湿度的要求。测量空气相对湿度的方法有很多，如干湿球温度计等。

3. 露点温度

空气中的水蒸气量达到饱和状态时，即 $RH=100\%$，此时空气的湿度叫做饱和湿度，达到饱和状态时的温度，叫做露点温度，也就是空气开始出露水的临界温度。在此温度以下，空气中的水蒸气就会超过饱和量而凝结成水珠，这种现象叫做结露，在夏季，当库房或车间外的热空气进入时，在外界热环境中的未饱和水汽到温度低的车间遇冷后，就变成饱和水汽而结露了。

同理，冷的纸张进入到气温高的车间，如果温差达到“露点”，就会在纸堆边缘大量地凝结水珠，而被纸张边缘所吸收，使纸边的含水量大于中间，进而产生荷叶边。为了避免冷的纸箱（纸包）拆出来的纸张周边凝结水分，可将纸箱（包）存放几天，使温差低于“露点”后再拆包。解决白纸从准备车间进入印刷车间的凝水现象，最合适的方法是使两个车间的温度相近，至少不要使温差达到“露点”。

（二）温湿度变化对印刷生产的影响

1. 对纸张的影响

温湿度变化对纸张的影响主要表现在由于纸张含水量的变化而引起的套印不准；由于纸张含水量变化的不均匀而引起的纸张变形；由于纸张含水量太低而引起的带静电等，从而给印刷生产带来困难。

2. 对油墨的影响

（1）温度太低，油墨的内聚力大，粘度和粘着性大，油墨传布不均匀，印刷品的墨色也就不均匀；油墨的粘着性太大，会加重纸张的拉毛现象，甚至会出现纸张粘橡皮布。在低温环境下，单纯依靠添加去粘剂或调墨油，会影响油墨的印刷适性，很难得到高质量的印刷品。

（2）温度太高，油墨的内聚力降低，油墨流动度大，网点扩大会加重；油墨转移时墨丝断裂后回弹无力，则印品网点不光洁且有变形，造成复制图像的层次丢失、清晰度差；油墨内聚力低且分离出更多的游离脂肪酸，加重油墨乳化。

3. 对水墨平衡的影响

温度升高，润湿液蒸发加快，供液量的实用范围的下限上移，上限基本不变，一方面需要增加供液量才能达到水墨平衡，另一方面润湿液供应量的宽容度变小，控制水墨平衡变得更加困难。

4. 对印迹干燥的影响

温度升高会促进油墨的氧化聚合干燥和渗透干燥，但湿度升高则会延缓油墨的干燥。

（三）车间温湿度的控制

胶印车间的温度和相对湿度波动幅度过大且频繁，对产品质量极为不利，综合节约能源和生产工艺的需要，应该根据季节的不同，在一定范围内控制为恒温恒湿，如表 7-1 所示。平时绝不允许外部空气无控制地流入车间，窗户要关闭，门最好能设成双层门，以减少人员和拉纸车进出给湿度控制带来的困难。由于胶印生产过程中需要用到水，若水池安放在车间内，对湿度的控制将会很不利，所以，水池应尽量设计在车间外面，若必须安装在车间内，则应设计在车间的一角，并安装门扉，以减少湿气。

对于没有恒温恒湿设备的工作场所，其窗户必须按需启闭，加装排气扇。到梅雨季节或外界气候不正常时，半成品应该用塑料膜罩起来。

表 7-1 北京、上海和西安的温、湿度控制范围

季节＼地区	北京		上海		西安	
春、秋	18～23℃	42%～50%	21～25℃	53%～58%	20～25℃	45%～53%
夏(季)	23～28℃	50%～56%	26～30℃	60%～65%	25～29℃	53%～60%
冬(季)	13～18℃	36%～42%	16～20℃	45%～50%	15～20℃	38%～45%

二、环境污染

(一)噪声

噪声与听力、心血管系统、神经衰弱、人体心电脑电功能均有直接或间接关系，可以引发多种健康危害。长期接触噪声，即使在未出现明显的听力损失情况下，也可以表现出神经行为功能障碍。此外，噪声对心理方面的影响也不可忽视，对情绪有明显的干扰作用。按《工业企业设计卫生标准》工作地点噪声声级卫生限值要求，作业场所操作人员每天连续接触噪声 8 小时，噪声限值为 85dB(*A*)。噪声每增加 3dB(*A*)，接触时间应减半。

在全封闭车间内应采取有效的吸音和个人防护措施。对噪声超过 85dB 的生产场所应对工人定期进行听力检查，发给工人护耳器等措施，以预防职业噪声造成的危害。

(二)粉尘

人体对进入呼吸道的粉尘具有防御机能，能通过各种途径将大部分尘粒清除掉。但在一定条件下，如果防尘措施不好，长期吸入浓度较高的粉尘，则仍可产生不良影响。

目前一般将生产性粉尘所引起的肺部疾患分为三大类。

(1)尘肺

尘肺是指由于长期吸入一定浓度的能引起肺组织纤维性病变的粉尘所致的疾病。

(2)肺粉尘沉着症

有些生产性粉尘，如锡、钡、铁等粉尘，吸入后可沉积于肺组织中，仅呈现一般的异物反应，但不引起肺组织的纤维性变，对人体健康危害较小或无明显影响，这类疾病称为肺粉尘沉着症。

(3)有机性粉尘引起的肺部病变

有些有机性粉尘，如棉、亚麻、茶、甘蔗渣、谷类等粉尘，可引起一种慢性呼吸系统疾病，常有胸闷、气短、咳嗽、咳痰等症状。一般认为，单纯有机性粉尘不致引起肺组织的纤维性变。

胶印车间的粉尘主要来自喷粉，喷粉所用的粉末大都是玉米粉或碳酸钙粉末，有的印刷车间同时有多台印刷机在生产过程中喷粉，致使车间的粉尘浓度相当高，应采取适当的防尘措施。

(三)化学安全

由于胶印使用大量化学品，工人通常会接触到很多危害性的化学品，特别是透过呼吸和皮肤接触的各种有机溶剂，会损害健康，包括皮肤脱脂引致皮炎，以及皮肤及呼吸道受刺激或过敏。溶剂被人体吸收后，对健康的长远影响是可能对体内的器官(肝、肾、肺等)造成损害。此外，有机溶剂能压抑中枢神经系统，使人昏昏欲睡、动作不协调、精神难以集中及平衡

系统受损。有些有机溶剂还是挥发性易燃物质，不但危害健康，也可导致火灾及爆炸。因此，对印刷工业中采用的各种挥发性有机化合物（VOC）必须加强控制。

胶印最重要的化学危害来自于油墨、润湿液和清洗剂。这些物质大多是专利配制的产品，其化学成分一般不会在原装容器上标明。如修版用的除脏剂，包装上并没有标明危害性，实际上除脏剂中含有有害健康的苯类物质，且易挥发，使用中应注意密封。因此，胶印生产工人应积极向各种材料的供应商查询产品的详细危害资料，以及采取相应的安全措施。

1. 油墨

油墨是复杂的化学混合物，不同的油墨其成分各不相同。油墨中的颜料含有对人体有害的物质，如白墨中含二氧化钛、碳酸钙、氧化锌、粘土等。有色的颜料可分为有机颜料和无机颜料两种，前者多为含芳香烃（如苯、萘或蒽）的合成着色剂，含有发色团（=C=NH，—CH=N—及—N=N—），而后者则通常是含有铅、铬、铜、水银、铁等金属的着色剂。值得注意的是紫外光固化油墨，因为这种油墨具有紫外光的危害性，并可能含有多功能丙烯酸酯和甲基丙烯酸酯，可引致皮肤受刺激和过敏。

2. 润湿液

润湿液中的挥发物质主要是酒精，空气中酒精含量超过 150mg/m^3，对人体就有伤害。润湿液中酒精的加入量经常达到 12%～25%。实验测定酒精含量 13%时，挥发量为 264mg/m^3；酒精含量 10%时，挥发量为 94mg/m^3；酒精含量 4%时，挥发量为 20～30mg/m^3。因此，减少酒精的用量已引起越来越多的印刷者的重视。如 20 年前，日本的润湿液中酒精的含量控制在 15%～30%之间，1992 年减少到 10%，目前，根据日本法律不能超过 5%。通过使用合适的替代品（如乙二醇）而减少酒精含量、采用亲水性润湿胶辊以及其他技术改进措施，可减少酒精的用量。

3. 清洗剂

印刷机的部件必须经常清洗，以防积聚干涸的油墨和纸尘。常用的清洁溶剂包括汽油、煤油、火水、乙二醇醚、醇类、甲苯、已烷和专门配制的混合剂。大部分清洁溶剂释出的挥发性有机化合物，会对工人的健康和安全造成影响。

生产工人常用沾上溶剂的碎布清洗橡皮布、滚筒等，为求方便，常把溶剂放在不加盖的罐中置于机器旁，致使挥发性有机物在工作地点挥发。由于印刷工人经常需用手处理各种危险化学品，故有必要使用可抵御化学品的防护手套。天然橡胶手套不能有效地防止碳水化合物溶剂的渗入和造成物理性的破坏，较昂贵的腈或氯丁橡胶手套则可以抵御碳水化合物溶剂。

第二节　飞　墨

飞墨指油墨从墨辊分离处飘出，形成微细的墨滴和墨丝弥散在印刷车间空气中，既污染了印刷车间环境，更严重地危害着工人的身体健康。

一、飞墨产生的原因

两根各自附有一层墨层的墨辊，在旋转过程中，其上面的油墨在汇合后进入接触间隙，墨膜内部压力开始上升，到达辊隙中央前方不远处 B 点达到最大。然后从 B 点开始，压力开始下降，经过了辊隙中央位置后，墨膜内部压力继续下降，直到压力最小部位，此时压力低于大气压，墨膜内部开始形成空洞，空洞越来越大，逐渐长出墨丝。墨丝被拉长到一定长度后会断裂。如果墨丝只在一处断裂分为两部分，则断裂的墨丝靠弹性作用回缩到墨辊；如果墨丝在多处断裂，两端的墨丝会回缩到墨辊，但中间部分的墨丝断片会在表面张力作用下，收缩成球状游离出来。在油墨的多项体系中，存在着连结料与颜料颗粒界面上形成的双电层结构。双电层结构在墨丝断裂时，断片边缘原本存在的双电层遭到破坏，致使部分电荷从墨丝或墨滴上逸入空间，相反的电荷则留在墨丝或墨滴上，由于墨滴和回缩到墨辊上的油墨带有相同性质的电荷，墨滴便被排斥逐向空间，形成雾散。

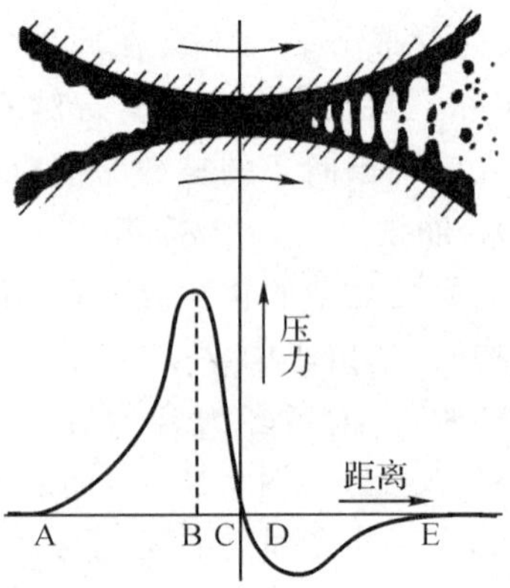

图 7-1　飞墨的形成

二、影响飞墨的因素

影响飞墨的因素很多，一般可以归纳为机械因素、环境因素、油墨因素等。

1. 机械条件对飞墨的影响

印刷速度是导致飞墨的主要外因。首先，墨膜分裂速度愈高，油墨的弹性行为表现的愈显著，墨丝在两处以上断裂的机会增加，飞墨加剧。其次，空洞产生的速度加快，数量增多，单位时间内产生的墨丝和断片也随之增加，飞墨加重。第三，速度愈高，墨丝断裂时，双电层的破坏愈严重。单张纸印刷机的印刷速度相对较低，油墨传输系统墨辊的转速也较低，飞墨轻微；超高速轮转印刷机印刷速度很高，油墨传输过程中的飞墨现象比较严重。

墨辊上的墨层愈厚，墨膜分裂时，参与拉丝、断裂、回缩与飞散过程的油墨量愈多，飞墨加重。当印刷正常进行时，在理想的油墨传输系统中，靠近墨斗的墨辊上的墨层最厚，油墨的雾散现象最为严重靠近印版的墨辊上的墨层较薄，油墨的雾散轻微；印版上的墨层最薄，当油墨从印版向纸张转移时，产生的墨雾最少。如果墨辊表面凹凸不平会造成墨辊上局部墨层增厚，致使墨雾增加。

飞墨总是在两根相滚压的墨辊的分离处产生，油墨在印刷机上传输的路途愈长，墨膜分裂的次数愈多，飞墨量也相应地增加。凹版印刷机采用短墨路的输墨系统，印刷过程中，几乎不产生飞墨故障。

2. 环境条件的影响

断裂的墨丝带有静电是形成飞墨的条件之一。在同一温度下，湿度提高，空气的导电率增大，抑制了电荷在油墨上聚集的速度和积累的数量，墨丝断片所携带的电荷量减少，从而降低了飞墨。

3. 油墨性质的影响

颜料颗粒大，润湿性差，颜料表面易形成泡核，墨丝分裂产生的断片数量增多，加剧了飞墨；选择适当的连结料制造油墨，对减少飞墨是很重要的，实验证明，树脂型连结料的油墨雾散很轻微；墨丝愈长，油墨的弹性愈差，墨膜分裂时，墨丝的断点增加，飞墨加剧；放置时间长，颜料和连结料的润湿性增强，颜料表面不易形成核泡，飞墨减轻。分别用新制备的油墨和放置3个月以后的油墨进行飞墨实验，实验结果表明，放置3个月以后的油墨比新制备的油墨飞墨轻得多。

三、减少飞墨产生的措施

从飞墨的形成和影响飞墨的因素考虑，为了降低飞墨，可以从机械条件、印刷环境和油墨等三方面入手。

机械条件方面，主要是改进印刷机的供墨系统，一般是将长墨路的供墨系统改为短墨路供墨系统，加大墨辊的直径。也可以在印刷机上附设某种装置，降低飞墨。例如，在离开两根相互接触的墨辊的某个部位，安装金属线并通以电流，应用同性电荷相互排斥的原理，把被墨辊逐出的油墨微粒逐回到墨辊表面。此外，在印刷机墨辊的周围，加装防护装置，以阻止飞墨的扩散，对减少飞墨都可以收到一定的效果。

印刷环境方面，最简便的方法是增加车间内空气的湿度。也可以安装空气过滤器，利用空气循环系统，吸收并过滤车间内含有墨滴的空气，并补充新鲜空气。

在诸多影响飞墨的因素中，油墨性能的影响最大。因此，改变油墨的性能，是降低飞墨优选方法。目前，从油墨方面降低飞墨采用的方法有下面三种：

(1)在油墨中加入硅树脂、长链的非芳香族胺类、硬脂酸皂类等物质，增加油墨的弹性，减少墨丝处断裂的几度。

(2)在油墨中加入水或铵类电解质，增加油墨的导电性，使电荷不易积聚在油墨表面，墨雾量自然减少，如表7-2所列。一般水的加入量不得超过5%，加入量过多时，虽然飞墨降低，但易使油墨变成奶油状，不适合高速印刷。

表7-2 油墨导电性对飞墨的影响

油墨编号	水添加量(%)	电导度($m\times10^6$)	墨雾量(mg)
1	0	130	6.3
2	5	250	2.7
3	10	400	2.9
4	15	600	2.7
5	20	790	0.9
6	25	1050	0.2

(3)加入增塑剂，增加颜料和连结料的润湿性，使油墨中的颜料粒子悬浮而不沉降，抑制油墨泡核的形成，达到降低飞墨的目的。例如在炭黑和矿物油制成的油墨中，加入微量的低粘度、高羟值、长油度(树脂和油的比例在1∶2以上)的醇酸树脂，降低飞墨效果显著，原来油墨的印刷适性仍维持不变。

此外，改进制造油墨的工艺，对降低飞墨也有一定的作用，如增加颜料的研磨时间，减小颜料颗粒的粒径，使颜料和连结料充分混合，提高分散度等。

第三节　静　　电

静电是指处于相对稳定状态的电荷，我们都知道两个绝缘体在摩擦过程中会产生静电，纸张在造纸、印刷过程中，有很多摩擦的机会，容易产生静电。实际上，只要有固体的接触再分离，或固体断裂、液体破碎，都会产生静电，摩擦是一种频繁的接触再分离，积累出较多的静电。因此，在承印物、油墨、橡皮布、滚筒、墨辊，乃至整个印刷机上，表面都可能带有相当数量的静电，这些静电的出现给印刷过程带来许多危害。

一、静电对印刷的影响

首先是承印物表面带电。如果纸张间所带的电荷极性相反，会相互粘连，造成输纸时纸张分离困难；印刷后的纸张相互吸附而靠得很近，易导致背面蹭脏。如果纸张间所带的电荷极性相同，会相互排斥，致使走纸不稳、定位不准，影响套印准确；印刷后的纸张收纸不齐。带静电的纸张还容易吸附纸屑或其他杂质，影响印刷品的质量；严重时甚至可能由超高电位导致空气放电，造成电击或起火。与纸张相比，聚乙烯、玻璃纸等承印物的静电现象更为严重，由于聚集的电荷量很大，电击和起火更容易发生。

油墨会因带电而雾散，造成对印刷品和印刷环境的严重污染。此外，如果带有电荷的油墨，在印刷品上线条的边缘上放电，便可能于此处出现“墨须”，如图 7-2 所示；如果印刷品的图文部位的油墨因为静电而吸附了杂质尘埃，便可能造成印刷品“发花”。

在高速运行印刷机上，某些位置因摩擦而产生的静电压达到很高的水平，对印刷过程的影响是错综复杂的，特别是直接威胁操作人员的安全，是不容忽视的。

图 7-2　静电墨须

二、产生静电的因素

印刷静电的产生与积累有很多方面的原因，但归纳起来主要有工艺、设备、原材料和环境气候等四大因素。

1. 工艺因素

当两种不同的物质相互接触，在接触距离小于 25×10^{-8} 厘米时，由于这两种物质原子结构的差异，于是产生电子转移，接触面上出现双电荷层，并产生电位差；挤压和摩擦是整个印刷过程中不可避免的现象。紧密的挤压和摩擦，促使接触表面温度急剧升高，分子的热运动加快，从而形成电荷的迁移，使一种物体失去电子带正电，另一种物体得到电子带负电，从而使物体带有静电的现象。胶印印刷时纸张在印刷压力作用下从橡皮滚筒和压印滚筒之间通过，受到橡皮滚筒和压印滚筒的挤压和摩擦；纸张在印刷过程中还与输纸台上的毛刷、玻璃球、压纸轮、线带及与输纸台板本身之间摩擦。因为挤压与摩擦的存在，为纸张带有静电提供了前提条件。有人认为，印刷机上还有一些可导电的金属辊与之接触，纸张不应该带电。其实不然，因为高速传送的纸张与金属辊之间形成一层空气薄膜层，很难使静电荷通过金属辊完全逃逸。

两种物体紧密接触，其界面形成双电荷层，产生电位差。当这两种物体迅速分离时，其中部分电荷回流，但仍然残留有符号相反的电荷。在印刷过程中，当纸张迅速离开橡皮滚筒时，由于剥离作用也会使纸张表面带有部分电荷，形成静电。

印刷速度对纸张静电的影响也是一个非常重要的因素。印刷速度越快，越易使纸张产生静电。这是因为当印刷速度增加时，使得纸张与其接触的各物体表面之间的摩擦增力，纸张从橡皮滚筒上剥离下来的作用力也增大。

2. 设备因素

印刷机上有许多非金属的绝缘体机件与纸张接触，这些绝缘体与纸张之间因摩擦而形成静电后，这些静电荷不会迅速被传导出去，而是长时间停留在它们表面。由于现代印刷是高速和连续进行的，使得静电在这些绝缘体上形成较高的静电位，从而诱导纸张产生静电。

3. 原材料因素

纸张在造纸和运输的过程中也可能产生静电。另外，纸张的成分不同，吸湿性能各不相同，吸湿性大的纸张，其表面电阻较小，易于电荷的传导，因而静电积累较少；反之吸湿性小的纸张，其表面电阻较大，不易于电荷的传导，故静电积累较多。纸张品种不同，其产生静电的程度也不相同，一般来说，涂布纸的涂布层比原纸的电阻低，导电性好，因此，一般情况下涂布纸要比非涂布纸产生静电故障的可能性小。

4. 环境气候因素

印刷车间的空气温度与相对湿度对印刷静电的产生影响显著。温度升高时，印刷机件和材料在相互挤压摩擦时产生的带电粒子数增加，温度越高，带电量积蓄越多。湿度和温度是相互影响的，温度升高会使空气变得干燥，空间的相对湿度相应下降，带电粒子数运动相应加快、增多，电量也积蓄更多。

印刷中的静电危害在冬末春初最严重，而在夏秋多雨季节里很少发生，表现出明显的季节性。这是因为在不同的季节里，空气的导电性能发生了很大的变化。一堆带静电的纸张在空气里放置一段时间，纸张上的静电就会大大减少，这是因为空气把纸张上的静电传送到大地中去了。空气的导电性能直接影响着静电的积累。冬末春初，气候又冷又干，空气的绝缘性能大大增加，印刷中产生的静电很难逸散，迅速积累起来，静电压超过 1.5KV 就会引起危害。其他季节，温度高湿度大，尤其在有雷雨的情况下，空气中电离子含量增多，空气的导电性能大大提高，这时印刷中产生的静电或者很快逸散、消除，或者很难积累起较高的静电压，较难发生静电危害。我国南方沿海的一些城市，因为气候温暖湿润，平时很少发生静电危害，仅在每年 2～3 月间发生次数稍多一些。我国北方气候干冷，静电危害就严重得多。

三、静电的消除方法

最简单的消除静电的办法是“接地”，即把金属导体与大地作电气连接，使它与大地等电位，电荷便经大地而泄漏，但这种方法对于绝缘体几乎没有效果。

1. 采用抗静电剂消除静电

搞静电剂主要有无机盐类、表面活性剂类、无机半导体类。印刷中常用的抗静电剂多为表面活性剂，一端具有亲油性，容易吸附高分子材料；另一端具有亲水性，容易吸附空气中水分，增强材料的导电性，从而减少电荷的积累。在印刷生产中，将抗静电剂喷洒或涂在纸张或者其他机件表面，使它们的吸湿性增强，表面电阻下降，从而使得静电得以迅速泄漏，避免静电的积累。对于大量纸张喷洒抗静电剂，会使印刷成本明显增加，工作量又很大，因此这种方法适用于少量的印件。另外，在造纸时加入适量的抗静电剂，也可收到很好的效果。

2. 提高印刷车间的湿度

生产实践证明，当印刷车间的相对湿度小于50%时，印刷中容易产生很高的静电，消除静电的一个简便易行的办法是控制印刷环境的相对湿度。因为纸张表面电阻随着空气相对湿度的增大而减小，增加空气的相对湿度，可以提高纸张表面的电导率，可以加速电荷的泄漏。因此，纸张贮存的地方和印刷车间应保持一定的相对湿度。

相对湿度与温度有着密切的关系，印刷时除了控制车间的相对湿度外，还要控制印刷车间的温度。一般情况下，将印刷车间的温度控制在20℃左右，相对湿度60%左右，静电就很少产生。

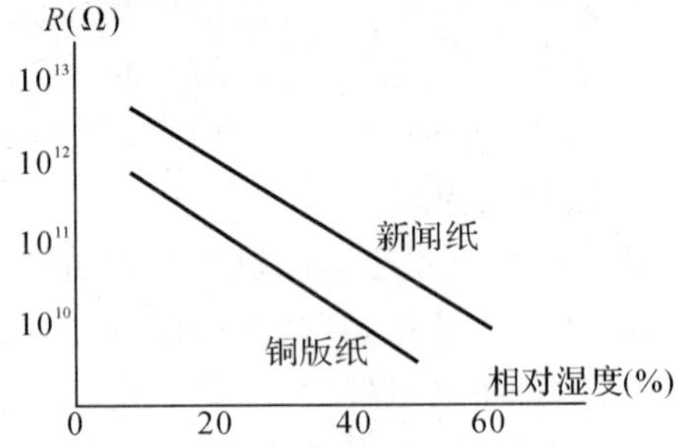

图 7-3　纸张表面电阻和湿度的关系

3. 在印刷机加装静电消电器

静电消电器是由一台高压变电器和两根静电消电棒组成，这两根棒分别安装在输纸台板上和收纸架的前面，当印张在印刷中产生静电时，将静电棒放在纸张的上方或下方电离周围空气，静电棒上排针的针尖对准带电的纸面，放在距离纸面约0.5cm的位置。这样，排针上瞬即感应出和纸面静电相反的电荷，而且都集中在针尖上，此处电荷密度极大，电场很高，因而产生电晕，使周围的空气电离，形成正、负离子，当纸面吸附了和自身所带电荷相反的离子后，静电就被消除。

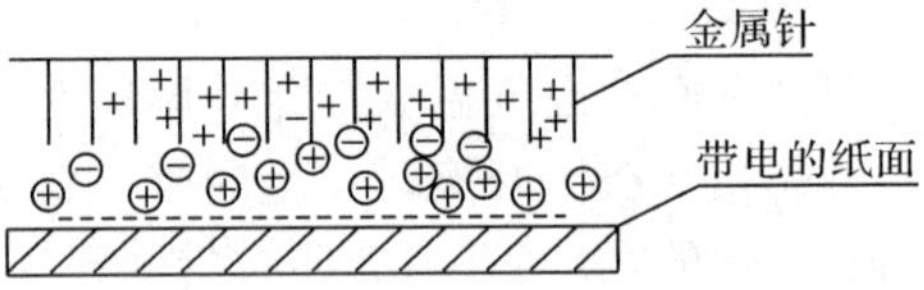

图 7-4　自感式消除静电原理

4. 纸张调湿处理

对于已经带电而印刷困难的纸张，采用晾纸处理可以有效地消除静电；如果没有晾纸设备，只能在地上洒些水，以增加湿度，加速电荷泄漏，减少纸张所带的静电。

5. 降低印刷速度减轻静电产生的程度

印刷机的高速度使得印刷静电的产生与积累加剧，降低印刷速度能减小纸张与机件接触、分离和摩擦的速度，从而减少静电的产生。但采用此方法会降低生产效率，一般较少采用，除非静电严重影响印刷生产的正常进行。

第四节　油墨转移故障

高质量的印刷要求在承印物的图文部分得到一层厚度均匀一致的墨层，而通过网点面积的变化来再现阶调的变化。但实际印刷中由于各种各样的故障，影响油墨的正常转移，可能出现图文部分墨层厚度不均匀,空白部分出现不应有的脏痕。

一、黑条痕

印刷网目调图像或实地印件时,印版版面及印件上有时会出现平行的条状印痕称为条痕,这是印刷过程中常见的故障之一。根据条痕颜色的深浅分为黑条痕和白条痕。黑条痕也叫墨杠或黑杠,指条痕的颜色深于前后两侧的颜色;白条痕也叫白杠,指条痕的颜色比前后两侧的颜色浅。

无论黑条痕还是白条痕,其根本原因都是因为橡皮布、墨辊、水辊等与印版表面在滚压过程中产生了瞬间的滑动,致使同印版滚筒轴线平行的某一直线上的图文,改变了网点形状和油墨堆积厚度,形成与前后两侧深浅不同的条痕。

1. 输墨系统

(1)印版与着墨辊之间压力过大,着墨辊从空档部位碰到印版的咬口边缘时,会产生冲击跳跃,虽然第一根着墨辊产生的冲击在印版咬口边的空白位置,但第二根着墨辊碰到印版咬口边缘产生冲击跳跃时,跳跃产生的震动会通过下串墨辊传递至已处于图文部分的第一根着墨辊,便会引起墨杠。这种墨杠一般靠近咬口边,其位置上下变动。解决办法是:要控制好着墨辊对印版的压力,同时,还要注意着墨辊的橡胶硬度,硬度越高,越容易出现墨杠,老化后变光滑发硬的着墨辊要予以更换。

(2)着墨辊与下串墨辊之间的压力太大,大于着墨辊与印版之间的接触压力。如果串墨辊的表面线速度与印版表面线速度不一致,着墨辊便会随着压力大的一侧即串墨辊一侧同步运转,着墨辊和印版表面之间在滚动的过程还可能产生滑动,引起墨杠。所以同一根着墨辊与串墨辊的压力要略小于与印版的接触压力。

(3)由于着墨辊外圆不平或辊芯弯曲,着墨辊在滚动一周过程中和印版的接触压力不均匀,引起墨杠。

(4)墨辊齿轮磨损或精度不够,引起墨杠。

2. 印刷压力过大

印刷压力过大,滚筒从空档位置转到咬口位置时,接触的瞬间产生撞击力,由于撞击力而引起滚筒震动,产生墨杠。当印版滚筒和橡皮滚筒撞击时,会在四根着墨辊和印版接触处产生墨杠;当橡皮滚筒和压印滚筒撞击时,会在橡皮滚筒和印版滚筒接触处产生墨杠。生产中有时纸张尺寸紧张,咬口的白边必须尽可能地小,需要在橡皮滚筒的咬口处填纸条,如果纸条填得太厚,就容易出现这种墨杠。

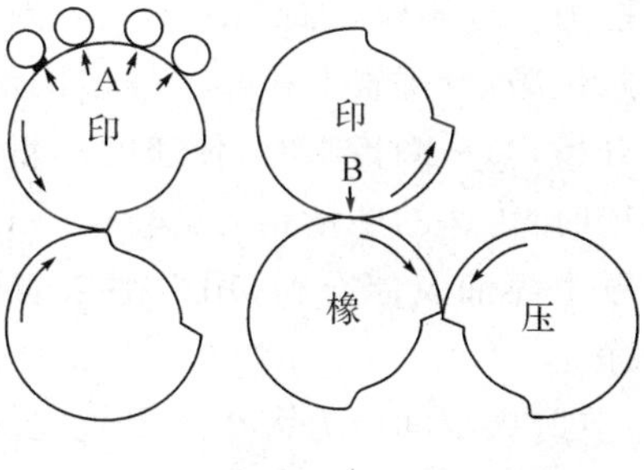

图 7-5 条杠位置

3. 滚筒包衬配置不当

印版滚筒和橡皮滚筒的包衬配置不当,使得两滚筒在滚压的过程中,压印面存在较大的滑动现象,造成墨杠。

4. 滚筒齿轮

滚筒齿轮磨损或制造精度不高,齿轮嵌有纸毛、墨皮等污物或走滚枕的机器滚枕上沾有纸毛、墨皮等污物,使滚筒在滚压过程中产生震动引起墨杠。

5. 轴承磨损

由于滚筒轴承长年使用，自然磨损造成滚筒轴颈与轴套之间间隙过大，套合松动，咬口处受压后离让值大，引起滑动摩擦，从而产生墨杠。解决办法只能是更换新的轴承。

二、白杠

白杠一般是由输水部分故障引起的，常见的原因有以下几方面：

(1)着水辊与版面接触压力过大，着水辊从滚筒的空档部位到印刷面容易产生跳动，因为滚筒的咬口已提前，第一根着水辊直接引起的跳动在图像位置以外，但第二根着水辊从空档部位到印刷面产生的跳动会通过串水辊引起第一根着水辊震动，而此时第一根着水辊已在印版的图文范围内，震动容易产生"白杠"的故障。这种白杠一般出现在咬口处。

(2)着水辊与串水辊的接触压力过大时，着水辊可能会跟随串水辊轴向位移产生串动，使着水辊与印版之间发生摩擦而引起白杠；着水辊和串水辊之间压力大于着水辊与印版的压力时，如果串水辊的表面线速度与印版表面线速度不一致，着水辊便会随着压力大的一侧即串水辊一侧同步运转，着水辊和印版表面之间可能产生滑动，引起白杠。

(3)传水辊摆动时间不当，传水辊向串水辊传水时，着水辊应当在印版滚筒的空档处，如果传水辊摆至串水辊的时间，着水辊刚好处在印版图文部分上，便会引起着水辊和版面间发生瞬间的重压摩擦，导致白杠。

(4)串水辊的运转由印版滚筒齿轮带动，串水辊的齿轮磨损后，运转中会产生振动，并传给着水辊，从而引起白杠。

三、墨色不匀

印刷过程中，有时在同一印张上会产生墨色前深后淡的现象，版面耗墨量不大时，这种现象不明显，但印刷耗墨量大的大面积实地等就可以明显地看到。而包装胶印经常印刷大面积实地，同一印张上前后墨色不一致对质量影响很大。产生这种现象的原因可能有：

(1)着墨辊光滑老化。胶辊老化或清洗不干净，表面会变得光滑，影响油墨的吸附和传递能力。着墨辊表面如果不能吸附足够的油墨，当着墨辊处于印版空档位置时，由于停止向印版供墨，着墨辊上积累了较多的油墨，当着墨辊滚过滚筒空档部位后，从印版的咬口边图文开始，第一圈传墨时，传递的墨量较大，而又不能及时从串墨辊处得到足够的补充，第二圈传墨时，传递的墨量相对就较少，引起周向墨色前深后浅现象。解决方法是将墨辊拆下，用布蘸上煤油及浮石粉，用力擦去表面的光滑老化层，而平时清洗墨路时要注意将墨辊清洗干净。

(2)墨辊间压力太小。墨辊之间压力太小，尤其是着墨辊和串墨辊之间接触压力太小，影响墨量的正常传递，使着墨辊第一圈传墨时传墨量大于第二圈的传墨量。造成墨辊之间压力太小，可能是调节不当，那么应该加大接触压力；也可能是墨辊经研磨后直径太小，应予以更换。

(3)油墨太稠。油墨流动性太小，不易在墨辊传布均匀，也可能会导致墨色前深色浅。

除了墨路传墨会引起版面周向墨色前深后浅以外，还有一些其他原因可能会导致版面墨色不匀，这种不均匀可能也是前深后浅，也可能不是。

(1)滚筒达不到静平衡，圆周上的重心不在圆心，重心偏向哪边，哪边墨色就会偏深。

(2)滚筒印刷面半径不一致,可能由于机械精度差,也可能因为橡皮布质量不好、拉伸过度,因为橡皮布在拉伸过程中周向减薄不均匀,使得橡皮滚筒的周向半径不均匀,引起压力不均匀,出现墨色不均匀现象。

(3)滚筒齿轮或轴承轴颈磨损,导致传动的不稳定性,使各接触受压面受力不均匀而引起墨色深浅不一。

(4)串墨辊起步点调节不当,通过重新调节串墨辊起步点可能会使墨色更加均匀些,但由于胶印工艺条件的限制,希望完全消除墨色不匀是不现实。

四、花版

花版指印版图文区网点缩小、空虚、感脂性减弱、高调部分的小网点丢失,不仅影响印刷质量,而且降低了印版的耐印率。造成花版的原因主要有以下几方面:

1. 润湿液酸性太强,供液量太大

这是产生花版的最常见原因。印刷时要根据生产需要及时调整润湿液的 pH 值,如深色换浅色时,应提前冲淡水斗中润湿液的酸度,并进行测试,使之符合下一色要求,印刷网目调图像相比于印刷线条、文字、实地,润湿液的 pH 值要稍小些。

2. 印版滚筒与橡皮滚筒之间摩擦力过大

滚筒之间压力过大,滚筒的包衬比例不当,压印面存在较大的滑动,都会使滚筒之间摩擦力过大,加剧了印版的磨损。出现这种问题,开始时主要表现为网点扩大糊版,时间稍久网点根基磨光后开始花版。有时是暗调部分糊版而高调部分花版,两种弊病同时发生。产生这种弊病的明显特点就是版面发亮,解决方法是正确测量和计算包衬厚度,在保证图文印迹足够结实的前提下,使用较小的印刷压力,以减少摩擦。

3. 着水辊对版面的压力太重

如果着水辊压力太大,在酸性润湿液的化学作用和机械作用下,加大了网点根基的磨损,使网点根基逐渐缩小而产生花版。

4. 着墨辊对版面压力太小或墨辊老化

版面图文部分的油墨对图文基础有保护作用,如果没有墨层保护,一方面加重了摩擦对图文基础的破坏,另一方面,润湿液容易和图文基础直接接触,使图文基础的感脂性减弱而引起花版。

着墨辊对版面压力太小时,版面图文得不到充足的油墨;同样,墨辊老化,会使油墨的吸附和传递性能不良,使传递到版面的油墨过少。

5. 版面图文部分剩余墨层不够

印版滚筒和橡皮滚筒压印过程中,正常情况下大约有 50%的油墨从印版转移到橡皮布上,版面上还剩余另外的 50%,如果油墨的流变性能不当,从印版转移到橡皮布的油墨过多,版面剩余墨层不足,就不能对版面的图文基础起到足够的保护作用,引起花版。

6. 供墨量和油墨的印刷适性

印刷专色产品时,如果专色油墨调制过深,操作者为了符合样张的色相,只得减轻墨层厚度,就使图文的基础得不到足够的墨层保护而产生花版。碰到这种情况,可在油墨中加入适量的冲淡剂,然后增加输墨量,以得到足够的版面墨层厚度。

油墨颗粒粗,在印刷面之间起磨料作用,易使图文基础受到破坏而造成花版。

油墨粘性过大，其内聚力大，会破坏墨层中间断裂的条件，使版面剩余墨层不足。

油墨流动性过小，使油墨传布不匀，部分印迹受墨不足而花版。

7. 纸张掉粉、拉毛严重或砂屑多

纸张上脱落的纸粉、纸毛或砂屑，这些杂物堆积在橡皮布上，并部分转移到印版上，在压印过程中，加剧了印版的磨损而花版。

纸毛、纸粉在橡皮布表面的堆积，改变了橡皮布原有的亲油疏水性能，橡皮布的亲水性增加，亲油性降低，如果没有及时清洗橡皮布，也会引起亮调花版而暗调糊版现象。

五、糊版

糊版指版面暗调网点扩大变形，互相并合，使暗调层次丢失。产生糊版的原因主要有以下几方面：

1. 供墨量和油墨的印刷适性

（1）供墨量过多，造成版面墨层太厚，在印刷压力作用下，发生图文网点铺展，引起糊版。

（2）油墨过于稀薄流动性大，网点铺展引起糊版。

（3）油墨中燥油过多，会促使油墨变粗、乳化加重，使印版上的墨层不能从中间断裂，多数留在印版上，造成堆版，在挤压力的作用下，使网点逐渐扩大，造成堆版。过量的干燥剂使油墨的粘性和极性增强，对空白部分的粘附能力增强，在暗调部分容易引起糊版。

（4）普通调墨油或去粘剂添加较多，油墨油性太大，感脂性强，容易使图文部分网点并级而糊版。解决办法是控制调墨油和去粘剂的添加量，印刷油性较重的油墨，适当增加润湿液的酸性。

2. 供水不足和润湿液酸性太弱引起糊版

由于着水辊与印版滚筒间压力太轻，水辊绒表面脏污等原因引起的供水不足，失去水墨平衡导致糊版。

润湿液酸性太弱，对版面油污的清洗能力不足，印刷油性较重的油墨时容易糊版。

3. 印版磨损

印版上暗调处亲油的图文部分面积远大于亲水的空白部分面积，该处空白部分砂目一旦磨损，就会导致亲水不良，极易被周围的油墨铺展，产生糊版现象。

4. 印刷压力过大

印刷压力过大，一方面加重了印版的磨损，另一方面压力太大也直接加重了图文墨层铺展，导致糊版。

5. 橡皮布绷得不紧

橡皮布太松，在印刷过程中产生推挤变形大，往往容易造成重影、糊版等故障。

6. 纸张呈碱性并掉粉、拉毛

印刷过程中脱落的碱性的纸毛纸粉被传到水斗中，中和了酸性的润湿液，使润湿液的酸性减弱，导致糊版。

六、浮脏

由于油墨本身的内聚力偏小；或者由于印刷时油墨乳化严重，乳化使得油墨的内聚力变小，致使飘浮在空白部分水膜上的细小墨点无法被着墨辊收清而造成印张上空白部分有不固定的点状脏点。浮脏突出的特点是脏污在印张上的位置是不固定的。造成浮脏的常见原因有以下几方面：

1. 油墨太稀

浮脏可能是操作者将油墨调得太稀所致，那么应该换上内聚力足够的新墨或往油墨中添加适量 0 号调墨油或燥油来提高油墨的内聚力。

2. 油墨乳化严重

导致浮脏的最常见原因是油墨乳化太严重，应该采取措施控制油墨的乳化程度，如减少版面供水量，减少润湿液中阿拉伯树胶的用量，严格控制润湿液中乳化剂的含量等。

3. 墨辊载墨量过多

墨辊上载墨量过多，会使油墨产生飞墨现象，使印版产生浮脏，其特点是呈短丝状。导致墨辊载墨量过多的常见原因是：

(1)晒版曝光过量，印版调值太浅。操作者为了达到符合样张的色彩要求而增加输墨量。

(2)版面水分太大，水分大时印出来的产品墨色相应减淡，操作者不去减少水分而去增加输墨量，造成水大墨大现象。

七、油腻

印版的空白部分较大面积附着了相对实地而言墨色较浅的墨，即使增加供水量这种墨痕也无法去除，这种现象称为油腻。产生油腻现象的常见原因有以下几方面：

1. 印版问题

(1)晒版时曝光不足或显影不足，新版面上空白部分有残留的亲油感光胶膜，造成新版一上墨就起脏。如果是显影不足造成的，可再用显影液擦版面，把残留的感光层溶解掉。

(2)印版空白部分高能表面的亲水性在保存和使用过程中没有得到妥善保护，吸附了非极性分子、油污等，亲水性随之下降，亲油性上升，印刷过程中粘附油墨而起脏。可用 *PS* 版洁版膏进行清洗，如果杂质吸附得很牢固，则可能要更换新版。

(3)版面空白部分砂目磨损后起油腻。空白部分的磨损快慢和印刷压力、滚筒半径配置、纸张的掉毛、掉粉程度、润湿液的成分等诸因素有关。如果印版空白部分磨损后起油腻则必须更换新版。

2. 润湿液的酸性

润湿液中的磷酸或柠檬酸对版面油污具有清洗作用，如果润湿液酸性太低，版面便容易出现油腻。这种油腻的特点是刚用洁版膏清洗过的印版，开始印刷时没有油腻，印了一会儿便出现油腻现象。尤其是印刷油性较强的红墨时，润湿液的酸性要稍强些。

3. 着墨辊老化

着墨辊老化后发硬变光，影响弹性和传墨性能，这种表面发硬变光的墨辊增加了它的亲水性，减少了载墨量，使着墨辊上油墨较容易产生乳化，乳化后的油墨内聚力减少，容易掉落在印版的空白部分砂目上，逐渐使亲水的无机盐层产生感脂亲油，从而产生油腻。所以着墨辊，尤其是最后一根着墨辊应选用老化程度较轻，性能较好的胶辊。

4. 油墨太稀薄或油性太大

在油墨中过多地添加调墨油和去粘剂，从而大大地降低了油墨的粘性，减轻了墨辊对油墨的吸附能力，致使版面上脏，生成油腻现象。

洗墨辊时没有将墨辊上滞留的煤油洗干净，洗水辊时没有将水绒布中残留的汽油洗干净，刚开始印刷时会起油腻。

第五节 印版耐印力

印版的耐印力指印版在一定质量允许范围内，符合客户签样所要求的质量状态，所能承受的印数的能力。对于长版活来说，耐印率提高，可以节省成本，提高印刷质量。印版耐印力与印刷过程的多种因素有关。

一、印版的内在因素

不同制造商生产的印版，印版自身的机械强度和化学稳定性不同，耐印力有所差别。一般阳图 PS 版的耐印力只能达到 10 万印左右。经过烤版处理的印版的耐印力可以提高 3～4 倍，但烤版时需要注意：

(1)由于烤版后的感光层非常牢固地吸附在版面上，很难再从版面上除去，所以印版在烘烤前一定要彻底除脏；除脏后还要用水将除脏剂等冲洗干净，否则烘烤时，残余的除脏剂以及被溶解的物质也会污染版面引起印版上脏；

(2)烤版后一定要自然冷却，不要强制冷却，以免使铝版基变形。

二、晒版质量

晒版阶段的操作是否规范，会对印版耐印力产生不小的影响。晒版生产过程中印版跑光，原版图文部分密度不够高，曝光时间过长，显影过度(包括显影时间过长，显影液浓度过高，温度过高等)都会降低印版的耐印力。

三、印版的静态保护状况

晒好的印版在上机印刷前应采取避免或减少各种因素对印版破坏的措施。

(1)印版非图文的润湿性能的保护。因为印版的空白部分表面属于高能表面，如果暴露于空气中，或与其他油性物质接触，极易吸附过多的非极性分子、油污等杂质，导致亲水性下降，亲油性上升，印刷过程中便容易吸附油墨而起脏。因此，印版的空白部分表面的亲水性能需要细心地加以保护。

(2)印版要避光保存。印版的图文部分不宜长时间暴露在光照之下，尤其要避免太阳光的直射。

(3)防止印版的硬性损伤。防止拖擦、刮伤印版表面，拿版时要注意不能造成版面局部出现“马蹄印”状的凹凸不平。

四、印刷过程对耐印力的影响

在印刷过程中，印版与橡皮布在压力作用下滚动，理论上印版滚筒和橡皮滚筒表面线速度相等，二者处于纯滚动状态。但两滚筒滚压时，橡皮滚筒是弹性滚筒，在印刷压力作用下发生弹性变形，而印版滚筒是刚性滚筒，于是两滚筒在滚动时不可避免地存在速差、滑动现象，橡皮滚筒和印版滚筒压印面之间的滑动摩擦，是影响印版耐印力的最主要因素。

1. 包衬厚度和压力

印版滚筒和橡皮滚筒的包衬厚度要采用印刷机生产商提供的数据，尽量减少滚筒间速差而造成的滑动；气垫橡皮布和普通橡皮布相比，受压压缩时不会起凸包，压印面速差相对会小一些；橡皮布不能绷得太紧，实验证明，同步滚压比的数据会随着绷紧度的增大而增大，过度的绷紧，会加大滚筒间的移动。

在速差相同的条件下，印刷压力越大，对印版的磨损越严重。要求在油墨能良好转移的情况下，采用最小印刷压力印刷，可以减少对印版的磨损，提高耐印力。

2. 印刷材料

在印刷过程中，由于物理吸附，会在橡皮布的表面胶层上形成掩盖层，这层掩盖层大部分是从纸张上脱落的纸毛和涂料粒子以及油墨中的颜料颗粒。橡皮布表面形成的掩盖层会有部分转移到印版表面，压印接触面上的这些颗粒起到“磨料”的作用，加剧了印版的磨损。

纸张的性能对印版的耐印力影响显著。纸张表面强度差，印刷过程拉毛严重，橡皮布、印版表面堆积了大量的纸毛纸粉，加剧了对印版的磨损。因此，选择表面强度高的纸张，印刷过程中及时清洗橡皮布和印版，可以提高印版耐印力。此外，印刷平滑度差的纸张，还需要加大印刷压力，也是加剧印版磨损的另一个重要因素。

油墨颜料颗粒也起到“磨料”的作用，颜料颗粒太粗会增加墨辊与印版、印版与橡皮布之间的摩擦力，加速图文部分的磨损。油墨从印版转移到橡皮布表面时，印版上的印迹墨层不能过多地转移到橡皮布上，必须保留一定的剩余墨层在印版上。否则的话，印版表面如果没有足够的剩余墨层来保护，图文部分基础在摩擦和酸性润版液的作用下，很容易发生花版。而油墨的粘性如果过大，可能会破坏油墨正常情况下的中间断裂，导致剩余墨层不足。因此，调节油墨的粘性和流动性，控制版面墨层的厚度，既要避免墨层铺展，又要满足版面剩余墨层对图文基础的保护作用。

印版表面的氧化铝砂目在长时间的印刷过程中必然会被磨损掉，胶印利用润湿液中的磷酸和非图文部分的氧化铝磨损后裸露出来的金属铝发生反应，生成磷酸铝，维持空白部分的亲水性，而保持适当稳定的 pH 值是上述反应发生的必要条件，pH 值过高过低都会腐蚀印版的空白部分，pH 值过高，润湿液还会溶解图文部分的重氮化合物，使图文部分残缺不全。

橡皮布使用较久老化，橡胶变硬失去弹性，感脂能力下降，传墨性能不良，印刷品图文墨迹淡不均匀，许多印刷工作者可能会加大印刷压力，结果加速印版磨损。

3. 着墨辊、着水辊压力

着墨辊和着水辊不是主动辊，是由印版滚筒和串墨辊、串水辊依靠摩擦力带动旋转，理想条件下，着墨辊、着水辊、串墨辊、串水辊和印版滚筒表面具有相同的表面线速度。实际生产中由于串墨辊表面的磨损和印版滚筒包衬的改变，着墨辊、着水辊表面和印版之间也可能存在一定的滑动现象，对印版造成磨损。着墨辊、着水辊压力越大，磨损越严重；要尽量消除着水辊和着墨辊的轴向串动而引起的对版面的磨损，有的机器为增强输墨系统的轴向匀墨能力，可以根据需要调节串动量，如果版面对轴向匀墨没有特别高的要求，一般都应调节使着墨辊的串动量为零；着水辊和着墨辊的表面硬度要适当，通常，新着水辊的肖氏硬度为

25°左右，着墨辊的肖氏硬度为30～35°。但是，着墨辊与印版之间压力太小的话，图文部分不易上墨，印版上“剩余墨层”不足，使图文部分受到磨损和腐蚀，产生“花版”。

通常印版的叼口部位的砂目磨损情况比其他部位来得严重和快速，这是因为每一印刷周期，印版叼口首当其冲受到着墨辊、着水辊以及橡皮滚筒的冲击和摩擦，所以这里的砂目最先被磨平、发亮。

此外，还要注意采用性能良好的洗版膏，适当地调节洗版膏的浓度，防止洗版膏对图文基础的侵蚀作用。

复习思考题

1. 车间的温湿度变化对印刷有何影响？
2. 简述飞墨故障发生的原因？如何减轻印刷过程中的飞墨？
3. 印刷中的静电有何危害？有哪些方法可以消除印刷过程中的静电现象？
4. 什么是条痕？产生条痕的机理是什么？
5. 产生墨色前深后浅的原因是什么？
6. 什么是花版？产生花版的原因是什么？
7. 什么是糊版？产生糊版的原因是什么？
8. 浮脏是如何产生？油腻通常是什么原因造成的？
9. 印版的耐印力和哪些因素有关？在印刷机印刷过程中如何控制印版的耐印力？

第八章　印刷质量检测与控制

印刷机操作人员必须在给定的纸张、油墨和印版的条件下对印刷进行调节，使印刷过程达到优化，生产出与合格打样样张或原稿相匹配的，在颜色复制、阶调复制、套准正确等方面保持稳定的一批产品。但影响印刷质量的各种变量非常多，为了达到产品视觉效果的优化和稳定性，必须测量和控制对产品的视觉特征有最大影响的印刷质量特征。

第一节　印刷质量的评价

印刷品质量指印刷品各种外观特征的综合效果，包括图案设计、材料质地、印刷质量和印后加工质量等各种因素的综合所呈现出来的外观特征。而印刷质量指印刷图案还原原稿的逼真程度，包括印刷品对原稿或(签样)的接近程度、同一批印刷品之间的一致性程度。

文字印刷质量主要体现在文字图像的密度是否较高、边缘清晰程度、有没有笔画变形现象、有没有字符破损、白点和多余墨痕；实地印刷质量主要体现在颜色接近原稿程度、墨色均匀和厚实程度、有没有背面蹭脏现象；网目调图像印刷质量主要体现在阶调的再现、整体色调与色彩的再现、图像的清晰度和各项表观质量。

一、评价印刷质量的方法

评价印刷品的方法包括主观评价、客观评价以及综合评价等几方面。

1. 主观评价

评价者以样张为参照标准，以印刷质量标准为依据，对照印样，以目视为主或借助放大镜进行微观检查，根据自己的视觉感受对印刷质量做出评价。

主观评价方便快捷，基本上不需要仪器设备，胶印印刷过程中能快速检查到质量问题并对印刷状况进行调整。此外，主观评价还具有客观评价所不具备的优点：

(1)印刷品始终是给人看的，而大多数人的目检印象具有较高的一致性。

(2)印刷品的色彩和阶调分布是表现印刷图像形象和立体感的主导因素。但由于受印刷材料和工艺的局限，印刷品的阶调反差往往被限制在比原稿小的范围内，印刷品的色域并不一定和原稿的色域重叠，许多色彩往往不能完全在印刷品上忠实地再现。此外，有些原稿本身存在着某些阶调或色彩方面的不足，如照片曝光过度、偏色等，人们不希望其在印刷品上忠实地再现出来，复制过程中必须做阶调压缩处理并调整层次分配，对色彩进行校色调整和适当再分配，这种调整后的复制使得客观评价难以进行。

(3)在某些方面，人的视觉灵敏度还要大于某些仪器的灵敏度，比如人眼对亮调部位的明暗感觉。

但是，主观评价的缺点也是明显的，主观评价受光源、环境条件以及评价者的精神状态和个人素质的影响；主观评价的结果无法量化表达，可重复性差。

2. 客观评价

利用测试仪器，对印刷品按项目进行物理性能的测试，对测试数据进行定量分析，结合印刷质量标准做出评价。只有通过测量，才能用定量的数据来反映印刷品的各种质量特征，并根据数据通过调整印刷生产条件来控制印刷质量，以及在某种程度上实现印刷质量自动控制的可能性。由于定量测试的数据可重复性好，可使印刷质量维持在稳定的水平，不因生产人员的技术水平差异有大的波动。在印刷技术先进的国家，已将这种评价方法贯穿在工艺设计和生产过程之中，对生产流程中每一阶段的产品质量进行检测控制，实现印刷生产过程的数据化、规范化。

光密度测定法、色度测定法和分光光度测定法是印刷业中用于测量色彩的三种方法。光密度测定法在本质上是不能辨色的，它所测量的仅是印刷品对光的反射程度或者是胶片透射光的程度，但密度数据通过换算还可以确定网点面积；色度仪在不同色彩空间内通过测量数值来确定颜色，测定不同颜色之间的色差，但是它不测量密度值或网点面积；分光光度测定法可以产生最高级别的色彩信息，它对色彩的测量最精确，通过测定光谱反射率曲线可以确定不同颜色空间内的色度值、色差值、密度值、网点面积等。

除了测量仪器外，客观评价通常还需要有专门的测控条和标准样张等作业被测对象。测控条通常放置在承印材料的裁切区域中，以便监测印刷机的性能，并提供有关生产设备的稳定性及图像复制工艺控制方面的信息；与测控条不同，标准样张的尺寸通常都很大，能更全面地反映印刷机和印刷过程控制的相关信息，无法放置在实际印件的裁切区域中，因此，标准样张是在对印刷机进行测试时单独印刷的。

3. 综合评价

综合评价是将主观评价方法和客观评价方法有机结合起来，即主观的心理评价与客观的检测数据结合，使评价的数据更加客观公正。目前，要把这些测试数据加以综合确定，使之变成控制印刷质量的标准，还有待进一步研究。

二、印刷质量评价的条件控制

（一）照明条件

1. 同色异谱现象

颜色实际是照明光与物体相互作用后，由物体产生的颜色物理刺激进入人眼后在人们视觉系统中产生的一种感觉。因此，颜色感觉由照明光的特性、物体本身的颜色特性和人的视觉系统特性三方面因素共同决定。物体色的三刺激值可由下列公式计算：

$$X = K\int_{380}^{780} S(\lambda)\rho(\lambda)\bar{x}(\lambda)\mathrm{d}(\lambda) \tag{8-1}$$

$$Y = K\int_{380}^{780} S(\lambda)\rho(\lambda)\bar{y}(\lambda)\mathrm{d}(\lambda) \tag{8-2}$$

$$Z = K\int_{380}^{780} S(\lambda)\rho(\lambda)\bar{z}(\lambda)\mathrm{d}(\lambda) \tag{8-3}$$

两种物体色相同，即三刺激值 X、Y、Z 相同可以有以下两种情况：

(1)如果两个色样在特定照明和观测条件下具有完全相同的光谱反射（透射）率曲线

$\rho(\lambda)$，称这两个色样的颜色为同色同谱色。那么可以肯定，只要这两个色样放在一起，无论在任何光源 $S(\lambda)$ 下或者任一标准观察条件 $\bar{x}(\lambda)$、$\bar{y}(\lambda)$、$\bar{z}(\lambda)$ 下都会是相同的颜色。

(2)如果两个色样在某参考光源下(如标准光源 C)具有不同的光谱反射率曲线 $\rho_1(\lambda)$、$\rho_2(\lambda)$，但有相同的三刺激值 X、Y、Z(即相同的色外观)，则称这两个颜色为同色异谱色。将某条件下(特定光源和标准观察者)两个同色异谱的色样移到另一光源(如标准光源 A)或另一标准观察条件下，则这两色样的三刺激值是不同的。因此，同色异谱色只是对于特定的标准观察者和特定的照明体才能成立，如果改变观察者或改变照明体，颜色的同色异谱性质就被破坏了。彩色胶印的原稿多种多样，但复制原稿所用的色料只有黄、品红、青、黑四种油墨，彩色印刷只能是同色异谱复制。对同色异谱色而言，只有将照明光源和观察条件统一为相同标准，才能使观察结果具有一致性、可比性和可传递性。所以印刷行业观察颜色使用合适的照明光源和正确的观察条件是非常重要的。

2. 标准光源

行业标准规定用于观察反射样品(反射原稿和印张等)所采用的参照照明体是 CIE 标准照明体 D_{65}，所用的人工光源为 D_{65} 的模拟体。CIE 标准照明体指为了规范照明条件，由国际照明委员会(简称 CIE)指定的特定相对光谱功率分布。其中标准照明体 D_{65} 代表相关色温大约为 $6504K$ 的典型昼光。标准光源指用来实现标准照明体、由 CIE 所规定的人造光源。因为没有很理想的人造光源能完全模拟出 D_{65} 的相对光谱功率分布，所以至今未做规定，效果较好的是带滤光器的高压气弧灯。

3. 光源的显色指数

光源的显色性指与参考标准光源相比较时，光源显现物体颜色的特性。显色指数是光源显色性的度量，以被测光源下物体的颜色和参考标准光源下物体颜色的相符程度来表示。CIE 规定：参考标准光源的显色指数 R_a 为 100，当某光源的显色性和参照标准光源相同时，则该光源的显色指数为 100。光源的显色性与参考标准光源有差异时，则显色指数 R_a 小于 100。显色指数越接近于 100，光源的显色性越好。行业标准规定用于主观评价的光源的显色指数 R_a 应不小于 90，特殊显色指数 R_i(检验色样 9～15)应不小于 80。目前，在对颜色辨别有较高要求的印刷及纺织印染行业，使用的光源大多是高显色荧光灯，这种荧光灯的一般显色指数 R_a 通常都能达到 90 以上，有些可达到 95 以上，对特殊颜色的特殊显色指数 R_i 也能达到 80 以上，而普通荧光灯的一般显色指数 R_a 通常只有 75 左右，对观察颜色的效果影响很大。目前高显色指数的进口灯管大约 100 多元，国产灯管约 50 多元，印刷企业的看样台应积极采用。荧光灯管要注意及时更新，因为荧光灯使用太久了，照度和色温都会发生变化，不能让荧光灯使用到点不亮为止。

4. 照明条件

行业标准规定用于观察反射样品的光源应在观察面上产生均匀的漫射光照明，照度范围为 500—1500lx 之间，视被观察样品的明度而定，颜色越深越暗，要求照度越高。照度的均匀度不小于 80%。

光源照度的大小虽然并不影响色彩的呈现，但是光源的光照射在印刷品的墨膜上，会产生首层表面反射光。照度越大，首层表面反射光也越强。当有较多的首层表面反射光进入眼睛时，就干扰了人眼对主色光评估，尤其影响明度的评估。印刷大面积底色时，需要重点控制底色深浅，达到尽可能地均匀，而首层表面反射的白光对明度的评价影响较大，因此印刷大面积底色时，适宜让光源照度低一些，以减少首层表面反射光的影响。但印刷过程中我们还需要频繁地检查印刷品的细节问题，如套准、起脏和网点是否变形等，需要在较高的照度下才能看得清楚，因此光源最好由多个开关控制，根据需要提供不同的照度。

为了减少在色样表面产生镜面反射，光源必须采用漫射光照明，通常采用灯管散射板或栅格板来实现，也可以采用毛玻璃，但使用毛玻璃会影响灯具的发光效率，也会改变光源的光谱功率分布。

（二）观察条件

1. 观察角度

光源的光照射在印刷品的墨膜上，就一分为二：一部分（45°角入射时大约入射光的4%）被墨层表面反射出来，称为首层表面反射光，印刷墨层表面越平滑，则首层表面反射光越趋向于镜面反射。首层表面反射光没有经过墨膜的选择性吸收，反射的是光源的白光，不呈现印刷品的颜色。另一部分光透过墨层，经过油墨的选择性吸收，然后被纸张反射出来，就是我们观察到的主色光。如果墨层表面光滑，则首层表面反射光倾向于镜面反射，如图8-1(a)所示；如果印迹墨层表面粗糙，则首层表面反射光将朝各个方向作漫反射，如图8-1(b)所示。我们观察到的色光，即主色光和首层表面反射光的混合光，因为首层表面反射光通常是白光，它的掺和降低了主色光的饱和度，增加了主色光的明度，但对色相基本没有影响，因此首层表面反射光影响了色彩的视觉评估和客观测量。

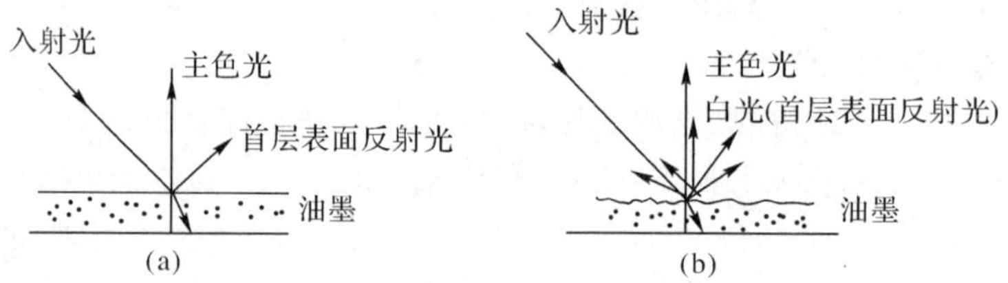

图 8-1　首层表面反射光对色彩再现的影响

观察反射样稿或印刷品的颜色时，眼睛所在的位置应避开印刷品首层表面的镜面反射光的回路，一般来说光源应垂直于观察面的上方，观察者从观察面斜上方45°角观察，即0°/45°照明观察条件。在实际工作中，多数看样台都是水平台面、垂直照明，符合0°/45°条件，如图8-2(a)所示。作为替代条件，也可以用与印刷品表面法线成45°角的光源照明，垂直印刷品表面观察，即45°/0°照明观察条件，如图8-2(b)所示。光泽度越好的产品，首层表面反射光越倾向于镜面反射，在镜面反射方向附近对视觉评估的干扰越严重，观察角度可以在一定范围内调整，以找出最佳的观察角度。

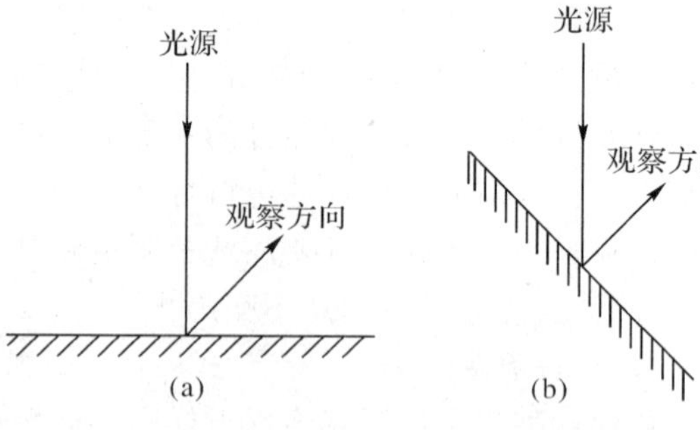

图 8-2　印刷品的观察条件

2. 环境色和背景色

被观察物体周围邻近物体的颜色称为环境色。如果环境色具有彩色，且光线具有一定的强度，就会改变照明装置的整体光谱分布，使照明的指标不能满足要求，最终影响所观察到的样品颜色；另外，观察者受环境色的影响，会产生颜色适应现象，此时观察者就会对这种颜色不敏感或产生抵消作用，在观察颜色样品时会对这种颜色感觉较弱，而对其相反色感觉强烈，使颜色的感觉产生一定的偏移，造成对被观察物体的颜色观察误差。行业标准要求观察面周围的环境色应当是孟塞尔明度值6～8的中性灰，其彩度值越小越好，一般应小于孟塞尔彩度值的0.3。因此，看样台周围不应有有色光源，四周的环境应是灰色或白色，不要在看样台的四周悬挂其他印刷品，看样台的桌子也应该刷成灰白色。

观察样品时的背景颜色会和样品色之间形成颜色对比现象。当背景为彩色时，会使当前颜色感觉向背景色相反的感觉方向偏移，称为颜色对比。颜色对比对颜色感觉的影响很大，所以行业标准规定背景色为无光泽的孟塞尔灰色（*N*5～*N*7）。严格地说，不同深浅的灰色也会造成颜色对比，但这种对比只对颜色的明度感觉有影响，对彩色感觉无影响。

3. 样张和印刷品之间的距离

由于人对色彩的记忆能力极差，要比较两种物体的颜色时，应尽量将它们置于同一视场内，使人的眼睛能同时看清楚要比较的两种颜色；另外，样张和印刷品之间如果留有间隙，间隙处的背景色会明显降低人眼分辨颜色的灵敏度。如比较印刷品和样张之间的色彩时，可将印刷品折叠至要比较的相应位置，然后和样张并列在一起，中间不留间隙；比较同一印张的不同位置是否墨色均匀时，可一次从印刷机上取出两张印张，然后平行移动上一印张或将上一印张旋转180°，将两张印张的不同位置置于同一视场内来比较，更准确地判断印张的不同位置是否墨色均匀。

4. 观察者

进行色评价的观察者必须是非色盲和非色弱的正常色觉观察者。此外，观察者的精神状态也会影响评价结果，诸如精神疲劳、感情变化以及环境气候条件等，都会使观察者对彩色印刷品做出不同的评价。

（三）正确地选择参照样本

胶印印刷过程通常分为三个阶段，不同的阶段应当选择不同的参照样本。首先是根据印版的版面情况对轴向的墨量分布进行粗调；接着是以客户签字的打样样张为依据进行色彩匹配和套准的调节，直至得到满意的印张；然后以这张“满意”的印张为依据，在尽可能保持色彩稳定不变的情况下进行大量的生产复制。

印刷开始时的调节阶段，打样的样张是参照的样本。由于打样工艺和印刷工艺不同，打样所用的材料和印刷所用的材料也往往不同，要匹配出与样张完全相同的颜色是不现实的。印张与样本之间只能在某种生产条件下尽量达到最近似的匹配。

对于同一批印刷品，因为工艺和材料等生产条件相同，在及时正确地控制印刷变量的情况下，是有条件达到视觉无法分辨的色彩一致性的。在印刷生产过程中，我们除了要求印刷品和原稿的颜色相似外，也非常重视大批量印刷品的颜色稳定性。由于人眼对于发现色彩差别的能力远大于量化色彩差别的能力。在大量的印刷过程中如果以“满意”的印张为样本，可以通过不断地及时地比较发现当前印张和“满意”印张之间的色彩差别，然后调节印刷机来消除这种差别以保持色彩的稳定。如果在大量的印刷过程中还是以打样样张为样本，则需要通过量化印张和样本之间的色彩差别，然后控制印刷机使差别保持在某一程度。显然前者要比后者容易得多。

(四)密度干退问题

所谓密度干退指的是刚印出来的印刷品,当墨层还湿的时候,测得密度较大,看起来颜色较深,光泽较好,而当墨层干了以后,密度会降低,颜色会变浅的现象。

如果调节印刷机使新印出来的湿的印刷品的墨色和已经干燥的样张颜色一样,待印刷品的墨膜干燥以后,就会变得比样张浅,故一般都要使印刷时湿印刷品的颜色比样张的颜色深,到底深多少,操作人员要有一个比较正确的估计。纸张的吸收性越好,油墨干燥的过程中将有更多的连结料渗透到纸张中去,造成墨膜表面更加凹凸不平,使纸张的干湿密度差更大,例如新闻纸的干湿密度差大于胶版纸,胶版纸的干湿密度差大于铜版纸。对油墨的明度来说,明度小的油墨的干湿密度差比明度大的油墨的干湿密度差更严重;从油墨色相来说,黑、青、品红、黄的干湿密度差依次减小,而对于同一色相来说,深色墨所出现的干湿密度差比浅色墨严重。

(五)通过主观评价来控制质量的重点

印刷过程质量控制的核心内容是通过频繁地视觉评估或仪器检测,来分析比较印张色和样本色在视觉效果方面出现的差异,及时调节印刷机使它们相匹配并保持稳定。目前,国内许多印刷厂还是以机台操作人员的视觉评估为主来控制印刷质量,正确地评价印张和样本的颜色是保证印刷质量的前提条件。

1. 优先控制色相的变化

对于评价一件彩色印刷品还原原稿的逼真程度来说,人眼对色相差异的敏感程度要远胜于对饱和度差异的感受,因此,印刷过程中观察样张要特别注意色相方面的变化。影响彩色印刷品色相变化的因素,网点面积的变化要比实地密度的变化重要得多,因此,看样时要特别注意观察印张的网点变化情况,用放大镜观察网点是否有重影、变形和网点扩大比例。一般要求工艺故障造成网点面积不应有的变化应及时通过解决故障予以纠正,确实因为特定的原因而无法纠正时,应先通过改变实地密度,也就是墨层厚度来控制网点面积的变化,虽然这样做使实地色彩的饱和度不匹配,但一般要首先满足色相匹配的需要。

2. 预防版面起脏

胶印水墨平衡的原则是在印版不起脏的前提下,尽量减少润湿液的用量。印刷过程中许多动态变量的改变都容易导致水墨平衡被打破,操作人员需要积极检查,预防版面起脏。检查的重点应该优先落在以下这些最容易起脏的部位:

(1)细小的反白文字或线条容易起脏,特别是当印版没有层次部分,版面只有大面积实地时,一般墨层比较厚,容易向空白部分铺展导致起脏糊版。

(2)层次版的暗调部位容易先糊掉。

(3)印版的咬口边因磨损相对更严重,更容易起脏。

以上所说的主要是针对视觉评估应注意的一些问题,有条件的工厂应该将视觉评估、测控条及仪器检测结合起来以达到最佳效果。测控条可以将一些视觉难以察觉的印刷故障起放大作用,但放置测控条就必须将纸张裁切得更大些而使生产成本增加。密度检测和色度检测不受环境和主观因素的影响,结果更加客观并且以数值来表示,是进行标准化生产不可缺少的工具。用密度计测量深色部位密度的灵敏度要优于视觉评估墨色深浅,但人眼对浅色部位的明度变化的灵敏度要胜于深色部位,因此,印刷浅色实地时,一般以视觉评估为主;印刷深色实地时尽量采用密度计辅助检测。对于彩色产品的生产,用密度计控制实地密度是有效的工具，但用彩色密度计来比较印张和样张的色偏、灰度等是比较繁琐的工作，胶印机台上并不适用，而且彩色印刷更看重的是色彩，尤其是色相的变化，而不是墨色深浅的变化，因此还是应该以视觉评估色彩为主，以实地密度检测来控制墨层厚度为辅。色度检测仪器才是客观地检测匹配色彩的最有效的工具，但色度检测仪器在国内的胶印机台上还很少使用。

第二节　印刷质量的检测

色彩测量的方法有两种：一种是密度测量法，另一种是色度测量法。密度测量法控制印刷质量是应用于制版和印刷生产最经济、最广泛的方法。密度计是印刷工业专用测色仪器，分为反射密度计和透射密度计。透射密度计供制版工序测量胶片的密度，反射密度计用来测量反射稿的密度。虽然反射密度计测量的不是色度，但它能起到通过检测实地密度来监控油墨量的作用，而且能够检测半色调印刷的一些特性参数，如网点扩大、印刷相对反差、油墨叠印率等，在彩色印刷中，这些都是很重要的参数。

反射密度计有手持式密度计和扫描式密度计两种。手持式密度计的典型用途是在胶印标准化生产过程中，进行随机的抽样检查来控制印刷质量；扫描密度计通过扫描印张上的测控条，达到连续监控印刷质量的目的，尤其适用于检查、控制高速运转的卷筒纸印刷机的印刷质量。

一、反射密度的测量

（一）反射密度测量原理

人眼对明暗差别主观感觉的等级与物体反射或透射光通量的对数相接近，因此，密度用透射率或反射率的倒数的十进对数表示，光反射率 ρ 是指被物体表面反射的光通量 $\Phi\rho$ 与入射到物体表面的光通量 Φ_i 之比，如图 8-3 所示。

$$光反射率\ \rho=\frac{\Phi_\rho}{\Phi_i} \tag{8-4}$$

$$反射密度\ D=\lg\frac{1}{\rho}=\lg\frac{\Phi_i}{\Phi_\rho} \tag{8-5}$$

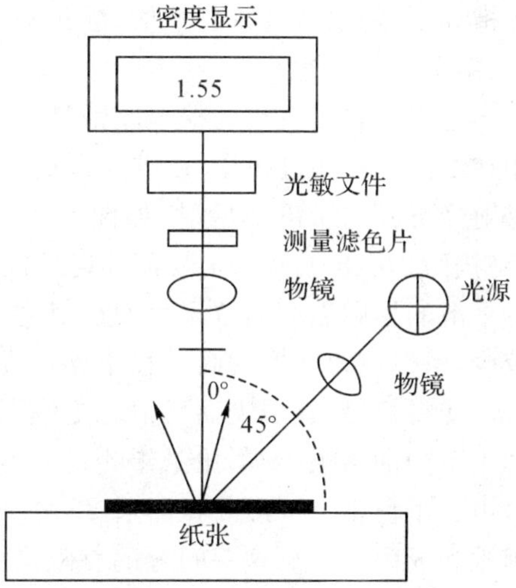

图 8-3　彩色反射密度计

由于直接测量入射光通量和反射光通量在仪器设计上难以实现，密度计测量的反射密度是用反射系数 β 的倒数的十进对数表示，反射系数指来自样品的反射光通量 I 与“参考白色”（标准白板、纸张空白部位）反射光通量 I_0 的比值。

$$D=\lg\frac{1}{\beta}=\lg\frac{I_0}{I} \tag{8-6}$$

因此，密度测量其实质是分别测量同一光源和照明条件下“参考白色”和样品色的反射光强度，经计算得到。反射密度计用其光源照射待测油墨，光线穿过透明的油墨层时部分被吸收，未被吸收的光线中的大部分在纸张上发生散射。其中部分散射光再次穿过油墨层，并再度被部分吸收。其余未被吸收的光线有一部分照射到密度计的传感器上，这个传感器负责把光信号转换成电信号，根据该电信号和测量参考白色时的电信号的强弱，经计算显示为密度值。

（二）网点积分密度

网点积分密度指一个网目调区域的密度，它是密度计的测量探测头所对应的承印物上某一网目调部位的平均密度。理想上胶印整个版面的墨层厚度是相同的，每一个网点，不管大小，它的墨层厚度和实地的墨层厚度是一样的，它们的密度值也是相同的。但密度计的测量探测头每次测量的是具有一定面积的平面，每一次测量的密度是探测头所对应的具有一定面积的平面的平均密度，是这一部位的每一个网点和网点周围的空白部位对光的反射和吸收的综合的特征量度。

（三）色密度和灰密度

色密度指物体对特定色光的反射或透射的量度。测量色密度时入射光是特定的彩色光，这种彩色光可以通过在白光源前加特定的滤色片得到的。一般彩色密度计配备有红、绿、蓝三色滤色片，通过检测色样对红、绿、蓝三色光的反射或透射情况，依据减色法原理，得到青、品红、黄三分解色的色密度。

灰密度指以白色光为入射光，在不加滤色片或加放模拟人眼视觉明暗感受的视觉滤色片时检测得到的密度。

（四）偏光密度

如果用普通的非偏光密度计进行密度测量有干、湿测之分，湿测指印完马上就测，干测一般指 30 分钟以后进行的测量，湿测密度一般大于干测密度，且不同的颜色，差别不同，有时干、湿密度差可达 0.1～0.15。

产生密度干退现象的根本原因是印迹墨层处于湿、干两种状态时表面反射情况的不同。刚印在纸面上的印迹墨层，还处于湿的状态，具有一定的流平性，墨膜表面比较平滑，首层表面反射光更倾向于镜面反射，如图 8-4 所示。而密度计的测量光路（入射光和反射光的光路）是按照 45°/0°或 0°/45°两种几何条件设置的，镜面反射方向附近的光是不能进入密度计的。平滑的墨膜表面的首层表面反射光中镜面反射光的量较多，而其他方向反射光的量相对较少，所以测得密度偏高。在干燥过程中，油墨在一定程度上会适应纸张表面的结构，墨层表面变得粗糙，首层表面反射光更倾向于漫反射，所以用普通密度计测量湿墨与干墨时，会产生不同的结果（湿墨比干墨测得密度值要高）。

由于干色密度一般要在印后 30 分钟才能测得，这给印刷现场利用密度测量控制质量带来困难和局限。解决这一问题的有限措施是采用设有偏振镜装置的密度计，如图 8-5 所示，光源 a 发出的光是非偏振光，是由无数线偏振光的无规律组合，它不呈现偏振性质，但经过偏振镜 c 后，就成了单一方向的线偏振光，当这种偏振光入射到印迹墨层上时，反射光包含两部分：一部分被墨层表面反射出来，这部分的光仍然维持原先的线偏振状态；另一部分透过墨层，然后被纸面再反射出来，但这束光已被消偏恢复成非偏振光，由于反射光路上偏振镜 g 的偏振角度与入射光路上偏振镜 c 相差 90°，因此，由墨层表面直接反射出来的那束偏振光，正好被偏振镜 g 完全阻挡不能通过；而经过墨层由纸面反射出来的非偏振光，却能部分地通过偏振镜，被带有滤色镜的接收器接收，转换成密度值。

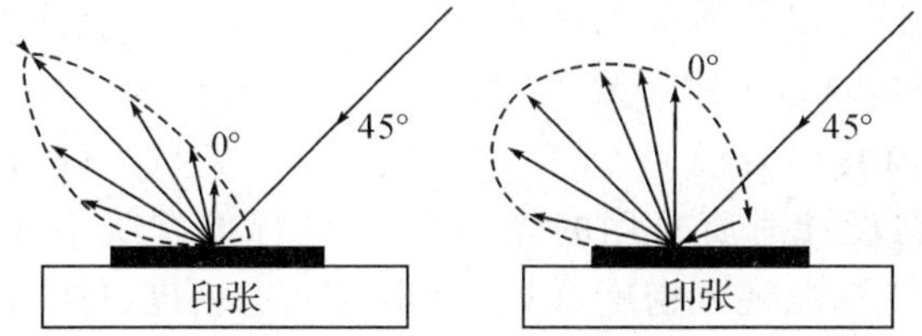

(a) 湿印迹墨层:镜面反射为主　(b) 干印迹墨层:漫反射为主

图 8-4　湿和干印迹墨层表面的反射情况

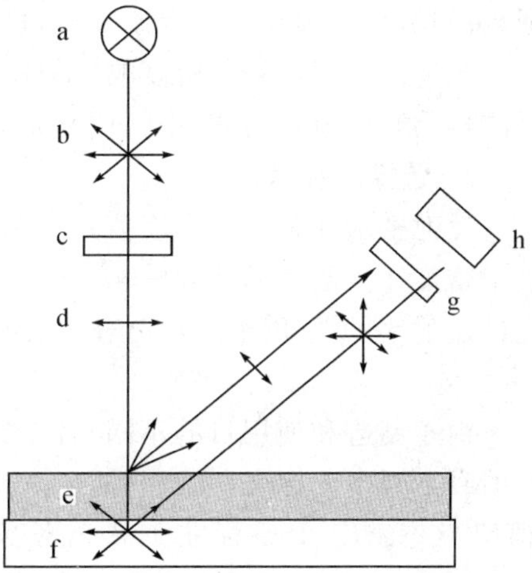

图 8-5　偏光密度计结构

采用设有偏振镜装置的彩色反射密度计测得的密度称为偏光密度。偏光密度消除了墨层表面反射光的成分，不管墨膜表层是比较平滑的湿状态，还是比较粗糙的干状态，都不再影响所测密度值，偏光密度所检测的只是经纸张反射的光的信息，这部分反射光不因墨层干湿而改变，故所测得的湿色密度与干色密度相当接近，使测得的密度值不受墨层干、湿影响，因此具有可比性强、精度高的优点，便于生产现场控制。

（五）密度计的标定

1. 调零

用密度计测量前，要用校准板进行校准。密度计的校准包括调零和调节高密度值。理论上，密度计的调零指将理想的完全白色的漫反射表面的密度测量值调整为零。理想的完全白色的漫反射表面是不存在的，实践中以“参考白色”为基准，进行测量仪器的常规校准——将密度值设为“0”。调节高密度值指用密度计对标准黑板进行测量，把测得的密度值设定为已知的标准黑板密度值。每台反射密度计都配有校准板，校准板要保持清洁。

“参考白色”通常有专用标准白和承印材料（纸白），改变调零值会使密度计的响应值整体地向上或向下平移，如图 8-6 中 A 和 B 所示。如果在标准白板上调零后，在纸张空白部位测得密度值为 λ_1（$\lambda_1>1$），在某一图像部位测得密度值为 λ_2；然后在该纸张空白部分调零，再在相同的图像部位则会测得密度值为 $\lambda_2-\lambda_1$。专用标准白一般由氧化镁或硫酸钡制作而成，选择专用标准白调零还是选择白纸调零需要根据测量的目的来确定。标准白主要用于绝对校准，能够使设备与承印材料无关，可以进行设备之

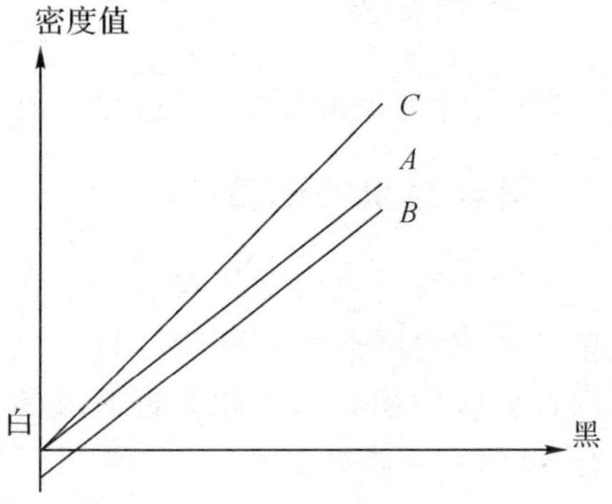

图 8-6　密度计的调零

间的比较调节。此外,如果是评价印刷品的综合效果,也应该在标准白板上调零。但如果是为了评价油墨在纸张上的印刷效果,则应该在纸张上调零;如果测量密度的目的是为了计算网点面积,也必须在白纸上调零,以排除纸张本身密度值的影响。

改变高密度值是将密度响应值图线绕零点向上或向下转动,图线的斜率发生了改变,它对测量的密度值在高调、中间调和暗调影响是不一样的。

2. 选择响应状态

反射密度计测得的密度值除了和色样表面对光的选择性吸收和反射特征有关外,还取决于密度计所使用的光源的相对光谱功率分布 $S(\lambda)$、接收器的光谱灵敏度 $s(\lambda)$、滤色片的光谱透射率 $\tau(\lambda)$ 和光路的光谱光效率 $e(\lambda)$ 的乘积,可用符号 Π 表示:

$$\Pi = S(\lambda)s(\lambda)\tau(\lambda)e(\lambda) \tag{8-7}$$

由于制造和使用目的不同,各个密度计在设计时所采用的光谱乘积 Π 标准有所不同。目前有下列密度标准:任意三滤色片密度、ISO 标准视觉密度、ISO 标准 A 状态密度、ISO 标准 M 状态密度、ISO 标准 T 状态密度等。所有按标准制造的密度计,如果采用同一响应状态,经定标之后能够得到相互一致的测量值,这是用户沟通密度计测量值的前提。现在越来越多的密度测量采用"T"响应,美国国家标准协会将"T"响应状态定义为印刷工业标准。

(六)密度测量应注意的问题

(1)密度计的型号较多,性能各异,因此同一单位最好使用同一性能密度计,防止由于密度计性能差异造成的测量误差。如果用性能不同的密度计,应先测标准梯尺,知道误差后再换算。

(2)ISO 标准密度要求与其接触的底衬材料应是黑色。对底衬的规定是为了减少底衬材料不同引起的读数变化,不使用底衬进行密度测量对样品密度值的影响随被测纸张变薄和透光密度(无图像处)减少而增加。企业内部使用时,如果测定的样张一面有图,背后也可以使用标准白纸作为底衬,防止纸张透过率不一致的影响;如果样张两面有图,背后要衬黑纸,防止背面图的影响。

(3)测量时不要擦坏墨层的结膜,手摸过或有摩擦痕的墨膜密度会下降,为此要保持墨膜的光洁。

(4)测量时,密度计的测量头要与样品紧密贴合,以减少测量误差。测网点的积分密度取点要准,位置要统一,特别是粗网线如果取点不一致,测出的密度也就不一致,影响准确性。

(5)密度计的电源要稳,开机后要有一定的稳定时间。

二、网点面积的测量

(一)网点面积的测量原理

单位面积内网点所占面积的百分比,称为网点覆盖率,也叫网点面积。网点面积可通过测量网目调区的积分密度和邻近区域的实地密度经计算得到。

1. 玛瑞—戴维斯公式法

用彩色反射密度计先在印有待测网目调部位的白纸上调零,然后分别测量某色的某一网目调部位的网点积分密度 D_V 和该色邻近部位的实地密度 D_S,然后代入玛瑞—戴维斯公式,便可计算出该网目调部位的网点面积 F_D。

$$F_D=\frac{1-10^{-D_V}}{1-10^{-D_S}}\times 100\% \tag{8-8}$$

用玛瑞—戴维斯公式计算网点面积时是优先将密度计在白纸上调零，即以白纸的反射率 $R_W=1$。设单位面积内网点面积所占的比例为 F，那么空白部位面积所占的比例为 $1-F$，那么该单位面积的反射率 R_V 是空白部位的面积所占的比例 $1-F_D$ 乘空白部位的反射率 R_W 与网点面积所占的比例 F_D 乘网点部位的反射率之和，而网点的反射率即是实地的反射率 R_s。所以有：

$$R_V=(1-F_D)\times R_W+F_D\times R_S=(1-F_D)\times 1+F_D\times R_S \tag{8-9}$$

$$F_D=\frac{1-R_V}{1-R_S}$$

$$D_S=\lg\frac{1}{R_s}\quad R_S=10^{-D_S}$$

$$D_V=\lg\frac{1}{R_V}\quad R_V=10^{-D_V}$$

代入 $F_D=\frac{1-R_V}{1-R_S}$，　得：

$$F_D=\frac{1-10^{-D_V}}{1-10^{-D_S}}\times 100\% \tag{8-10}$$

2. 尤尔—尼尔森公式法

(1)网点的光学增大

眼睛对网点的视觉感受是一个比实际几何面积要大的点，这部分感觉上多出来的量叫光学增大。

如果入射到空白部分和网点部位的光被反射后，仍分别从各自的入射面射出，那么并不引起光学增大。但是当入射光投射到印张上靠近网点和空白部分的交界处附近的空白侧时，一部分入射光在纸张表面反射，由于墨膜具有一定的高度，这部分反射光中的一部分可能从侧面进入网点墨膜，被墨膜吸收；入射光中剩余部分进入纸内，由于纸内有光散射现象，部分光线反射后进入到网点下方，这部分光线也被墨膜颜料所吸收。由于入射在空白部分的光在反射过程中有一部分被网点挡住，继而被吸收，使得网点的光学面积大于其实际面积，从而造成视觉感受上的网点增大或测量得到的密度增大现象，如图 8-7 所示。

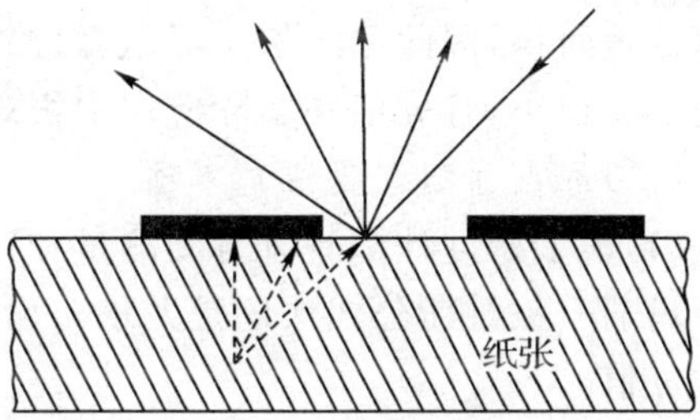

图 8-7　光吸收效应

影响网点光学增大的主要因素有：

①承印物材料的光扩散性能。光扩散性能越好，网点光学增大越大。非涂料纸的光扩散性能大于涂料纸，因此网点光学增大更严重。

②网点的周长和面积(网点相互接触前实际面积、网点相互接触后的阴网点面积)之比越大，网点光学增大越严重，所以加网线数越高，光学增大越严重。网点面积的不同、网点形状的不同，光学增大也不同。

(2)尤尔—尼尔森公式法

用彩色反射密度计先在白纸上调零,然后分别测量某色某一网目调部位的网点积分密度 D_V 和相邻部位该色实地密度 D_S,然后代入尤尔—尼尔森公式,即可计算出该网目调部位的网点面积 F'_D。

$$F'_D=\frac{1-10^{-\frac{D_V}{n}}}{1-10^{-\frac{D_S}{n}}}\times 100\% \tag{8-11}$$

上式中的 n 称为尤尔—尼尔森修正系数,是一个反映网点光学增大的量。承印物的光扩散性能越好,加网线数越高,n 值也就越大。n 值需要根据承印物、网点大小、网点线数、网点密度等条件,经实验求得。表 8-1 是尤尔—尼尔森发表的参考 n 值。

表 8-1 尤尔—尼尔森发表的参考 n 值

纸张种类 / 网线线数(线/in)	涂料纸	非涂料纸
65	1.3	2.0
150	1.8	—
300	3.0	—

(3)玛瑞—戴维斯公式法和尤尔—尼尔森公式法的比较

用密度计测量网点积分密度时,不可避免地把网点光学增大而引起的反射率减少的效果也进入密度计的接收器,从玛瑞—戴维斯公式的推导过程可以看出,用玛瑞—戴维斯公式法求得的网点面积是包含光学增大在内的网点面积。但因为光学增大也作用于人的眼睛,用这种方法求得的网点面积是与视觉效果相符合的。我国测量网点面积和网点增大值的行业标准要求采用玛瑞—戴维斯公式法。

尤尔—尼尔森公式法求得的网点面积是剔除了网点的光学增大,表示单位面积内网点几何覆盖面积,因此用尤尔—尼尔森公式法求得的网点面积比用玛瑞—戴维斯公式法求得的网点面积小,且 n 值在实际应用中很难确定。

(二)网点面积测量注意事项

(1)很多密度计都具有自动测量和计算网点面积的功能,在测定网点面积之前,要注意选择玛瑞—戴维斯公式法还是尤尔—尼尔森公式法。如果选择尤尔—尼尔森公式法,还要设定 n 值。

(2)测量实地密度和网目调密度之前,要用当前样张的空白部分纸张调零。

(3)多数密度计的示值精度是小数点后两位数,而密度值和网点面积之间存在着对数换算关系,它们之间在换算过程中存在着以下两种误差:

①小反差表面的测量误差

在一个空白部分和实地部分反差较小的表面上用密度测量法求取网点面积,其结果会有较大的误差。空白部分和实地部分反差越大,用密度测量法求得的网点面积误差越小。

例如,有一表面的实地密度和网点积分密度示值分别是 0.60 和 0.20。则其真正的密度变化范围是 $D_s=0.60\pm0.005$、$D_v=0.20\pm0.005$,用玛瑞—戴维斯公式法计算得到的网点面积是 $F_{min}=48.5\%$、$F_{max}=50.5\%$,$\Delta F=2.0\%$,所以误差是较大的。而另一高反差表面密度示值如果分别为实地 2.0 和空白 0.30,则有 $D_s=2.00\pm0.005$,$D_t=0.30\pm0.005$,那么

可以算得 $F_{min}=50.97\%$、$F_{max}=51.20\%$，$\Delta F=0.23\%$，误差是很小的。

PS 版的空白部分表面是灰白色，图文部分表面是浅绿色或浅蓝色，实地和空白部分的反差较小，控制晒版时的网点传递情况是用晒版测控条而不是用密度计测量。同样道理，印刷浅色墨时，用密度测量法求取网点面积是有较大误差的。

②亮调测量误差

用密度测量法求取网点面积时，经过对数换算后，同一版面上，对于亮调部分（如 10%部位）检测结果的误差要比暗调部分（如 90%部位）大。因此在标准化工艺中，人们不用密度计测量对亮调进行控制，而是靠设置信号条或视觉评估来掌握，这一方面是亮调部分密度换算成网点面积时存在较大误差，另一方面，人眼恰恰对亮调部分比较敏感，对于亮调部分视觉评估的辨别能力优于数值精度只有小数点后两位数的密度计。

三、网点面积、网点积分密度和实地密度之间的关系

（一）网点面积与网点积分密度的关系

将玛瑞—戴维斯公式进行转换，可得：

$$D_V=\lg\frac{1}{1-F_D\cdot(1-10^{-D_S})} \tag{8-12}$$

可见，网点积分密度与网点面积之间并不是简单的正比关系，网点积分密度随网点面积的增大而加速增大，它们之间的关系如图 8-8 和 8-9 所示。

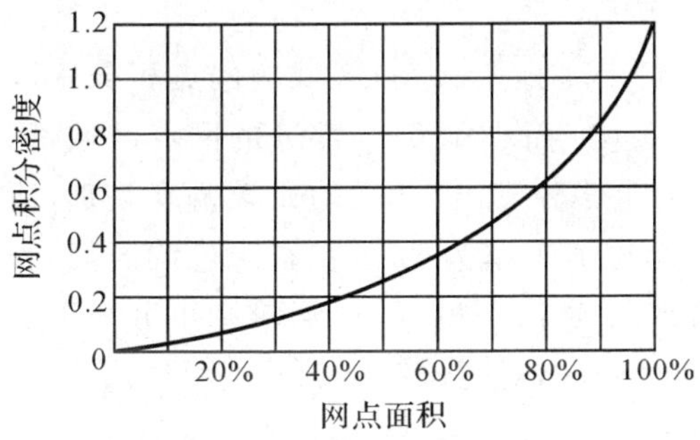

图 8-8　网点积分密度与网点面积的关系曲线

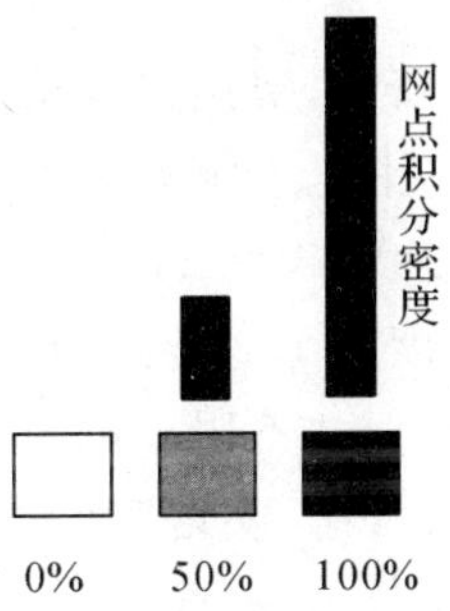

图 8-9　网点积分密度与网点面积的关系

由此可见，同样大小的网点面积变化，在暗调区引起的明暗层次变化比亮调区大得多。生产上使用的灰色梯尺常常是以网点面积每改变 5%为一级来制作的，在网点面积小的一端，眼睛难以辨别两级梯尺之间的密度差别，在网点面积大的一端，两级梯尺之间的密度差别很明显。因此印刷生产中，在网点大小的控制方面，暗调部分比亮调部分重要得多。

（二）实地密度与网点积分密度之间的关系

如图 8-10 所示，同一网点面积，网点积分密度随实地密度增大而增大，但实地密度较小比实地密度较大时对网点积分密度的影响要大些。

（三）实地密度的变化，对不同阶调处网点积分密度的影响

实地密度增加，便增加了图像的全部反差，但对不同阶调处的网点积分密度的影响是不同的，暗调部分受到的影响最明显，中间调受到的影响较小，而高调部分几乎没有影响。

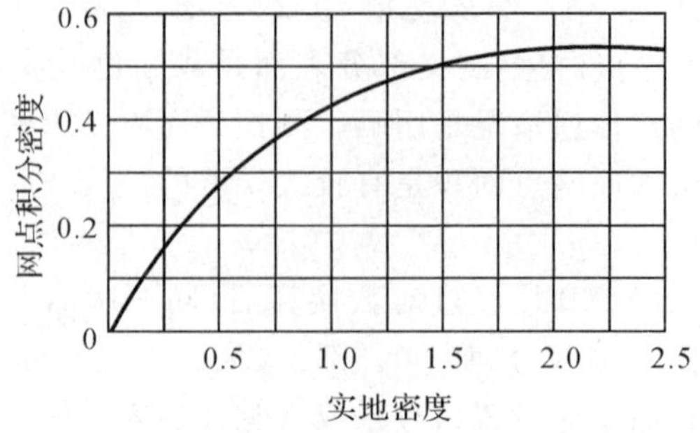

图 8-10 网点积分密度和实地密度之间的关系(网点面积为 70%处)

表 8-2 实地密度的变化,对不同阶调处网点积分密度的影响

网点面积	实地密度 1.2	实地密度 1.4	差别
0	0	0	0
25%	0.116	0,119	0.003
50%	0.275	0.285	0.01
75%	0.53	0.56	0.03
100%	1.2	1.4	0.2

如表 8-2 所示,实地密度从 1.2 增大到 1.4,对于实地(100%)区域的网点积分密度改变了 0.20,50%网点区域的网点积分密度改变了 0.01,而小于 50%部分的网点区域,网点积分密度的改变小于 0.01。由于人的视觉最高只能够分辨出 0.01 的光学密度差别,所以印刷品实地密度从 1.2 增大到 1.4 时,对于网点面积覆盖率为 75%左右的色调区,其影响是能够看到的,但并不明显。而在网点面积覆盖率大于 90%的部分,影响则十分显著。由此可见,印刷过程中,实地密度的波动主要影响到暗调区,对亮调区影响并不明显。

四、实地密度的控制

承印物上未加网的、全部均匀受墨的平面称实地,这个部位测得的密度称为实地密度。黑色测量其实地的灰密度(通常用雷登 106 滤色片);三原色墨测量其实地的色密度,测量时需要用它们相反色的滤色片,通常是测量品红色,用雷登 58 号绿滤色片;测量黄色,用雷登 47 号蓝滤色片;测量青色,用雷登 25 号红滤色片,以上三种滤色片都是宽带滤色片。对于其他专色墨,分别用蓝、红、绿滤色片测量,可以得到 D_H、D_M、D_L 大中小三个密度值,取其最大的密度值作为该专色的实地密度值。

不管是彩色印刷还是专色印刷,实地密度值的大小都是客观评价和控制印刷品质量的重要依据。

(一)印刷过程中影响实地密度的因素

实地密度主要由油墨中颜料及辅料特性、墨层的厚度和结膜状态所决定,而这又取决于纸张、油墨的综合效果和印刷过程中的工艺条件,包括墨层厚度、印刷压力、水墨平衡的控制等。

1. 油墨呈色性能

不同的油墨，所采用的颜料及辅料不同，各成分配比也不同，表现为呈色性能不同，特别是色强度不同。例如，同为黄色墨，用柠檬黄作四色印刷的黄墨印，实地密度就偏低，而用中黄或深黄印，实地密度则相应较高。

2. 实地覆盖率

由于纸张表面的凸凹不平，即使是实地部位，油墨在转移过程中，纸张表面也不可能与油墨完全接触，将单位实地面积上与油墨接触的面积称为实地覆盖率。印刷图像的实地覆盖率越大，获得的密度值越大。

在实地密度较低的时候，实地覆盖率是影响实地密度大小的主要因素，随着墨层增厚，实地覆盖率趋于饱和，墨层厚度对实地密度的影响突出出来，随着墨层较薄部位的厚度增厚，实地密度上升，等墨层厚度逐渐趋于均匀后，油墨表面的平滑性对实地密度值产生影响。

影响实地覆盖率的因素有：

(1)墨层越厚，实地覆盖率越大。

(2)纸张越平滑、质地越柔软，实地覆盖率越大。

(3)印刷压力越大，印刷速度越低，实地覆盖率越大。

(4)油墨越稀薄，实地覆盖率有增大的趋势。

3. 墨层厚度

与较薄的墨层相比，较厚的墨膜吸收的光线多，反射的光线少，因此，在观察者看来，它的色彩更深、饱和度更高，密度值更大。实验表明，当油墨和纸张确定时，实地密度 D_V 与墨层厚度 δ 之间存在着一定的函数关系，如图 8-11 所示。最初的实地密度 D_V 随墨层厚度 δ 增加而增加，但随着密度的增加，密度的增量逐渐小于墨层厚度的增量。当墨层厚度达到某一个值时，密度达到饱和值，再增加墨层厚度，实地密度也不再变化。印刷过程中，因为机器的震动或其他原因，导致承印物上的实地部位墨层厚度改变，同样的墨层厚度改变量在墨层较薄时引起的密度变化量要比在墨层较厚时引起的密度变化量大，从视觉上看起来的墨色更不均匀。所以在专色印刷实地色块时，倾向于增加墨层厚度，以取得更均匀厚实的效果。

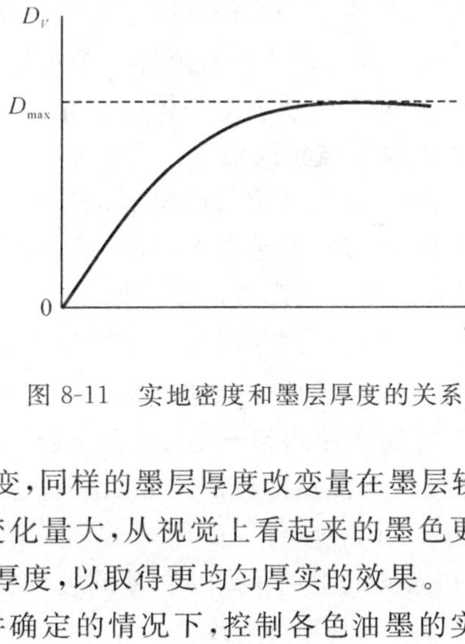

图 8-11　实地密度和墨层厚度的关系

实际印刷过程中，在纸张、油墨和其他印刷条件确定的情况下，控制各色油墨的实地密度，使其稳定在饱和实地密度以下的某一范围之内，就是控制了各色印迹的墨层厚度，以防止由于墨层太厚引起网点增大过多，油墨干燥不良等弊病。

4. 墨膜表面状况

墨膜表面越平滑，首层表面反射光越趋向镜面反射，所以测得密度变高，如图 8-12 所示。

影响墨膜表面状况的因素主要有：

(1)纸张表面越平滑，越有利于墨膜表面平整，实地覆盖率越大，密度上升越快，达到饱和密度值越早，饱和密度值越高。同样的供墨量，印在光滑的铜版纸上比印在胶版纸上密度

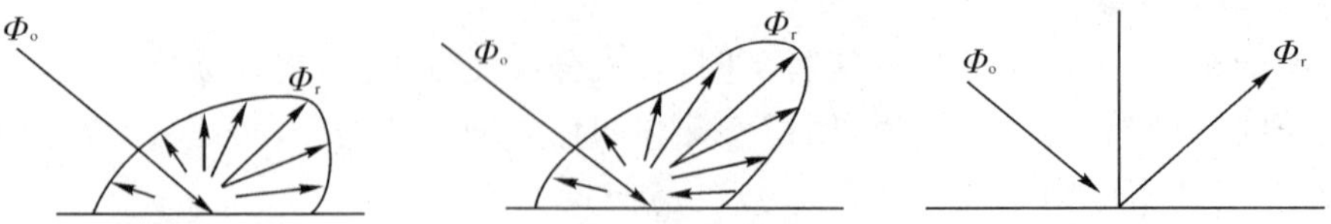

图 8-12 墨膜表面状况对光反射的影响

要大。

(2)墨层厚度越厚,墨膜表面越平滑。

(3)在油墨干燥的过程中,油墨中的连结料有一部分渗透到纸张的纤维中去了,干了以后的墨膜表面会变得不如原来平整,因此出现密度干退现象。

(二)检测实地密度的意义

1. 控制色域范围和灰平衡

实地密度的大小不仅影响着各原色以及任意两个原色叠加得到的间色的再现,影响复制的色域范围,还影响着三原色叠加的印刷灰平衡,以至影响到彩色印刷的色彩还原效果。

2. 控制反差和阶调复制曲线

实地密度是反映图像最暗处的指标,实际上影响着图像的整条复制曲线。印刷品反差大,可以多再现一些原稿或原景物的层次,增强细微层次反差,加强图像立体感和清晰度;另一方面反差大可以使得暗调部位墨色浓厚饱和,增强色彩的鲜艳程度。因此希望实地密度相对大些,但是必须满足并控制在允许的范围内。

3. 控制网点扩大值

在纸张、油墨确定的情况下,实地密度大,意味着墨层厚,网点增大必然多,尤其是暗调容易并糊,造成层次丢失。因此,通过控制实地密度稳定在饱和实地密度以下的某个范围之内就是控制了各色印迹的墨层厚度,一方面控制不因墨层太薄而导致颜色饱和度不够,画面浅淡;另一方面控制不因墨层太厚而引起的网点增大太大,避免由此导致的层次和清晰度损失,使印刷品的还原兼顾到色彩饱和度和网点扩大值。

4. 控制墨色均匀一致性

用密度计测量深色部位和人眼辨色能力较差的黄色密度的灵敏度要优于视觉评估墨色深浅。测控同一印件前后印张的同一墨色的均匀性或者测控同一印张同一墨色的均匀性(轴向和周向的墨色一致性),使同色的密度偏差控制在规定的范围内。

(三)实地密度的标准

1. 彩色印刷的实地密度标准

由于所使用的油墨、纸张、密度计等的不同,胶印的实地密度是允许在一定范围内波动的,如表 8-3 所示,其中精细印刷品指使用高质量原辅材料经精细制版和印刷的印刷品,一般印刷品指除此以外的其他印刷品。但在油墨、纸张等印刷条件确定以后,一件产品的印刷过程中,实地密度应该是在表中所列的范围内的某一定值或在小范围内波动。对同批产品不同印张的实地密度波动范围,印刷行业标准的要求是:青(C)、品红(M)≤0.15;黑(BK)≤0.20;黄(Y)≤0.10。

从收集到的大量实物和测试数据看,黄、品红、青、黑的实地密度最佳值均在标准给定的实地密度范围的中间值上。有条件的企业采用标准范围的中间值最好，应尽量避免四色印刷中某些色用上限，而另一些色用下限，这样容易影响甚至破坏印刷灰平衡或色平衡。。

由于涂料纸和非涂料纸的油墨吸收性和表面平滑度不同，印刷非涂料纸时，如果想让非涂料纸上的实地密度达到涂料纸上相同的密度，则非涂料纸上的墨层厚度会比涂料纸上的墨层厚度大得多，由此引起网点扩大过多，层次丢失。但如果让非涂料纸的墨层厚度和涂料纸的墨层厚度一样，则又会由于非涂料纸的吸收性大和表面的漫反射，使它的实地密度小于涂料纸上的实地密度，结果色彩饱和度不高，不鲜艳。因此，一般来说，印刷非涂料纸的供墨量和印刷涂料纸相比，处在等墨层厚度和等实地密度之间。也就是说，印刷非涂料纸时的实地密度小于印刷涂料纸的实地密度，但它的墨层厚度却比印刷涂料纸时的墨层厚度更厚。表 8-4 是 *GRETAG* 颜色控制系统推荐的实地密度范围，该系统根据所印纸张的不同，对实地密度范围作更细致的要求。

此外，实地密度要实，不能有砂眼、纸毛、墨皮墨疙瘩、水波纹等；实地要均匀，全版实地密度接近一致。

表 8-3　行业标准的实地密度范围

色别	精细印刷品实地密度	一般印刷品实地密度
黄(Y)	0.85～1.10	0.80～1.05
品红(M)	1.25～1.50	1.15～1.40
青(C)	1.30～1.55	1.25～1.50
黑(BK)	1.40～1.70	1.20～1.50

表 8-4　GRETAG 颜色控制系统推荐的实地密度范围

色别	高光纸实地密度	涂料纸实地密度	非涂料纸实地密度
黄(Y)	1.00±0.05	0.95±0.05	0.85±0.05
品红(M)	1.40±0.10	1.30±0.10	1.15±0.10
青(C)	1.45±0.10	1.35±0.10	1.20±0.10
黑(BK)	1.85±0.15	1.75±0.15	1.55±0.15

2. 平版装潢印刷品的实地密度标准

平版装潢印刷品经常需要专色印刷大面积底色，需要通过检测同一印张上同色不同部位的密度和同一批产品同色不同印张的密度值，根据所测的密度值的接近程度，来评价这批产品的实地颜色的一致性。

行业标准关于平版装潢印刷品同批同色的密度偏差要求是：精细印刷品≤0.050，一般产品≤0.070。

五、印刷过程中网点变化的控制

胶印过程中的油墨转移是通过三个步骤完成的：第一步是印版的润湿和上墨，第二步是把印版上的油墨传递到橡皮布上，第三步是把油墨从橡皮布传递到纸张上。在这三个步骤中，网点都会发生大小和形状的变化。网点大小和形状的变化会引起印刷图像阶调和色彩的变化，使图像的清晰度下降，因此，印刷过程中网点的变化是影响印刷质量的最重要的因素。

（一）亮调网点的再现

1. 亮调再现对印刷质量的影响

亮调是指画面上的明亮阶调，一般用0%～30%网点面积表示，实际也包含画面上最亮的极高光部位。极高光是图像阶调的一部分，一般是绝网点，没有层次与颜色的变化，对整个阶调值起衬托作用。亮调小网点出齐是指图像上从绝网过渡到有网点并能印出，色调开始有变化的部位，如果该印出来的没印出来，则图像亮调生硬；不该印出来的印出来，则图像亮调灰平，两者都影响图像的立体感、空间感和质感，因此要严格控制印刷的最小网点。但是亮调是图像的受光面，受光源色影响较大，并且由于网点独立呈色，正常时网点面积相差1%，色调就会有影响，所以控制起来难度较大。

2. 亮调再现的检测

用密度计测量亮调的网点面积，由于测量亮调部位的网点积分密度值过小，换算成网点面积时误差较大，因此不能用密度计对亮调进行测量，应使用放大镜观察测控条上极高光范围（10%以下的网目阶调范围）的网目调段来检查与控制。

因为亮调网点基本都是并列呈色的（与暗调叠合呈色有区别），所以，用放大镜也能直接观察与判断图像的亮调再现。

3. 亮调再现的行业标准

不同的印刷品因制作条件不同和产品要求不同，要求再现的亮调网点面积也不同。假定其他条件规范，在涂料纸上印刷，图像的主体部位2%网点面积应再现，一般部位3%～4%网点面积应再现，因此行业标准规定精细印刷品亮调再现2%～4%网点面积。在胶版纸上印刷，应能再现3%～4%网点面积；在新闻纸上印刷，应能再现4%～5%网点面积，因此行业标准规定一般印刷品亮调再现为3%～5%网点面积。

4. 亮调再现的控制

亮调网点再现涉及复制的全过程，从图像加网分色的白场定标就必须考虑亮调的什么部位出现能印刷的小网点，此外，选择合适的感光材料，控制显影过程的显影液性能与浓度，显影速度与温度，补充与给液方式，输出的胶片网点密度要足够；晒版时抽气真空度要足够，曝光量要恰当，冲洗要规范；要配备相适应的印刷适性条件，特别是纸张的适性要能再现需要的网点；认真操作，控制好给墨量与给水量及其两者的平衡，使油墨能顺利传输，调节并控制好印刷压力，勤洗橡皮布等，才能再现需要的网点。

图像的复制过程，在控制亮调再现的同时，还必须兼顾中、暗调的平衡再现，不能顾此失彼。以阳图型PS版晒版为例，如果曝光量偏小，显影不足（冲洗液性能偏软、浓度偏低、速度偏快、温度偏低、补充液不够等），晒出的印版就会偏深，虽对保留最小网点有利，但对中调和暗调再现不利；相反若曝光量偏大，冲洗过量，最小网点容易丢失，但却对中调和暗调再现有利。印刷时在其他条件不变的情况下，给墨量偏大或给水量偏小，印刷压力偏大，则对再现小网点有利，而中调和暗调会深；相反若中调和暗调适合，则最小网点容易不实或丢失。

（二）网点增大

胶印过程中网点大小的变化一般表现为网点面积增大，网点增大值$Z(\%)$指承印物上网点面积与胶片上相对应部分的网点面积之差。

$$Z(\%)=F_D-F_F \tag{8-11}$$

网点面积适当增大是合理的、允许的，不增大或是缩小则是不允许的，但增大必须控制在允许的范围内。

1. 影响网点增大的因素

胶片上的网目调图像经晒版转移到印版上，在这一过程，一般网点是缩小的；印版上的图像着墨后，经橡皮布转移到承印物上，这一过程，网点一般是增大的。总体上说，图像从胶片上转移到承印物的过程中，表现为除部分亮调小网点丢失外，网点是增大的。印刷过程中网点增大根据发生的原因可分为两种：几何增大和光学增大。例如，胶片上有一网点面积为50％的网点，晒版时网点将减小，如果减小4％，则印版上的网点面积为46％。从印版上46％的网点，转印到承印物上后，如果几何增大9％，光学增大15％，则印刷品上网点面积为70％，总计的网点增大为：

$$Z(\%)=F_D-F_F=70\%-50\%=20\%$$

(1)网点的几何增大

网点的几何增大是指承印物上单位面积内网点实际着墨面积大于对应的胶片上网点面积的量，是在力的作用下，网点尺寸产生扩张的现象。影响网点几何增大的主要因素有：

①墨层厚度。几何增大是在正常印刷过程中，油墨在压力的作用下向网点周围扩展造成的。墨层厚度越大，网点增大越严重。

②印刷压力。压力越大，油墨铺展越多，网点增大越严重。

③油墨的性质。油墨的流动性越大，网点增大越严重。

④印版磨损。印版图文的亮调部分，网点的面积覆盖率小，亲水面积大于亲油面积，有利于润湿液的扩展。高调部分的网点基础(亲油疏水的感光层)一旦被磨损，立即就被润湿液侵占，成为亲水疏油的基础，使高调网点变得更细小或残缺不全，甚至消失。印版图文的暗调部分，网点面积覆盖率大，亲油面积大于亲水面积，有利于油墨的扩展，网点周围的空白部分砂目被磨损后，极易被油墨铺展，使网点增大，产生糊版。

⑤加网线数。在正常印刷过程中的网点增大是由于油墨在压力的作用下铺展导致的，这种铺展是按照着墨部位的边界线向空白部分推进相同的距离进行的。因此在单位面积内，网点边缘长度之和越大，网点增大越大。加网线数越高，虽然单个网点越细小，但单位面积内网点的全部边界线之和却越长，由于边界推进相同的距离而引起的网点面积增大越多。

⑥网点面积。加网线数相同的情况下，网点面积不同处，单位面积内网点的周长之和不同，当边界向空白部分扩散相同的距离时，引起的网点面积增大量也不一样。对方网点来说，50％网点面积处，单位面积内网点具有最大的周长，该处的网点增大最严重。从0％到50％，随着网点面积增加，网点增大逐渐加大；从50％到实地，随着网点面积的增加，单位面积内网点和空白部位相邻的边长是逐渐减少的，因而网点增大逐渐减少，如图8-13所示。对于圆网点来说，75％网点面积处具有最大的周长，该处的网点增大最严重。从0％到75％，随着网点面积的增加，网点增大逐渐增加；从75％到实地，随着网点面积的增加，网点增大逐渐减少，如图8-14所示。

⑦压印面的滑动量。平版印刷的压印面存在着不可避免的滑动，滑动使网点变形增大。采用普通橡皮布、软包衬时，压印面滑动量大，网点增大多；当包衬后的印版滚筒和橡皮滚筒的半径比例不符合滚压比，离同步滚压相差越大，则压印面滑动量越大，网点增大越多。

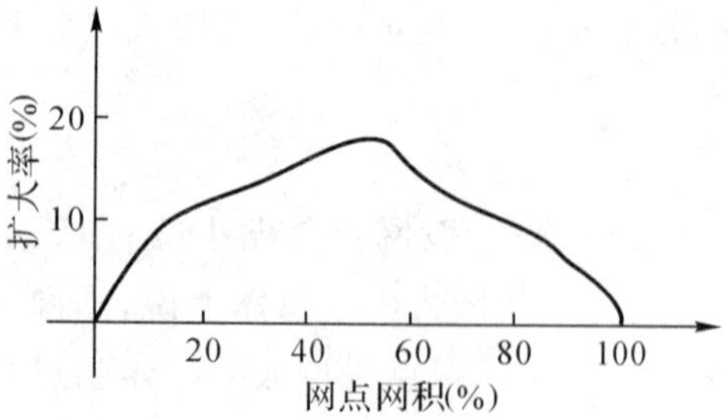

图 8-13　方形网点不同百分比的增大率

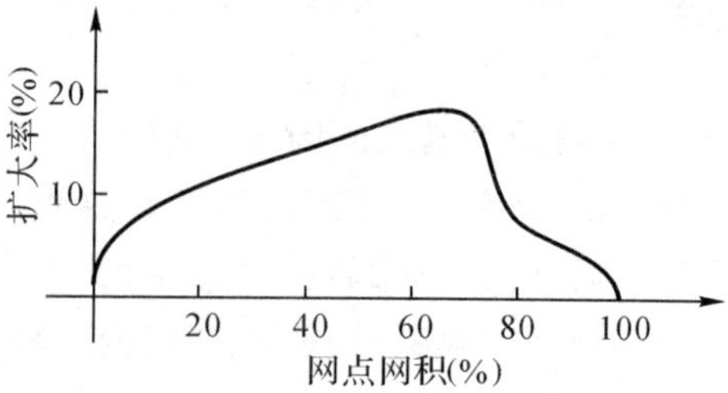

图 8-14　圆形网点不同百分比的增大率

⑧各种印刷故障。各种原因的重影导致网点增大；橡皮布在印刷过程中起脏后，会将粘附在橡皮布上的纸毛纸粉传至印版，导致印版的暗调部分网点变形增大并糊等。

⑨纸张种类对网点几何增大的影响。当输墨量相同、其他的印刷条件也相同时，实验证明不同纸张的网点增大量是相同的。但在实际生产中，由于非涂料纸平滑度差、吸墨性好，必须提高供墨量，增加纸张上的墨层厚度，以达到足够的饱和度；必须提高印刷压力，才能使纸墨充分接触，有充足的油墨转移到纸面；必须降低油墨的粘度，才能利用油墨的流平性，获得墨色均匀的效果。粘度低、墨量大的油墨转移到 PS 版，又在相对更大的印刷压力作用下转移到橡皮布，最后到达纸张上时，引起更大的网点面积增大。这就是为什么印刷非涂料纸时的网点增大值往往比印刷涂料纸时大的原因。

(2)网点的光学增大

除了网点的几何增大外，由于纸张的光渗现象，使眼睛对网点的视觉感受是一个比实际几何面积更大的点，这部分多出来的量叫光学增大。从胶片到纸张的网点增大是几何增大和光学增大之和。

2. 检测网点增大的意义

通过前面的分析，可以知道印刷品再现的颜色主要取决于网点面积、实地密度和叠印率，网点面积的改变必然会极大地影响到印刷再现的颜色。

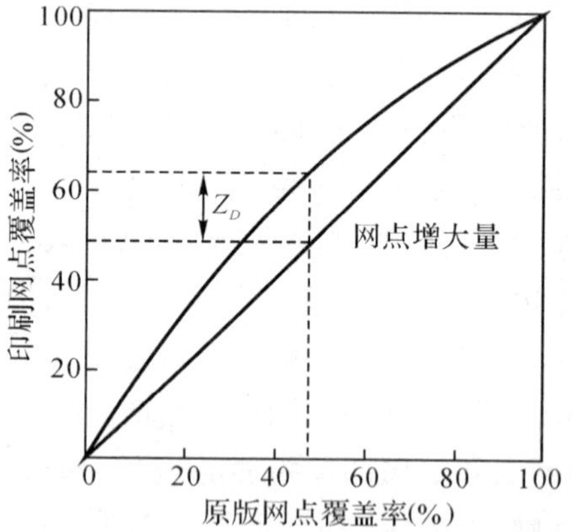

图 8-15　网点增大对阶调还原的影响

(1)网点增大过度影响阶调的正确还原。由于网点面积不同的部位网点增大量不相同，对方网点来说，在 50%处网点增大最多，假设该处增大量为 15%，那么胶片上网点面积从 0%到 50%，对应的印张上的网点面积从 0%到 65%，即印刷品上阶调再现范围比胶片上阶调再现范围长，胶片上的层次能得到更为丰富的再现。而胶片上网点面积从 50%到实地，对应的印张的网点面积从 65%到实地(100%)，印刷品上的阶调再现范围比胶片上阶调再现范围短，这部分的层次受到压缩，必将引起层次丢失，如图 8-15 所示。对于圆网点来说，在 75%处网点增大量最大，从 0%到 75%，印刷品上阶调再现范围比胶片上阶调再现范围长。从 75%到实地，印刷品上的阶调再现范围比胶片上阶调再现范围短，这部分层次受到压缩。网点增大过度主要造成中间调和暗调间的反差减少，层次损失。

（2）影响色彩还原。在多色印刷中，如果某一色网点增大过度，就不能达到灰平衡，画面的颜色会色偏；如果三原色的网点都增大过度，会使色彩变暗并显得浑浊。

（3）影响图像清晰度。网点增大使图像的中暗调层次减少，层次边界发虚，因而使图像的清晰度下降。

为了使印刷品逼真还原原稿，需要预先测量在尽可能相似的印刷条件下的网点增大情况，制作灰平衡曲线或印刷特征参数文件，再根据灰平衡曲线或印刷特征参数文件对输出胶片所使用的制版数据进行调节。然后在打样或印刷的过程中检测网点增大值，及时控制打样或印刷过程中的网点增大值，使印前预作校正的分色曲线能得到实现。不过目前在生产实际中，这个过程只能部分地实践。

3. 网点增大值的检测和计算

（1）玛瑞—戴维斯公式法

如果已知胶片上某一网目调部位（通常是测控条或灰梯尺上已标明网点面积的网目调测控单元）的网点面积，利用玛瑞—戴维斯公式法求得印在印张上该网目调部位的网点面积，两者相减，即得到该网目调部位的网点增大值。例如，某胶片上网目调部位的网点面积是 75%，该网目调部位印在纸张上后用玛瑞—戴维斯公式法求得的网点面积是 89.7%，则网点增大值为 14.7%。值得注意的是，只有在加网线数、网点形状和印张上图像相同的情况下，才能以测控条的网点增大值代替印张上图像部分的网点增大值。

由于用玛瑞—戴维斯公式法求得的网点面积是包含光学增大在内的网点面积，因此求得的网点增大值也是包含网点的几何增大和光学增大在内的总的增大值。我国行业标准测量网点增大值正是采用玛瑞—戴维斯公式法。

（2）尤尔—尼尔森公式法

利用尤尔—尼尔森公式法求得印在印张上某网目调部位的网点面积，减去胶片上相应部位的网点面积，即得到该网目调部位的网点增大值。如某胶片上网目调部位的网点面积是 75%，该网目调部位印在纸张上后用尤尔—尼尔森公式法求得的网点面积是 82%，则网点增大值为 7%，表明网点在压力作用下的几何增大值是 7%。

（3）网点增大值也可以用 *FOGRA*（德国印刷研究所）推荐的方法计算。测定出印刷品上某部位或测控条上的 D_V 值（实地密度）和 D_R 值（网点积分密度），分别在图 8-16 所示的实地密度标尺和彩色网点积分密度标尺上找出所测的 D_V 和 D_R 值，两点用直线连接起来，交于有斜度的印刷品网点百分尺上一点，此点的数值 F_D 即为印刷品上该部位的网点面积，与胶片相对应部位的网点面积 F_F 的差值，即为网点增

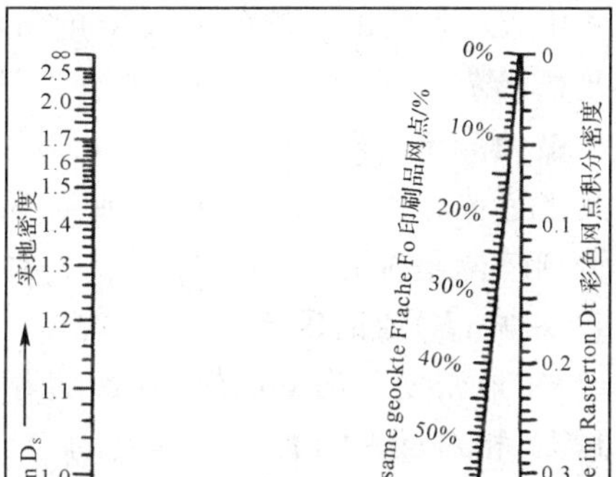

图 8-16　网点增大值计算法

大值。

(4)根据布鲁纳尔的研究,粗网和细网的网点总面积相等的情况下,如果网线线数比为1∶6,则有

$$50\%\text{网点增大值}\approx 50\%\text{细网点部位积分密度}-50\%\text{粗网点部位积分密度} \tag{8-15}$$

$$75\%\text{网点增大值}\approx \frac{75\%\text{细网点部位积分密度}-75\%\text{粗网点部位积分密度}}{2} \tag{8-16}$$

$$25\%\text{网点增大值}\approx (25\%\text{细网点部位积分密度}-25\%\text{粗网点部位积分密度})\times 2 \tag{8-17}$$

布鲁纳尔测控条用了特定的细网区(60 线/厘米)和粗网区(10 线/厘米),如果图像的加网线数也是 60 线/厘米(150 线/英寸),可以通过分别测量测控条上 25%、50%、75%的细网网点积分密度和粗网网点积分密度,然后根据上述公式方便地计算出网点增大值。

4. 网点增大值的标准

我国行业标准要求精细印刷品 50%网点增大值范围为 10%~20%;一般印刷品 50%网点增大值范围为 10%~25%。一般而言,取本标准的中间值为好,不主张某些色版用下限值,某些色版用上限值。

国外常见的是检测控制 75%部位的网点增大值,日本的 75%网点标准网点增大范围是:单张单色机印刷铜版纸 14%~18%,单张单色机印刷胶版纸 16%~20%;单张多色机印刷铜版纸 8%~12%,单张多色机印刷胶版纸 10%~14%。

(三)相对反差(K)

相对反差值,简称 K 值,是控制图像暗调部位阶调的指标。计算方法如下:

$$K=\frac{(D_s-D_t)}{D_s}=1-\frac{D_t}{D_s} \tag{8-18}$$

式中,D_s 表示该色墨的实地密度,D_t 表示同一色墨的网点部位积分密度,国内外印刷界都是选择 75%或 80%的圆网点作为测定 K 值的网点密度读取块。因为此区域是圆网网点增大最大部位,该区域网点增大后和实地之间的反差压缩,最容易层次并糊;同时这个部位又是半色调印刷品由中间调过渡到暗调的部位,这个部位复制的好坏最能反映印刷品从中间调到暗调是否有足够的阶调层次和反差。

1. 影响(K)值的因素

(1)实地密度。当墨层较薄时,随着墨层加厚,实地密度的增加量比网点部位积分密度增加量大,相对反差随着实地密度的增加而增加,直至达到最大值;继续增加墨层厚度,网点增大加剧,实地密度的增加值逐渐小于网点部分积分密度增加值,K 值开始减小,图像变得浓重,暗调层次减小。

(2)网点增大。当实地密度不变时,印刷过程中网点增大越严重,版面上 75%部位的密度和实地密度相差也就越小,相对反差也就小。加网线数不同,K 值不同,网线粗,K 值相对大,网线细,则 K 值相对小;晒版是否规范也影响 K 值大小,如果曝光量偏小,冲洗不足,印刷版相对深,则 K 值相对小,反之 K 值相对大;纸张的种类也影响 K 值,用胶版纸或新闻纸印刷,K 值相对小,用涂料纸印刷,则 K 值相对大;印刷压力相对大、油墨流动性大,则 K 值偏小;不同机型印刷,K 值不同,单张纸印刷机 K 值偏大,轮转机印刷 K 值偏小。

2. 检测相对反差对控制印刷质量的意义

(1)评价印刷质量的依据

因为印刷时方网点的50%部位、圆网点的75%部位网点增大最多，这些部位的网点增大过多，最容易导致画面的暗调层次并糊。只有达到较高K值的印刷品才可能是兼顾到墨色饱满的同时暗调有足够的阶调层次。K值数据的大小反映了印刷品在这一方面的质量好坏。

(2)检测K值求出最佳实地密度，此最佳实地密度作为印刷控制墨层厚度的依据和印前分色时建立灰平衡和阶调分配时定标的依据。

当实地密度偏小时，墨色不饱和、色彩不鲜艳，此时相对反差也小，说明画面的反差小，层次不丰富，不是印刷时理想的实地密度。当实地密度太大时，实地部位墨色饱和鲜艳，整个画面的总反差大，但此时相对反差也小，中暗调部位网点增大严重，该部分和实地之间的局部反差被压缩，层次丢失，清晰度也受到影响。取K值最大时的实地密度，是同时兼顾墨色的饱和程度和控制住网点增大情况。而阶调和色彩再现的好坏，对印刷质量的影响要比墨色饱和程度更为重要。因此，应取K值最大时的实地密度作为印刷时的实地密度，同时还应该是印前分色时建立灰平衡和阶调分配时确定反差范围的依据。

把带有75%或80%网点区段和实地区段的测试条，晒制到印版上，用正式印刷的纸张和油墨，从少到多改变印版的供墨量，在印刷机上进行印刷，然后用密度计测量印张上75%或80%网点区段和实地的密度，计算出K值，找出K值最大时对应的实地密度即为最佳实地密度。

(3)在一定的印刷条件下，经检测确定的K值和实地密度值是控制该条件下生产的印刷图像质量的依据。

在印刷过程中，如果印张达到最佳实地密度，但K值偏低，说明工艺过程变量发生变化影响到产品的质量，如油墨粘度太低、印刷压力太大、晒版曝光不足、油墨乳化严重等，应予以纠正。如果印张的实地密度和相对反差都达到要求，但色调还原不正确，那是印前分色时调节不当。

3. 我国印刷行业推荐的相对反差范围

表8-5　相对反差值(K值)范围

色别	精细印刷品	一般印刷品
黄	0.25～0.35	0.20～0.30
品红、青、黑	0.35～0.45	0.30～0.40

六、叠印率

彩色印刷品上的颜色，是通过面积大小不同的黄、品红、青、黑等色的网点叠合或并列而呈现的。因此，印刷品的色彩再现效果，不仅与实地密度和网点面积有关，还与油墨的叠印效果有关。

(一)叠印率及其测定

一种颜色的油墨在另一色的墨层上叠印的多少，也就是叠印效果的好坏通常用叠印率来表示，叠印率指后印色的实地色块转移到先印色上的主密度与直接印到承印物表面上的主密度相比的百分率。

(1)用$f_{D(2/1)}$表示第二色在第一色上叠印的叠印率，$D_{(1+2)}$表示用第二色墨的补色滤色片测定两色油墨叠印的墨层的总密度，D_1表示用第二色墨的补色滤色片测定印在纸张上的第一色油墨的密度，D_2 是印在纸张上的第二色油墨的主密度，如图 8-17 所示，则有：

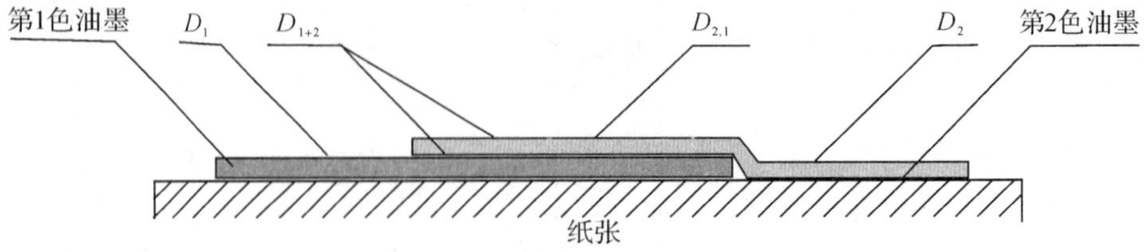

图 8-17　各色块的密度

$$f_{D(2/1)}=\frac{D_{1+2}-D_1}{D_2}\times 100\% \tag{8-19}$$

根据密度的叠加性原理，$D_{1+2}-D_1$ 代表叠加色的密度减去第一色的密度，即等于叠印在第一色上的第二色的主密度 $D_{2,1}$，它和 D_2 之比，反映了印在第一色墨层上和印在承印物的效果之比。

具体的测量方法是：在已知色序的前提下，使用彩色反射密度计选用第二色的补色滤色片，测量第一色实地块密度，第二色实地块密度和第一、二色叠印后的实地密度。将测量结果代入上述公式即可计算得到叠印率。

(2) 如果用 $f_{D(3/(1+2))}$ 表示第三色在第一、二色的间色上的叠印率，D_{1+2+3} 表示用第三色墨的补色滤色片测定三色油墨叠印的墨层的总密度，D_{1+2} 表示用第三色墨的补色滤色片测定印在纸张上的第一、二色叠印的间色密度，D_3 是印在纸张上的第三色油墨的主密度，则有：

$$f_{D(3/(1+2))}=\frac{D_{1+2+3}-D_{1+2}}{D_3}\times 100\% \tag{8-20}$$

具体的测量方法是：在已知色序的前提下，使用彩色反射密度计选用第三色的补色滤色片，测量第一、二色叠印后的间色密度，第三色的密度和第一、二、三色叠印后的复色密度。将测量结果代入上述公式即可计算得到叠印率。

例如，某印件的印刷色序是：青—品红—黄—黑，由彩色反射密度计测得印张上各色块的密度如下表 8-6。

表 8-6　某印张上各色块的密度值

色块名称	各色块实地密度值		
	采用 R 滤色片	采用 G 滤色片	采用 B 滤色片
黄 Y	0.02	0.06	1.04
品红 M	0.08	1.14	0.52
青 C	1.02	0.30	0.08
大红 M+Y	0.11	1.20	1.54
绿 C+Y	0.99	0.37	1.12
蓝紫 C+M	1.06	1.42	0.54
黑 C+M+Y	1.08	1.43	1.55

则得：

$$f_{D(M/C)}=\frac{D_{M+C}-D_C}{D_M}\times100\%=\frac{1.42-0.30}{1.14}\times100\%\approx98.25\%$$

$$f_{D(Y/C)}=\frac{D_{(Y+C)}-D_C}{D_Y}\times100\%=\frac{1.12-0.08}{1.04}\times100\%=100\%$$

$$f_{D(Y/M)}=\frac{D_{(M+Y)}-D_M}{D_Y}\times100\%=\frac{1.54-0.52}{1.04}\times100\%=98.08\%$$

$$f_{D(Y/M+C)}=\frac{D_{(C+M+Y)}-D_{C+M}}{D_Y}\times100\%=\frac{1.54-0.54}{1.04}\times100\%\approx97.12\%$$

（二）叠印率与印刷质量的关系

印刷品的最终呈色效果取决于四色的网点面积和纽介堡基色（包括白纸底色、三原色加黑色、叠印色），叠印的先后次序不同，叠印率的大小不同，得到的叠印色也就不同，最终印刷品呈现的颜色自然也就不同。

叠印率的高低反映多色印刷时叠印部位呈色效果的好坏问题。叠印率越高越好，当叠印率等于100%时，表明后印色在先印色上的呈色效果同直接印在承印物上的效果是一样的，叠印色中红、绿、蓝紫色的饱和度高，四色印刷所能再现的色域范围广。如果叠印率太低，则色彩的再现范围会缩小，往往原稿上的某些饱和度高的颜色，印刷品无法得到再现。

印刷过程测控叠印率的意义是为了及时发现和避免出现叠印率过低（印不上）的弊病，以满足色调还原的需要。此外，叠印率之高低是评判印刷质量好坏的一个测试项目，为此许多发达国家把原色、间色和复色实地块作为印刷质量测控条所必须具备的基本段块，还根据叠印率的大小，来划分印刷产品的等级。

七、灰平衡

（一）检测灰平衡的意义

由一种或两种彩色油墨产生的颜色都是饱和度较高的颜色，但在彩色图像中除了这些彩色部分以外，还有低饱和度的颜色和非彩色部分。这些非彩色部分除了可以用黑色油墨印刷以外，还可以使用三原色油墨根据灰平衡原理，用适当的比例印刷产生。如果印刷过程控制不当，三原色叠印出来的灰色就带有彩色成分。灰平衡实现得好，意味着印刷品在色彩还原上十分逼真于原稿，否则就会相对于原稿出现色偏。

（二）胶印实现灰平衡的方法

1. 印前阶段

(1)根据已确定后工序生产条件（晒版条件、纸张油墨的印刷适性、印刷色序、叠印率、网点扩大值、原色实地密度、印刷反差、实际水墨平衡状态等），制作灰平衡曲线，再根据灰平衡曲线对原稿进行分色加网。这种方法能提供较准确的灰平衡数据，但由于要制作专用色谱，因此比较麻烦。实际生产中往往凭经验估算Y、M、C三原色的网点比例。

制作灰平衡曲线的方法有多种，其中一种是印制专用色谱来找出灰平衡配比数据。用实际使用的三原色油墨，按正常印刷条件，通过Y、M、C三色网点渐变叠印的印版，印制成专用色谱。如果每一原色的网点渐变分为50级，则可得到125000个叠印块，在这其中势必有50个亮度等级渐变的中性灰，从而得到50组不同覆盖率配比的Y、M、C网点组合，供分色时使用或供印刷检查中性灰时作比较的基准。

(2)保证标准的晒版条件。控制亮调和暗调网点的再现情况，及中间调网点转移特性的稳定性。

2. 印刷阶段

在分色、晒版符合标准的前提下，印刷过程中达到灰平衡需重视以下几点：

(1)应该使用先前规定的三原色油墨和纸张，稳定的印刷材料适性条件，这是最基础的问题。

(2)确定的印刷色序。色序不同，印刷过程中叠印率和网点增大不同，原来的分色灰平衡曲线就失去根据。

(3)确定的实地密度。这是控制暗调的重要指标。

(4)确定亮调最小网点未齐部位。这是控制亮调的重要指标。

(5)确定的网点增大值。这是控制中间调的重要指标。

(6)确定的相对反差值。这是控制中间调至暗调的重要指标。

(7)要稳定车间的环境条件，如温、湿度和看样台光源等，这是不可缺少的条件。

按照上述生产条件进行印刷和现场及时测控，以保证不同亮度中性灰的顺利还原。

(三)灰平衡的测控方法

1. 目测比较法

在光源和环境色温十分标准的条件下，目测比较印刷画面中的灰色层次和专用色谱中的灰色的差异情况。

常用的测控条上都有灰平衡控制块，分别由黄、品红、青三色叠印实地和一个相邻黑实地测标；几种百分比值的黄、品红、青三色叠印测标和一个相邻的灰测标。通过比较叠印色和相邻的黑或灰色，来判断中性灰的还原情况。

2. 密度测量法

用彩色密度计的三种滤色片，分别测量测控条中的灰平衡块或画面中的灰色层次和标准中性灰色块，通过对三色密度进行比较，判断中性灰还原情况。

3. 色度测量法

通过分光光度计或色差计直接测量标准样张和印刷品的图像彩色和灰色部分，比较它们的测量值进行判断。

(四)灰平衡的标准

理想的灰色是消色(非彩色)系统中某一亮度，其饱和度和色相均为零的颜色，如用色度计来测量，它在CIE1976$L^* a^* b^*$的均匀空间中的色度值是$L^*>0$，$|a^*|=|b^*|=0$。如用彩色密度计来测量，则三个密度值为$D_R=D_G=D_B>0$。

八、色度测量

我国的印刷企业习惯采用密度测量法，而在国外则推荐使用色度测量法。为了与国际接轨，近几年，我国新颁布的印刷行业标准中相应采用了色度参数，如标准GB/T 17934.2-1999《印刷技术网目调分色片、样张和印刷成品的加工过程控制第2部分：胶印》给出了在生产过程控制中，印刷原色实地块的CIE1976$L^* a^* b^*$值和色差值ΔE^*，用色度值表示颜色的深浅，用色差表示颜色的误差，色度测量技术在未来将被大力推广使用。

(一)对原材料质量进行控制

主要是对油墨和纸张的控制。原材料采购进来之后，在使用前要对其进行测试，看油墨和纸张的颜色是否符合相应的国家标准、行业标准或企业标准(国家标准 GB/T 17934.2-1999 对承印物的颜色做了明确的规定,给出了印刷行业中常用的五种典型纸张的 CIE LAB $L^* a^* b^*$ 值、光泽度、亮度及允差;行业标准 CY/T31-95 对油墨的颜色 CIE LAB $L^* a^* b^*$ 的值做了明确的规定,并给出了油墨容许的色差范围。通过对纸张、油墨等印刷材料进行色度测量,制定油墨、纸张的精确规范,控制因印刷材料的呈色性能不同对印刷质量的影响。目前,在有些印刷企业中,这已经成为例行的日常工作。

色度测量还可分析打样用纸的颜色和印刷用纸的匹配情况。分析一套油墨再现的色域与其他各套油墨再现色域的不同,例如分析预打样工艺中所用颜料的色度特性与传统印刷油墨的不同。

(二)控制专色油墨的调配

专色油墨主要用于包装装潢产品的印刷,如烟、酒及化妆品的外包装。包装产品大多数属于长版活件,每隔一段时间就需要重新印刷,要求同批或不同批印刷的同一产品色彩要一致。由于密度表征颜色不准确,难以和客户交流颜色信息,并且密度计没有和专色对应的滤色片,用密度测量法控制专色的颜色比较困难。通过色度测量不仅能准确地用数值标定颜色,而且还可以通过测量样品色和标准色之间的 ΔE^*、ΔL^*、ΔH^*、ΔC^* 值,利用样品色和标准色在 $L^* a^* b^*$ 色空间的三个坐标值的差别,不仅能够准确评估颜色的差异程度,而且还指明颜色的偏色方向,能很好指导调墨时的颜色修正。

1987 年由轻工业部制定的对彩色装潢印刷品中的实地色块的同批同色的色差要求标准值为:

表 8-7　彩色包装装潢印刷品同批同色色差要求

	精细产品		一般产品	
ΔE^*_{ab}	$L^* > 50.00$	$L^* \leqslant 50.00$	$L^* > 50.00$	$L^* \leqslant 50.00$
	≤5.00NBS	≤4.00NBS	≤6.00NBS	≤5.00NBS

这一标准制定的时间比较早,随着我国印刷工业的发展,已不能适应当今的精品印刷的要求。对当今的高档装潢印刷品来说,一般要把色差控制在 2.00NBS 以内才比较符合大部分客户对产品颜色一致性的要求。

(三)印刷过程色彩复制的控制

1. 基于实地测标控制黑色油墨和专色油墨印刷

通过测控 ΔE^* 和调节输墨量、水墨平衡等工艺参数,使其 ΔE^* 控制在规定的范围内,一方面保证标准样张和正在生产的印张的颜色差异尽可能地小;另一方面保证同一产品的不同批印刷品、同一批印刷品的前后印张、同一印张不同位置的颜色偏差不超过允差范围。这种测控方法比密度控制法有明显的优点。

2. 基于三色灰平衡测标控制黄、品红、青色油墨印刷

色彩平衡是印刷品色彩再现质量的重要评判标准,色彩不平衡在灰色测标上表现最明显。通过测量灰平衡测标的 a^*、b^* 值及 ΔE^*、Δa^*、Δb^*,发现灰平衡测标的偏色方向和偏色程度,并通过调节输墨量,使其控制在规定的范围内。海德堡 CPC 系统的 4GS 或 6GS 型印刷测控条,是根据实地块和中性灰块自动进行色度控制,能提供各原色印刷油墨(实地、网目调、油墨叠印块）、专色油墨、承印材料（白纸）、三色灰平衡等全部必要的图像样本信息，配上专门的印刷软件就能检测出可能产生的最轻微的色差，并立即为四色油墨和专色油墨计算出各自的校正值，各个印刷机组直接根据这些值对输墨进行控制。

3. 基于印刷图像的色度控制

海德堡CPC24用分光光度计扫描整张印张后，把它分割为2.4mm×2.4mm的测量点，通过比较对应位置上的标准样张和当前印张的色度值，实现直接根据印刷图像进行色度控制。

（四）建立印刷特性文件

在色彩管理过程中的应用。采用分光光度计，测量印刷完成的$IT8$-7.3等标准色标中的每一色块的色度值，使用色彩管理软件建立印刷特征文件，保证分色、数码打样和屏幕打样等过程的颜色正确转换。

第三节　清晰度

在彩色图像复制中，清晰度是衡量图像复制质量的重要指标之一。图像颜色信息在分解和还原过程中，由于受到各种因素的干扰，会造成图像中目标轮廓的模糊而使清晰度下降。

一、清晰度的内涵

清晰度是指图像细节的清晰程度。图像清晰度包括三个方面含义：

（1）图像的灰度级，即图像层次对景物质点的分辨力或细微层次质感的精细程度。灰度级愈多，则景物质点表现得愈细致，清晰度愈高，如图8-18所示，灰度级多的A状态图像清晰度高于B状态。

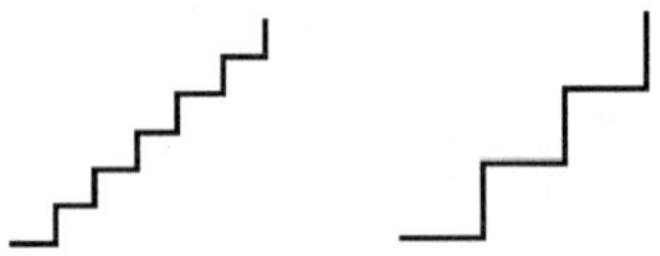

图8-18　灰度级

（2）图像层次轮廓边界的虚实程度，用锐度表示，其实质是指层次轮廓边界渐变密度的变化宽度。若变化宽度小，则边界清晰，反之变化宽度大则边界发虚，如图8-19所示，变化宽度小的A状态图像清晰度高于变化宽度大的B状态。

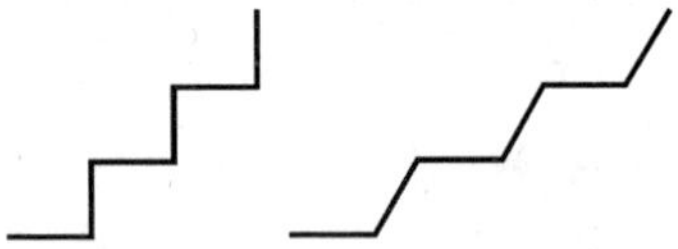

图8-19　锐度

解像力是指分辨景物细部的能力，以一定宽度上所能分辨的平行线条数目来计算。加网的线数越高，则解像力越高。对于具有相同的加网线数的两种印刷品，一种是用照相加网制作，另一种是用电分机激光加网制作，则它们因为加网线数相同而具有同样的解像力，但后者网点光洁，边缘清晰，比前者清晰度更高。

（3）图像明暗层次间，尤其是细小层次间的明暗对比或细微反差是否清晰。如图8-20所示，对比度大的A状态图像清晰度高于对比度小的B状态。

图8-20　细微反差

二、印刷过程中影响清晰度的主要因素

影响图像清晰度的主要因素包括两个方面：印前图像处理工艺过程和印刷工艺过程。印前处理工艺过程的影响因素主要包括原稿的清晰度、图像扫描过程、扫描仪的频率响应、光学系统的误差、图像网点化；而印刷工艺过程的影响因素主要包括印刷图像的反差压缩、印刷过程的套印误差、网点变形和印刷材料的性能。图像清晰度的增强主要取决于印前处理工艺，而印刷工艺过程不能增强图像的清晰度，只会使图像的清晰度下降。控制印刷工艺过程中图像清晰度的下降，是印刷机操作员所必须关注的问题。

1. 套印准确程度

由黄、品红、青、黑四色叠印合成的彩色图像，由于四色之间的套印误差，各色版之间出现平行错位，使得图像层次轮廓边界渐变密度的变化宽度变大，从而使边界发虚，影响了合成图像的清晰度。我们以一条宽度为 0.35mm，由黄、品红、青三色叠印得到的线条为例来分析，如图 8-21 所示，如果三色之间的套印误差为 0.06mm，则线条由黄、品红、青三色重合的宽度为 0.23mm，未重合部分宽度为 0.24mm，该部分在视觉上产生渐变密度，形成发虚的边界，线条清晰度下降。同理可得出，印刷图像套印不准时，图像的层次轮廓边界也会出现发虚的边界，从而使图像的清晰度下降。因此，印刷过程即便套印误差在允许的范围内，也要尽可能地提高彩色印刷的套印精度。

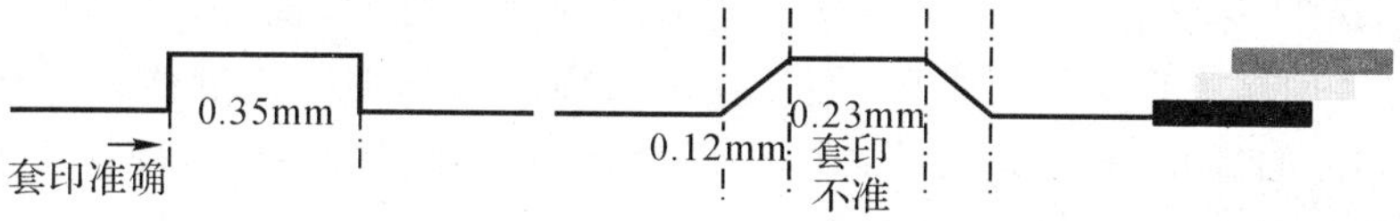

图 8-21 套印不准对轮廓边界的影响

2. 网点变形

胶印印刷过程中，一定量的网点增大是正常的。但是，如果网点增大值过大，就会使图像的层次减少，层次边界发虚，从而使图像的清晰度下降。

网点光洁，边缘锐度好，图像清晰度高。印刷过程中网点发生变形，尤其是发生重影故障，网点出现虚影，会严重影响清晰度。控制印刷过程的网点变化，是保证印刷质量的关键，它不仅影响再现图像的层次和色彩，也影响图像的清晰度。

3. 反差压缩

印刷复制出的图像的反差通常都低于原稿反差，为此必须对原稿反差进行压缩，从而导致视觉对比灵敏度的降低，使图像的清晰度下降。印刷过程中墨层厚度的控制、承印物的表面性能等都会影响到最终印刷品的反差大小，实地密度不足会使图像的清晰度下降，但也不能一味地提高实地密度，导致暗调层次并糊，最佳的实地密度应该是相对反差最大时的实地密度。

4. 印刷材料

很早以前，人们就发现，在纸张上印刷的网目调印刷品比在无散射承印材料上印刷的网目调印刷品显得更模糊一些，尤其是非涂料纸更为明显。由于纸张具有光扩散现象，如图 8-22 所示，网点之间的空白处进入纸张内部的光会有部分从网点处穿出，越靠近网点的边

缘，越要过滤更多的从空白部分扩散反射的光线，穿出的光也就越强，造成网点边缘部分的密度低，中间部分密度高，出现横跨网点密度的不均匀分布，如图 8-22(b)所示。而且在网点边缘的空白处也有一定密度，即网点发生了所谓的光学扩大现象。即便是物理上整洁的网点，如图 8-22(a)，印在光散射程度越严重的纸张上，从视觉上看，网点边缘的锐度越差，图像的清晰度也就越差。要获得高清晰度的印品，应采用表面平滑度高、光泽度高的涂料纸印刷。

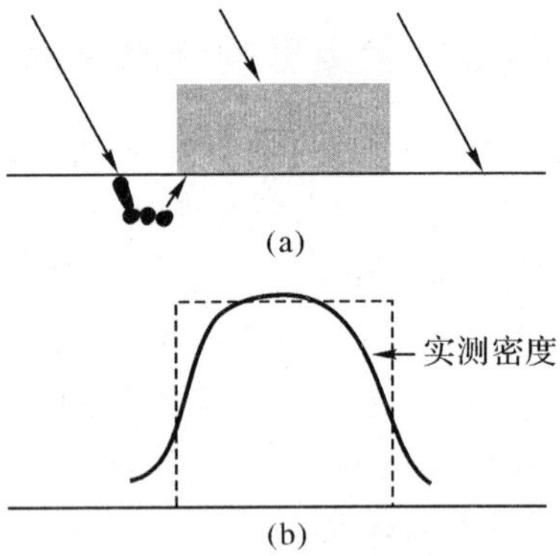

图 8-22　纸张内部光散射对清晰度的影响

第四节　印刷品光泽度

入射光在不透明物体表面的反射形式有三种：定向反射、漫反射和介于两者之间的反射形式，如图 8-23 所示。理想的光学平滑面的反射形式是定向反射，也叫镜面反射。漫反射指入射光在不透明表面上方的半空间范围内形成均匀的反射，各个角度的反射量都一样。理想的漫反射表面是不存在的，但可以把密度计定标用的标准白板近似地看作是漫反射表面。纸张、印刷品的墨膜表面的反射形式介于定向反射和漫反射之间，即在反射角方向反射光比较强，而其他方向反射光比较弱。

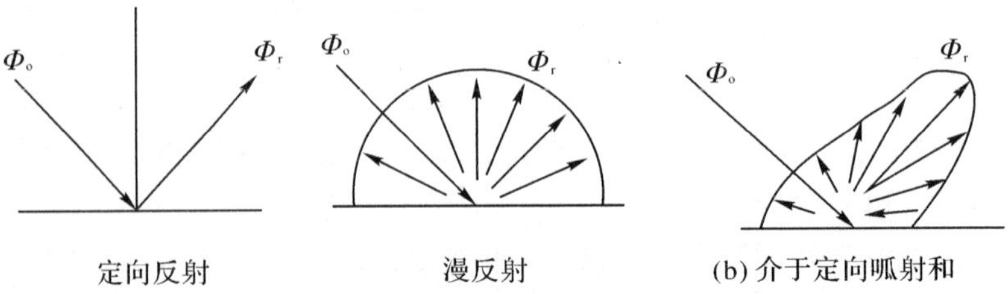

图 8-23　三种反射形式

光泽指物体表面的镜面反射能力与完全镜面反射能力的接近程度。反射光在反射角方向所占的比例越大，越接近于镜面反射，物体表面的光泽越好。

一、光泽对印刷质量的影响

印迹墨层表面粗糙，则首层表面反射光(光源色)将朝各个方向作漫反射，我们观察到的色光中，首层表面反射光的掺入量大，颜色的饱和度低，明度高。反之，墨膜表面平滑，光泽好，虽然光泽对色相没有什么影响，但能使色彩的饱和度增加；使色彩的明度降低，暗调密度增加、反差拉大，增强细微层次表现能力，于是画面的色彩显得更加鲜艳，图像更有立体感。如有光泽的黑色会比哑光的黑色显得更深，而有光泽的红色则比哑光的红色显得更强烈。

二、影响印刷品光泽的因素

印刷品墨膜表面的平整程度，决定了表面的镜面反射能力，也就决定了印迹的光泽程度。凡是能使印迹表面变得平滑，从而形成“镜面反射”的材料和方法都对表面光泽有利。反之，使印迹表面粗糙，构成“漫反射”的材料和方法，都会削弱光泽。而印迹墨膜平整程度与以下因素有关：

1. 纸张对印迹光泽的影响

(1)纸张本身的平滑度

油墨从橡皮布转移到纸张上至正式干燥前，在纸面上有一定的流动性。当油墨和印刷条件一定时，纸张的平滑度高，油墨转移完整，油墨流平程度好，有利于形成均匀光滑的墨膜，印迹光泽好。因此，要获得高光泽的印刷效果，应该选用高平滑度的纸张。

(2)纸张光泽度

无论是快干油墨还是慢干油墨，印刷品光泽度均随纸张本身光泽度提高而提高，如图8-24所示。在实际印刷中，要印刷高光泽的印刷品，一般选用高光泽的纸张。

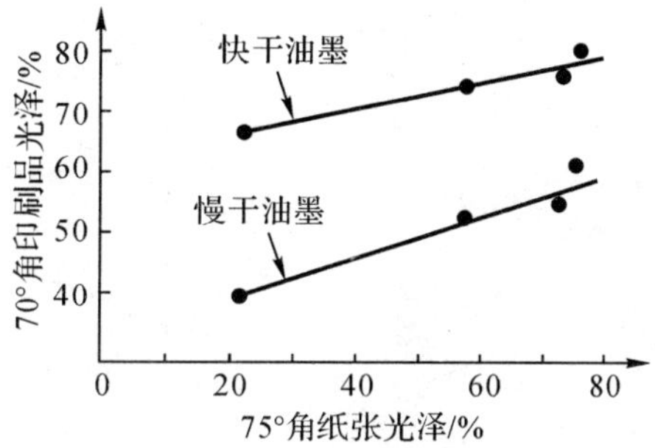

图 8-24　纸张光泽度对印刷品光泽的影响

(3)纸张的吸墨性和施胶度

吸墨性好，更多的连结料渗透到纸张毛细管中去，连结料在墨膜中的比例减少，墨膜表面更加粗糙不平，不利于形成光泽。涂料纸如无足够的胶料量，尽管平滑度很高，但无数密集的毛细孔对油墨连结料的吸收性仍然很强，印刷时不易得到高光泽印迹。经过胶料处理或压光、轧光处理的涂料纸，通过胶料和加工，封闭了一部分毛细孔，从而使纸上的印迹光泽更好。

单、双面胶版纸，通过施胶，控制了纸张对水分的吸收程度，疏水性强，有利于油墨干燥，对印迹光泽有利。

(4)纸张的 pH 值稍大，有利于油墨干燥，有利于印迹光泽。

2. 油墨对印迹光泽的影响

(1)油墨的类型

油墨有不同的类型，有树脂亮光油墨，有亚光类油墨，油墨本身的光泽性能对印迹光泽影响很大，要想获得光泽好的印刷品，应选用高光泽一类的油墨。

亮光浆是由光泽度很高的原材料加工而成，采用亮光浆作冲淡剂调配的浅色墨印迹光泽好。此外，加入撤淡剂调配浅色墨也能提高印迹光泽，但采用白墨作冲淡剂，印迹光泽差。

(2)颜料颗粒的大小及分散程度

油墨中颜料含量高、颗粒小、分散好，有利于油墨在纸张上渗透过程中墨膜内形成更多的小毛细管，减少连结料向纸张的渗透量，有利于光泽。一般有机颜料的颗粒都较细，所以由有机颜料制成的油墨，光泽较好。

(3)油墨的干燥性

如果油墨氧化结膜干燥速度太慢，会有更多的连结料渗入到纸张毛细管中，墨膜表面的平滑度变差，不利于光泽，油墨中催干剂含量高或印刷时适量添加催干剂，加快油墨的氧化结膜干燥速度，有利于光泽。

(4)油墨的黏度

减少油墨的黏度会加大油墨对纸张的渗透，降低印迹光泽。

3. 印刷工艺

(1)墨膜厚度

墨膜厚度是影响印刷品光泽的重要因素，在纸张最大限度吸收油墨的连结料以后，剩余的连结料仍保留在墨膜中，它可以有效地提高印刷品的光泽，墨膜越厚，剩余的连结料越多，越有利于提高印迹的光泽。研究表明：光泽随墨膜厚度的提高，因不同的纸张而有所不同，如图 8-25 所示。高光泽涂布纸因其本身光泽较高，在墨膜较薄时，由于连结料渗透较多，其印刷品光泽反而随墨膜厚度的增加而降低，但墨膜厚度达到 1.5μm 以后，印迹光泽则随墨膜厚度的增加而增加。

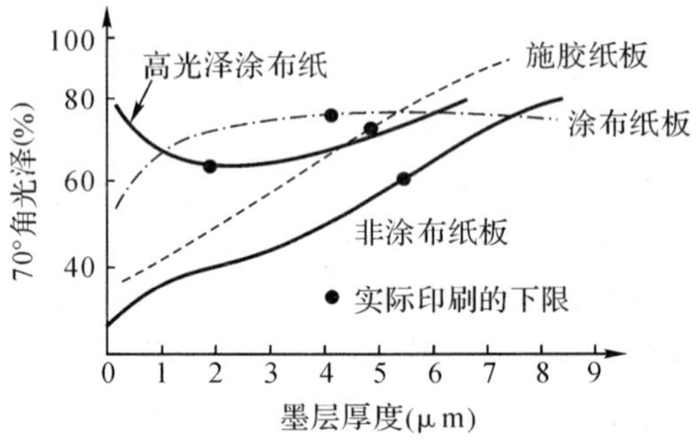

图 8-25　相同油墨不同纸张墨膜厚度变化对印迹光泽的影响

(2)油墨乳化程度

乳化了的油墨必须在水分蒸发后才能干燥，因此它一方面使氧化结膜干燥变慢、渗透加大；另一方面又使墨膜表面形成许多微孔，降低了光泽。因此减少供水量，尽量减少乳化程度对光泽十分重要。同样道理，"湿"式上光，因为上光油含有乳化的润湿液，效果远不如"干"式上光效果好。

(3)印刷压力

减少压力可以减少油墨中连结料的渗透，有利于光泽。印刷压力对吸收能力小的涂料纸的印迹光泽性能影响较小，对于非涂料纸，增加印刷压力，会增加连结料渗透，降低印迹光泽。

(4)喷粉和防蹭脏剂

粉末喷到湿墨印迹上，使墨层表面结膜粗糙，降低了原有的光泽。在油墨中添加防蹭脏剂，印刷后，会浮在油墨层表面形成一层不可逆的"垫子"，从而减少印品的蹭脏，但也使表面变得粗糙，影响光泽。

(5)油墨的干燥控制

如果油墨氧化结膜干燥速度太慢，会有更多的连结料渗入到纸张毛细管中，使墨膜表层颜料比例增加，表面的平滑度变差，不利于光泽，因此印刷工艺条件中影响油墨氧化结膜的因素也就影响印迹的光泽。减少乳化程度、适量添加催干剂、控制环境温、湿度和空气流通性，加快油墨的氧化结膜干燥速度，有利于光泽。

4. 通过表面处理提高印品光泽

胶印印刷无法获得满意的印迹光泽，可以通过后续的上光、覆膜等表面整饰加工来提高，而且墨膜或涂布层反射的光泽会产生同样的效果。在单张纸胶印机中，在印刷机器上加装涂布机组的趋势不断增长，因为通过涂布，可以大幅度提高印刷品的光泽。

三、印迹光泽的测量与评价

1. 光泽测量

印迹的光泽可以采用光泽度计测量，大多数光泽度计是测量印刷品表面暗调（最好是实地）的镜面光泽。镜面光泽（G_s）指物体表面镜面反射光量（S）与入射光量（I）之比，如图8-26所示，即：

$$G_s=\frac{S}{I}\times 100\% \tag{8-21}$$

测量时所选入射角角度不同，结果也不同。入射角越大，镜面反射率越大，光泽越高；反之亦然。由此可见，光泽高低不仅取决于物体的表面特性，而且取决于测量角度。至于采取何种角度测量为宜，目前还没有通用标准。一般对高光泽表面采取小角度，如45°角；对于低光泽表面则采取较大角度如60°、75°等进行测量。目前许多光泽仪的测量角度是可调的，供任意选择。

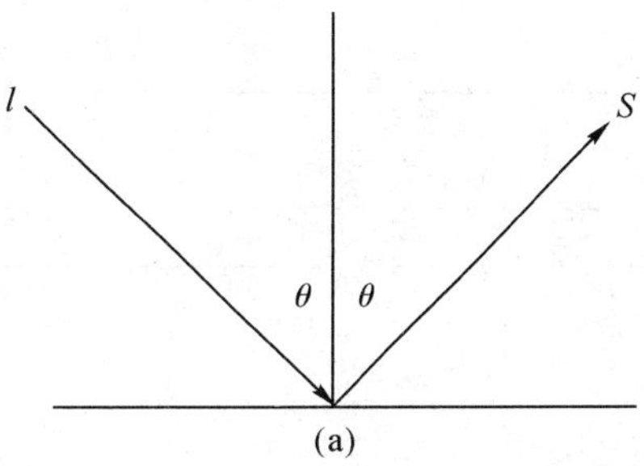

图 8-26　镜面光泽

对于有光泽度要求的精细产品，行业标准对胶印装潢印刷品实地的镜面光泽的要求是：在入射角为 60°±0.5°的几何条件下，要求镜面光泽 G_s 大于 30.0%。

2. 主观评价

虽然光泽与物体表面的镜面反射有关，但也与观察者的生理和心理状态相互作用，因而不能单纯地以仪器测量来表征。光泽的主观评价是将样张放在漫射光照射下，进行直观比较评价。

复习思考题

1. 主观评价和客观评价各有何特点？如何才能比较正确地评价印刷质量？
2. 密度计如何标定？密度测量应注意哪些问题？
3. 什么是密度干退现象？产生的原因是什么？
4. 测量实地密度对控制印刷质量有何意义？
5. 什么是相对反差？检测相对反差对控制印刷质量有何意义？
6. 经测定某印刷品实地密度 D_V 为 1.6，同色的 75%处网点密度 D_R 为 1.0，求该印刷品相对反差值（K 值）。
7. 什么是网点增大？网点增大过度对印刷质量有什么影响？

8. 简述影响新闻印刷品网点增大值的主要因素。

9. 测定印刷品某一区域的网点密度 D_t 为 0.5,实地密度 D_V 为 1.0,并测得与印刷品同一区域的原版上的网点覆盖率 a_1 为 46%,试计算这一区域的网点扩大值。

10. 印刷品亮调再现对印刷质量有何影响?

11. 灰平衡是如何定义的?检测的方法有哪些?

12. 色度测量在印刷工业生产中如何应用?

13. 图像清晰度的含义是什么?影响清晰度的因素有哪些?

14. 光泽对印刷质量有何影响?印迹光泽如何测量?

15. 油墨的叠印率如何表示?分别选择哪种颜色的滤色片,测定下列各组的油墨叠印率 C/Y、Y/C、M/C、C/M、C/Y 表示黄墨层上叠印青油墨)。测量叠印率对控制印刷质量有何意义?

16. 现有 A、B 两种胶版纸,在同一台双色胶印机和相同的工艺条件下印刷,先印青色油墨后印黄色油墨,用蓝滤色片测定质量测控条上的实地色块密度值如表 8-8 所列,试问哪种纸张的叠印效果好?

表 8-8　A 纸张和 B 纸张实地色块的密度值

密度	Dc	Dy	$Dc+y$
A 纸张	0.05	0.98	0.65
B 纸张	0.06	1.01	0.72

参考文献

[1] 德吉达斯(美国),德斯特里(美国)著.单张纸胶印机操作.北京:印刷工业出版社,2008.

[2] 冯瑞乾主编.印刷原理及工艺.北京:印刷工业出版社,1999.

[3] 齐福斌著.卷筒纸胶印机(第二版).北京:印刷工业出版社,2006.

[4] 冯昌伦编著.胶印机的使用与调节.北京:印刷工业出版社,2002.

[5] 刘昕编著.印刷工艺学.北京:印刷工业出版社,2005.

[6] 特里顿(英国)著.印刷色彩控制手册.北京:印刷工业出版社,2006.

[7] 美国柔性版技术协会基金会组织编写.柔性版印刷原理与实践.北京:化学工业出版社,2006.

[8] 车茂丰主编.现代实用印刷技术.上海:上海科学普及出版社,2001.

[9] 胡成发主编.印刷色彩与色度学.北京:印刷工业出版社,1993.

[10] 赫尔穆特·基普汉(德国)著.印刷媒体技术手册.广州:广东世界图书出版公司,2004.

[11] 谢普南编著.印刷设备.北京:印刷工业出版社,2005.

[12] 全国印刷标准化技术委员会,印刷工业出版社编.常用印刷标准解读.北京:印刷工业出版社,2005.

[13] 陈永常主编.纸张、油墨的性能与印刷适性.北京:化学工业出版社,2004.

[14] 向阳,王捷先,齐晓堃编著.印刷材料及适性.北京:印刷工业出版社,2000.

[15] 杨丽珍,贾静儒,乔治山编著.印刷化学基础.北京:北京艺术与科学电子出版社,2002.

[16] 孙玉秋主编.印刷过程自动化.北京:印刷工业出版社,2007.

[17] 蔡文平主编.包装印刷工艺·平版胶印.北京:中国轻工业出版社,2000.

[18] 管力明编著.胶印过程的智能控制.北京:科学出版社,2007.

[19] 柯成恩著.现代报纸印刷与生产.北京:化学工业出版社,2004.

图书在版编目（CIP）数据

印刷工艺原理 / 余节约，田培娟编著. —杭州：浙江大学出版社，2010.11(2017.2 重印)
ISBN 978-7-308-08046-0

Ⅰ. ①印… Ⅱ. ①余…②田… Ⅲ. ①印刷—生产工艺—高等学校—教材 Ⅳ. ①TS805

中国版本图书馆 CIP 数据核字（2010）第 204276 号

内容简介

本书以平版胶印工艺及其原理为核心，在介绍平版印刷原理时兼顾其他印刷工艺方法的理论基础。比较详细地介绍了以平版胶印为主的印刷工艺技术及其理论，着重讨论印刷过程的压力、油墨传递过程、水墨平衡、套印精度的控制，除纸张、油墨以外的相关印刷材料的适性控制，以及介绍现代印刷质量的检测、评价和控制。

本书注重理论联系实践，内容精炼，适合于印刷工程专业、包装工程专业本科教材，同时也可作为高职高专的印刷包装专业教材和印刷工人技术培训教材使用。

印刷工艺原理

余节约　田培娟 编著

责任编辑 杜希武
封面设计 刘依群
出版发行 浙江大学出版社
（杭州市天目山路 148 号　邮政编码 310007）
（网址：http://www.zjupress.com）
排　　版 杭州好友排版工作室
印　　刷 杭州丰源印刷有限公司
开　　本 787mm×1092mm　1/16
印　　张 13.25
字　　数 322 千
版 印 次 2010 年 11 月第 1 版　2017 年 2 月第 2 次印刷
书　　号 ISBN 978-7-308-08046-0
定　　价 29.00 元
